JN162373

ロブ・ダン
高橋 洋 訳
世界から
バナナが
なくなる
まえに
食糧危機に
立ち向かう
科学者たち
青土社

世界からバナナがなくなるまえに　目次

世界からバナナがなくなるまえに　食糧危機に立ち向かう科学者たち

私の家族、そして私たちを食べさせてくれる農業従事者、科学者、種子の管理者に本書を捧げる。

第1章　バナナを救え！

非常に些細な相違によって、何が生き延び、何が滅びるかが決定される場合が多い。
――チャールズ・ダーウィン、アサ・グレイに宛てた手紙

飢餓は、毛虫が木の葉を変容させるのと同じように、地球の植生を形作ってきた。

一万三〇〇〇年前、私たちの祖先は皆、一週間のうちに数百種の植物や動物を消費していた。*1 野生のチンパンジーやネズミと同様、見つけられるものは何でも食べていたのである。六月にはある種のベリー〔イチゴなどの核のない食用小果実〕、七月には別の種のベリー、あるいは川が増水する雨季にはある種の昆虫、乾季には別の種の昆虫を食べるなどといった具合に、食物の種類は季節によって変わった。どんなベリーや昆虫を食べるかは、地域や文化によっても異なった。当時は、その人が何を食べているのかがわかれば、おそらく季節や住んでいる場所もわかったことだろう。しかし今は違う。

農業が拡大するにつれ、消費される食物の多様性は世界全体を通じて低下していった。農業のグローバリゼーションの時代が到来すると、多様性はさらに低下し、消費される食物は画一化されていった。どこでも同じ農作物が栽培されるようになったのだ。人類は今、多様性を徐々に失いつつある食物に依存して生きている。二〇一六年のカロリー供給は、世界のどこでも、かつてないほど限定された食物に依存するようになった。これまで科学者は、三〇万種を越える植物を命名し研究してきたが、人類が消

費しているカロリーの八〇パーセントは一二種、九〇パーセントは一五種の植物から得られているにすぎない。限られた食物への過度の依存は、地球の風景を単純化してきた。現在では野生の草原よりトウモロコシ畑のほうが、総面積が広い。

人類全体を見渡しての食事構成の平均的な概観は、地域によっては消費されている食物の多様性が平均未満に低下しているという現実を覆い隠す。たとえばコンゴ盆地に住む人々は、カロリーの八〇パーセントをたった一種類の作物キャッサバ（ユカあるいはマニオクとも呼ばれる）から得ている。中国には、コメが消費カロリーのほとんどを占める地域が存在する。北米では、平均的な子どもの身体を構成する炭素の半分以上は、コーンシロップ、コーンフレーク、コーンブレッドなどのトウモロコシ製品に由来する。まさにコーンキッズだ。またアメリカでは、より都市化された場所で暮らしていると、また、家庭の貧困の度合いが高ければ高いほど、それだけ子どものトウモロコシへの依存度は高まる。つまり、子どもたちの体内のあらゆる細胞が、トウモロコシや、糖分のもう一つの主要な供給源であるサトウキビに由来する原子を含む確率が高くなるのである。[*2] 生物多様性は、豊かな生物種、生活様式、味覚、香り、特質をもたらしてくれる。私たちは現在、生物多様性とは正反対の極端な画一性によってもたらされる危機に直面している。まずバナナについて考えてみよう。

＊＊＊

皿に載せられた一本のバナナは、風変わりに見える。すぐにむける皮につつまれた黄色く甘いバナナは、風変わりに見えると同時に、いつでも手に入る、おいしくぜいたくな朝食として私たちを魅了する。

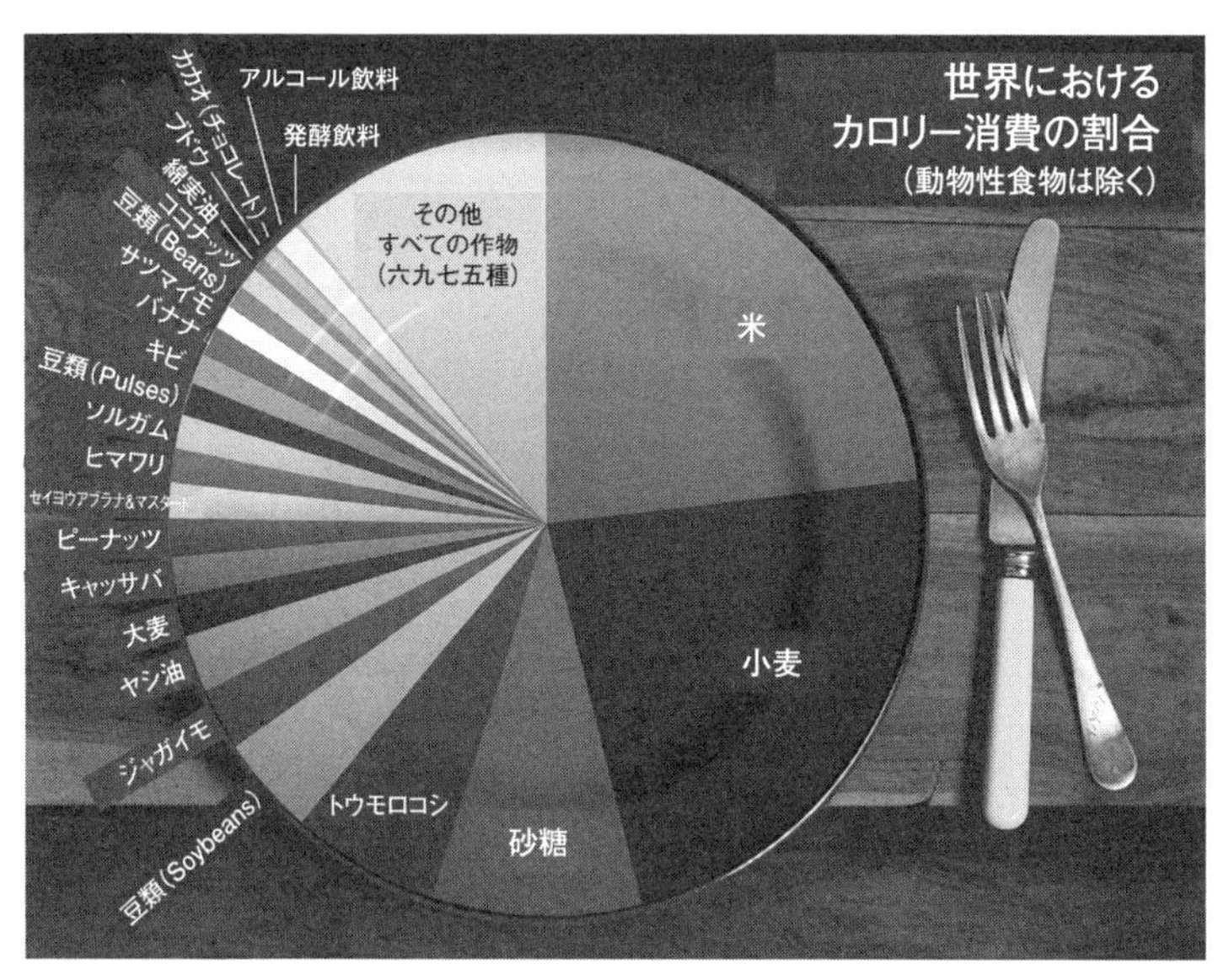

図１　世界における植物性食物によるカロリー取得の割合。このうち砂糖は、テンサイ、サトウキビなど、複数の植物から生産される。栽培化された植物の大部分は、わずかな比率しか占めていない。（Data are drawn from Colin K. Khoury, et al., "Increasing Homogeneity in Global Food Supplies and the Implicationsfor Food Security," *Proceedings of the National Academy of Sciences111*, no. 11 (March 18, 2014): 4001–6.）

しかしバナナの味には、甘くもあり、悲劇的でもある複雑な歴史が秘められている。

一九五〇年には、ほとんどのバナナは中米から輸出されていた。とりわけグアテマラはバナナの主要生産国で、アメリカのユナイテッド・フルーツ社が運営する巨大なバナナ帝国の核をなしていた。ユナイテッド・フルーツ社は土地を借りる代償として、それなりの賃貸料をグアテマラ政府に支払った。かくして土地を手にしたユナイテッド・フルーツ社は、そこにバナナを植えて自分たちのやりたいことをしていたのだ。居住地や生活様式に至るまで労働者を完全に管理し、さらにはグアテマラ初の鉄道を始めとして、輸送や建設に関わる事業を支配下に収めていた。ちなみに、もっとも効率的にバナナを輸送できるよう設計されたこの鉄道は、グアテマラ国民にとってはほとんど無用の長物だった。ユナイテッド・フルーツ社の収益はばく大で、一九五〇年には、グアテマラの国内総生産の二倍に達した。だが同社は、バナナの輸送には巨額の投資をしても、その生物学的特徴の研究にはほとんど資金を投下しなかった。

ユナイテッド・フルーツ社を始めとするバナナ産業は、あらゆる現代産業がやっていることをしていた。とにかくある一つのものごとを効率的に行なう方法を発見することに集中していたのだ。ユナイテッド・フルーツ社の事例で言えば、ある一つのものごととは、グロスミッチェルという名のバナナの品種〔「variety」の訳。本書ではおもに、同一種に属しながら、何らかの遺伝的形質がわずかに異なる変種を指す〕の栽培を意味する。栽培化されたバナナを授粉するのは非常に困難で（栽培化されたバナナは、その性質上いわばピューリタンであり、ほとんど種子を結ばない）、グロスミッチェルは、吸枝（サッカー）〔地下茎から生えだす枝〕によってクローン形態で繁殖する。[*3] 最高の標本から得られた挿し木が、植え直されるのだ。その結果、グアテマラ、ラテンアメリカ全般、そして世界中で輸出用に栽培されているバナナのほぼすべては、遺伝的に同一なものとなった。一卵性双生児と同様、いやそれ以上に遺伝的に同一なのだ。バナナ産業にとって、これは実に都合がよい。バナナは予測可能であり、どんなバナナも互いに著しく似ている。要するに大きさにしろ、風味にしろ、はずれがないのである。

二〇世紀中盤におけるバナナ栽培が、人類はおろか生命の歴史のなかでも、いかに特異なものであったかは、いくら強調してもしすぎることはない。ユタ州のワサッチ山脈には、地球最大の有機体とも言われるポプラの木が立つ区域がある。およそ三万七〇〇〇本の木のすべてが遺伝的に同一であり、また根によって互いに結びついていることから、森全体が集合的に一つの有機体をなすとする見方もある。しかし、個々の組織が集合体の一部を構成するためには、それらが互いに結合していなければならないとする見方は恣意的である。たとえば、特定のコロニーに属する一匹のアリは、巣の外に出ているときでも明らかにそのコロニーの一部を構成する。だから、遺伝的構成が同一である多数の植物から成る大規模な集団は、根によって互いに結合していようがいまいが、単一の有機体と見なし得るのではないだろうか。この考えが妥当なら、一九五〇年代に中米で運営されていたバナナプランテーションは、当時世界最大の、いやそれどころか史上最大の集合的有機体であったと見なせよう。

　クローン栽培は、経済的な観点からすると画期的だが、生物学的な観点からすれば問題を孕む。その種の問題はすでに、一九世紀のイギリスのコーヒー生産とその輸出に認められる。当時のイギリス人は、紅茶ではなくコーヒーを飲んでいた。植民地のセイロン（現在のスリランカ）から輸入したコーヒーを飲んでいたのだ。セイロンでは当初、コーヒープランテーションは自然林のなかに造成されていた。[*4]一七九七年にオランダからこの地を奪ったイギリスは、島のコーヒー生産の拡大に着手する。コーヒープランテーションに対するイギリス人の投資は、国内でも海外でも「際限がなく、規模においてそれに匹敵するのは、その事業を託された人々の無知と経験のなさだけであった」。コーヒーの需要が増大すると、コーヒーの木は、大規模な単一栽培（モノカルチャー）の形態で植えられるようになった。つまり、広大な領域にたった一種類の品種が植えられるようになったのである。この丘にもあの丘にも。こうして、野生種に近い背の高いコーヒーの木は見られなくなり、中央高地の一六万ヘクタールの土地に単一品種のコーヒーが栽培された。そしてコーヒーは、銀行、道路、ホテル、ぜいたく品などの形態で真の繁栄をもたらし、その成功には限りがないように思われた。

一八八七年にセイロンを訪れたイギリスの菌類生物学者ハリー・マーシャル・ウォードは、単一品種の大規模栽培によって引き起こされる問題について農民に警告した。害虫や病原体がひとたび侵入すれば、コーヒー園は壊滅するだろう、と。ウォードの考えでは、そのことはセイロンにすでに到来していたコーヒーさび病にとりわけ当てはまるが、その他の害虫や病原体にも言えた。その種の害虫や病原体がコーヒーの木をむさぼり尽くすのを阻止する手段はなかった。というのも、栽培されていたコーヒーはすべて同一品種だったため、いかなる脅威に対してもあらゆる木が同じ脆弱性を持ち、しかも互いに近接して植えられていたからだ。事実、まさに予想どおりのことが起こった。セイロンのコーヒープランテーションは、コーヒーさび病によって壊滅的な打撃を受け、それに続いてアジアやアフリカの多くの地域でも同様な事態が発生したのである。[*5] かくしてコーヒーは、紅茶に植え替えられた。

ウォードはセイロンのコーヒー園の壊滅を予測したが、バナナのプランテーションがアメリカ大陸の熱帯地方で拡大するにつれ、科学者は同様な予測をした。彼らは、大きなバナナ、小さなバナナ、甘いバナナ、すっぱいバナナ、固いバナナ、柔らかいバナナ、デザート用バナナ、主食としてのバナナなど、野生のバナナの多様性に着目していた。また、多様なバナナが育つ地域では、病原体も途方もなく多様であった。だが科学者は、栽培化されたバナナに関して言えば、遺伝的に同一の品種が栽培されているため、バナナを標的とする病原体が侵入すれば、大問題が引き起こされるだろうと指摘した。つまり、栽培化されたバナナのどれか一本でも攻撃できる病原体は、すべてのバナナを殺せるということだ。バナナ産業がこの警告に耳を傾けていれば、多品種のバナナを栽培していたか、もしくは到来する可能性がもっとも高い病原体に対する病害抵抗性を備えた品種を栽培していたはずである。しかし彼らにとって、この警告に耳を傾ける理由はなかった。何しろグロスミッチェルはどんなバナナより生産性が高く、他の品種を栽培することは、収益の低下を意味したのだから。

やがて起こるべきことが起こる。パナマ病菌（*Fusarium oxysporum f. sp. cubense*）と呼ばれる病原体によって引き起こされる病気、パナマ病が到来したのである。パナマ病は、一八九〇年にバナナプランテーションを破壊し始めた。[*6] この病原体の拡大を阻止する手段はなく、遅らせることすらできなかった。上空からは、ラテンアメリカ中のプランテーションの明かりが消えたかのように見え始める。やがて鮮やかな緑で覆われていた区画は黒くなり、風景全体が黒く見えるようになる。ホンジュラスのウルア谷だけで、パナマ病が到来したその年に、三万エーカーが感染し放棄された。またグアテマラでは、ほぼすべてのバナナプランテーションが壊滅し放棄された。というのも、パナマ病菌は、ひとたび到来すると何年も土壌に潜伏していられることがわかったからである（現在では数十年間潜伏することが判明している）。

ユナイテッド・フルーツ社の重役たちは、グロスミッチェルにそれなりに似ていて、かつパナマ病に対する病害抵抗性を持つバナナを探し出せば、放棄されたバナナ園に植えて、バナナ帝国の再興が可能だと考えた。しかしこの計画は、根拠のない前提に基づく。前提の一つは、見かけが似通っているバナナを提供すれば、消費者が文句なく受け入れるだろうと考えている点だ。それに加え、候補になるすぐれたバナナが見つかっていないという現実を見落としていた。グロスミッチェルに類似し、かつパナマ病に対する病害抵抗性を持つバナナは、キャベンディッシュをおいて他になかった。だが、キャベンデイッシュの味は、グロスミッチェルの味とは著しく異なる。「不自然な」味がし、グロスミッチェルに比べ甘味が足りない。それでも、パナマ病菌が土壌に滞留していても死なないことから、キャベンディッシュが植えられるようになる。

数年以内に、グロスミッチェルに似ていて、かつパナマ病に対する病害抵抗性を持つバナナは、キャベンディッシュのみであることがわかる。他に選択肢がないことと、安価なバナナを生産し続けるために、民主的に確立された政府の転覆を支援したこともあり、[*7] ユナイテッド・フルーツ社は、数十万、さらには数百万エーカーにわたってキャベンディッシュを栽培した。そしてキャベンディッシュの長所を称揚する大規模な宣伝キャンペーンとともに、収穫したバナナをアメリカに輸出するようになった。この戦略は効を奏する。つまり、かつてイギリス人がコーヒーから紅茶に切り替えたように（カフェイン飲料からカフェイン飲料への乗り換え）、アメリカ人は、グロスミッチェルからキャベンディッシュに切り替えたのだ。宣伝が非常に効果的だったため、キャベンディッシュは、かつてのグロスミッチェルに比べても大きな商業的成功を収めることができた。キャベンディッシュの販売に有利に作用したもう一つの状況として、アメリカでは、消費者の購入する商品と、地元〔「local」「locally」は「地元」と訳したが、必ずしも市町村レベルを意味するわけではなく地方や地域の範囲にもわたる。また、基本的には工業型農業のグローバルで画一的な生産との対比でこれらの語が使用されており、必ずしも自分が住む地方や地域に限られるわけでもない〕で栽培されている農作物の結びつきが切れた都市に人口が流入し始めていた点があげられる。キャベンディッシュの売行きはすばらしく、現在でもその状況は続いている。キャベンディッシュは、バナナが育つ地域を除けば、スーパーで売られているほぼ唯一のバナナである。[*8] その成功は、生産国の経済を潤している。

キャベンディッシュバナナは、コスタリカ、エクアドル、パナマ、ベリーズの最大の輸出産品であり、コロンビア、グアテマラ、ホンジュラスの二番目に重要な輸出産品である。*9 一九五〇年以後に生まれた人は、今や世界最大の有機体たるキャベンディッシュのクローン以外のバナナを買ったことはないはずだ。キャベンディッシュがかかり得る病気を心配するなら、それはブラックリーフストリーク病（*Mycosphaerella fijiensis*）だが、パナマ病ほど致命的ではない。こうしてパナマ病の猛威は、過去のできごとになった。キャベンディッシュがパナマ病に対する病害抵抗性を失っていない理由の一つは、パナマ病菌自体がそれほど多様ではなく、比較的適応能力を欠いているからである。

＊＊＊

キャベンディッシュバナナのストーリーが示すように、企業は簡単に栽培でき、いつでも消費者の手元に届けられる作物を栽培しようとする。そしてつねに商品を求めるよう消費者を誘導する。たとえコストがかかろうが、また当の作物を危険な状況に置くことになろうと、最大の収穫を見込める方法で作物を栽培しようとする。キャベンディッシュバナナはすべて遺伝的に同一であり、スーパーで買うバナナのどれもが、隣に並ぶバナナのクローンなのである。輸出用に栽培されているあらゆるバナナは、実のところ同一の植物、すなわちポプラのクローンの森よりもはるかに大きな、地球上で最大の集合的有機体の一部をなす。この巨大な有機体は今、グロスミッチェルを見舞ったものとまったく同種の危機にさらされている。パナマ病を引き起こす病原体の近縁種フサリウムの新たな株が進化したのだ。この株は、グロスミッチェルとキャベンディッシュの両方を殺す能力を持つ。すでにアジアから東アフリカへと拡大し、中米に向かって着々と歩を進めているようである。これは非常に憂慮すべき事態だが、それ以上に憂慮すべきは、私たちが依存する他のほとんどの作物に関しても同じ問題が生じていることだ。そして私たちが依存する作物の種類は驚くほど少なく、しかもさらに減りつつある。

農業と食生活の単純化には利点がある。それは、ユナイテッド・フルーツ社（一九八六年に「チキータ・ブランド・インターナショナル」に改名している）が享受していたものと同じ、単位面積あたり最大の収穫量が得られるという利点だ。農業の画一化と歩調を合わせるようにして、人類は単位面積あたりの収穫量を増やす方法を考案してきた。現在では、一万年前の一〇倍、一万五〇〇〇年前のおそらく一〇〇倍の作物を収穫することができる。その結果、飢えを抱える人の数は、過去数千年間のどの時点と比べても減った。現代科学はありあまる量の食物を提供し、ユナイテッド・フルーツ社のような企業を儲けさせた。だがこの豊かさは、現代のバナナ産業の繁栄と同じく、現在私たちが依存しているごくわずかな作物を保護する能力に頼る、きわめて脆弱なものである。問題の根源は、食物生産を単純化するにあたり、長期的な利益、その意味では長期的な持続可能性（サステナビリティ）を犠牲にして短期的な利益を確保してきたために、ほぼすべての主要作物が危機に陥っている点にある。

私たちが直面している問題は、企業が私たちに与えるインセンティブによって強化された脳の選好の結果生じたものである。私たちは、糖分、脂肪分、タンパク質、塩分のすべてが入手困難な環境で進化した脳と身体を持ちながら、言い換えると類人猿の単純な脳と、さらに単純な神経系を持ちながら徹底的に現代化された社会で暮らしている。私たちの祖先は、生存に必要な栄養素を含んだ食物を見つければ報酬が得られる味覚芽を進化させた。ところが現代の生活環境は、祖先が暮らしていた環境とは異なり、ニーズも変化した。それにもかかわらず、味覚芽は変わっていない。私たちは、栄養に富む食物を口にすれば快く感じる。これは、そのような食物を見つけたことに対して身体が与える報酬なのだ。一方、脳は鮮やかな色をした果物を見つけるべく配線されている。その結果、太古の時代に発達した嗜好に合った食物が生産される社会が形成される可能性が高まった。というより、まさにそのような社会が実際に形成され、現代人の腰回りの太さにもかかわらずスーパーには祖先のニーズにぴったりとマッチした食物が、ところ狭しと並んでいるのだ。消費者が年中同じものを求めている（あるいは少なくとも買っている）限り、スーパーの食物に季節はずれなどない。さらに言えば、スーパーの果物や野菜の棚には比較的多様な作物が並んでいるが、私たちが摂取しているカロリーの大部分は、それとは別の棚に並ぶ加工食品に由来する。これらの加工食品は、原料の植物が収穫される季節とは関係なく、長くスーパーの棚に並べておくことができる。

世界のどこでも、人々は、収穫時期や輸送距離に関係なく最低のコストで太古の欲求を十分に満たすことのできる穀物を選好している。都市化が進むにつれ、人類は自分たちが依存する生命から切り離され、そのために季節を問わず年中単純な食物を求める傾向が際立ってきた。作付面積が拡大している作物は、もっとも栄養価が高いものでも、味のよいものでもなく、糖分の原料（サトウキビ、テンサイ、トウモロコシ）や、植物油の原料（アブラヤシ、オリーブ、カノーラ）になるものである。[*10]

人類がかくも単純な世界を作り上げてきた事実には不満を感じざるを得ないが、そのような世界でも人間は暮らしていける。理論的に言えば、作物の品種が減っても私たちは生きていける。それどころか、たった一種類の作物でも暮らしていける。たとえば、ジャガイモ、キャッサバ、サツマイモは必須栄養素のほぼすべてを含有する。しかし、いつのときにもわずか数種類の基本的な食物を求める私たちの欲求が非常に予測しやすいものであるのと同様、これらの作物が直面しなければならない問題も簡単に予測できる。もっとも原始的な欲求に沿った食習慣を続ければ続けるほど、生産性の高いわずか数品種の作物に支配された世界が形成されていくだろう。そしてそれらの作物は、その偏在性のゆえに脅威にさらされる。コーヒーですら、再び危機に直面している。スリランカで何一つ学ばなかった人類は、再び大規模プランテーションでコーヒーさび病に弱い品種を栽培している。そこへさび病は戻ってきた。今日これらの作物のほぼすべてが、害虫、病原体、気候変動によって危機にさらされているのは、単なる偶然ではない。食物に対する私たちの選好に鑑みれば、そうなるのはほぼ必然なのだ。

作物に対する脅威は、農業の単純化の度合いに比例して高まる。世界各地で栽培されているほとんどの作物は、ある地域で栽培化されたのちに害虫や病原体による被害を免れられる別の地域に移されるという非常に似た経緯をたどっている。しかし航空機や船舶による輸送量が増えた、グローバル化された世界では、害虫や病原体はすぐに追いついてくる。そしてひとたび追いつかれると、作物を救う手立てはほとんどなくなる。また、野生種であろうが栽培化された伝統品種であろうが、すべての作物は生物多様性に依存する。バナナもその例外ではない。世界のバナナ生産を救うために、キャベンディッシュバナナを発見しなければならなかった。それはそもそも、農民が生産し栽培していたものだ。今後キャベンディッシュバナナが壊滅するようなことがあれば、別の品種を探さなければならない。それにはもう一度幸運が必要とされる。あるいは誰かが、新たな技術と伝統品種を用いて、害虫や病原体に対する病害抵抗性を持つ新たな品種を作り出すことに成功するかもしれない。しかしそれには、一刻の猶予もならない。[*11]

安価な糖分、塩分、脂肪分、タンパク質に対する基本的な欲求を、どんな形態であろうが季節に関係なく満たそうとすればするほど、それだけ農業は単純化され、しかも地球上に存在する限られた資源を奪うこの単純化された農業のせいで逼塞する生命の多様性に依存せざるを得なくなる。本書は、生命の多様性を守ることで、作物と私たち自身を救うために馳せ参じてきた科学者たちのストーリーを物語る。それは、私たちが解明しなければならない謎に関するストーリーでもある。太古の生命のルールは、この謎を解くのに必要な手がかりをそれほど多くは残してくれていない。

第2章　アイルランドのジャガイモ飢饉

アイルランドの貧しい人々にとって、ソースとは、大きなジャガイモと一緒に食べる小さなジャガイモのことである。

――　無名の人

人々は、ジャガイモに聖水を撒いた。そしてジャガイモを、宗教的な装飾物や、キリストや聖母マリアの絵とともに埋めた。だが、何をしても効果はなかった。神は彼らを見離したのだ。

――　ジョン・ケリー『歩く墓（*The Graves Are Walking*）』

一八四六年七月、長い冬が終わったあと、アイルランドの畑は一面ジャガイモの芽で覆われ、ゴルフコースのごとく青々としていた。ところが、たった四八時間で状況はまったく変わってしまう。アイルランドの端から端へと、ジャガイモが死んでいったのだ。コーク近郊で、とある旅行者が、畑のなかで歌っている一人の男を見かけた。旅行者が男に何をしているのかと尋ねると、彼は「畑のジャガイモがみな、黒ずんで水を染み出して死んでしまった。生活するすべがなくなってしまった。歌う他に何ができるというのかね？」と答えた。その近くでは一人の女が、かがみ込んでつめを立てて畑の土を掘り起こしていた。彼女のそばには、汗をかいた小さなジャガイモが二、三個置かれていた。子どものために調理するつもりらしかった。コムギもなければ、ニンジンもない。乳牛は売ってしまった。同じことがアイルランド中で起こり、何百万ものアイルランド人が自暴自棄に陥った。こうして、近代史のなかでも最悪の災厄の一つが始まったのである。

　アイルランドのジャガイモ飢饉のおぞましさは、私たちの想像を絶する。まず子どもが死に、次に高齢者が死んだ。それから誰もが死んでいった。ましな場所を求めて移動している途中、夜間溝で寝ているあいだに死んだ者もいた。畑で死んだ者もいた。全滅した村もあった。こうして、飢饉が終わるまでに一〇〇万人以上が死んだ。アイルランドで一〇〇万人である。船でアイルランドを出国した人たちもいるが、彼らも同様に死に直面した。被害の規模は圧倒的だった。しかし、私たちの生活に関連してもっとも驚くべきことは、たった今、アイルランドのジャガイモ飢饉が起こったとき以上に多くの作物が、害虫や病原体による被害を受ける危険性があることだ。ジャガイモ飢饉は、過ぎ去った時代における最後の疫病なのではなく、最初の真に現代的な疫病だったと見なせる。そのジャガイモ飢饉がアイルランドという一つの地域に限定された災害であったとするなら、各国の経済がはるかに緊密に結びついたグローバル化した現代に生きる私たちは、まさしく世界大の危機に直面していると言えよう。

　ジャガイモ飢饉は、ジャガイモ疫病と呼ばれる病気によって引き起こされた（当時は「potato murrain」と呼ばれていた）。[*1] ジャガイモ疫病は、一八四三年にニューヨーク州で最初に記録されている。この疫病が到来すると、ジャガイモは死んだ。ジャガイモ疫病は、年内にペンシルベニア州に広がり、さらに多くのジャガイモが死んだ。ペンシルベニア州やニューヨーク州の農民の視点からすると、呪いのごとく空から降ってきたようなものだった。次の春には、北に向かってバーモント州まで拡大していた。一八四五年の春には、カナダのニューファンドランドに達し、その年の後半にはベルギーに上陸していた。ひとたびベルギーでジャガイモ疫病が発生すると、拡大の速度が上がり、その進行は、年単位ではなく月単位で、さらには週単位で測られるようになる。かくしてジャガイモ疫病は、七月にはフランスに、八月にはイングランドに達した。

アメリカでは、ジャガイモは平均的な食事構成の比較的小さな部分を占めるにすぎない。したがって、その損失は個々の農民にとっては痛手でも、全体として見れば大惨事ではなかった。だが、ヨーロッパ、とりわけ北ヨーロッパでは事情が違った。オランダ、ベルギー、ポーランド、プロシアでは、人口の一〇パーセントから二〇パーセントは、ジャガイモ以外に充実した食物を口にすることがほとんどなかった。だから、これらの地域へのジャガイモ疫病の到来は、多くの家庭に脅威を与えた。疫病によるジャガイモの被害が甚大であったため、新聞はほとんどそればかりを記事にした。一八四五年には、フランドル地方で栽培されていたジャガイモの九二パーセントが失われたのを始めとして、ベルギーでは八七パーセント、オランダでは七〇パーセントが失われた。ジャガイモへの依存度がアイルランドよりはるかに低かったこれらの国々でも、結果は悲惨だった。オランダでは、比較的裕福な人々でも、一八四五年の秋には「野草で食いつないでいる」と言われた。しかもそれは、長い冬がやって来る前のことであった。かくして飢饉は、北ヨーロッパの農村地帯のあらゆる町、あらゆる家庭に潜んでいたのだ。とはいえ、真に悲惨な状況にあったのは、小さな島に人々が密集して暮らしていたアイルランドであった。

一八四五年、アイルランドは、ジャガイモへの依存度が、ヨーロッパの国々のなかでももっとも高かった。というより、地球上のいかなる地域の人々より、つまりアンデス地方の住民と比べてさえ高かった。

アイルランド人のジャガイモへの依存は古くはなく、部分的には偶然の結果、つまり原産地のアメリカから新たにもたらされたという歴史的事実によるものであった。ジャガイモへの依存は、それ以外の作物がうまく育たない寒冷湿潤な島国で農業を営まねばならないという厳しい現実にも帰せられる。しかし、ジャガイモがアイルランドの農業を支配するようになった最大の要因は、おそらく土地所有システムにある。一九世紀のアイルランドでは、プロテスタントの英国系封建領主が広大な土地を所有し、仲介人がその土地を農民に賃貸ししていた。農民は、余剰作物によって領主に地代を払っていた。だが、「余剰」という言い方は正しくない。農民は領主に、所定の量の作物を収めたと言うべきだろう。これらの作物は、発展しつつあったダブリン、ベルク、コークなどのアイルランドの諸都市や、イングランドの都市の住民に販売された。農民は、その残りを消費していたのである。この土地システムに鑑みると、アイルランドの平均的な家庭の成功の度合いは、領主の取り分を差し引いたあとに残る、自分の生活に回せる作物の量で測ることができる。そして、単位面積あたり最大の食物を確保できる作物はジャガイモであった。

アイルランド人のジャガイモへの依存は、世代ごとに増していった。悪循環に陥っていたのだ。ジャガイモ、具体的に言うとランパーと呼ばれる品種のジャガイモは、とりわけミルクとともに食べると、ジャガイモが到来するまでは不可能であった、あらゆる栄養素の摂取を可能にした。ジャガイモを栽培するようになると、乳児死亡率は低下し、平均寿命は延びた。ジャガイモが主要作物になったヨーロッパの他の国々と同様、アイルランドの人口は急増した。しかし人口が増加すると、土地はさらに細分化されねばならず、その結果、人々は余計にジャガイモに依存するようになった。ますます狭隘(きょうあい)化する土地で家族を養っていける作物は、ジャガイモをおいて他にはなかったからだ。一九世紀初期には、貧しい借地人は通常、一エーカー程度の土地しか持っていなかった。その面積で一家を養える作物はジャガイモだけであり、食糧が減ってでも、あえてそれ以外の作物を植えようとする人はいなかった。こうしてアイルランド人は、ジャガイモを食べざるを得ない状況に置かれ、大量に消費するようになったのだ。一八四五年まで、アイルランド西部で平均的な広さの土地を耕していた農民の成人はたいてい、一日に五〇個から八〇個のジャガイモを消費していた。[*2] 衣類や靴を持たない人も大勢いた。彼らは芝土の家に住んでいた。一文無しではあったが、ジャガイモのおかげで生きていけたのである。[*3] 一九世紀初期のアイルランド人にとって、ジャガイモが食べられたことは幸運だった。

一八四五年時点におけるアイルランド人の状況を振り返るにあたり、私たちは彼らが後進的な人々であったと考えやすい。だが、それはまったく逆である。彼らの文化は、農業に対する最新のアプローチに支えられていた。つまりたった一つの作物品種が、大規模に栽培され、肥料を与えられ、他の食物を圧倒する量で消費されていたのだ。当時のアイルランドは、ジャガイモへの過度の依存という形態で、私たちの未来を予示する。一八四五年の年頭の時点では、それはまだ明るい未来だった。ジャガイモ疫病は、その原因が何であれ、まだ一三〇キロメートル離れたイングランドからアイリッシュ海を越えて渡ってきてはいなかった。[*4] だからランパーは、アイルランドの無数の畑で順調に育っていた。そして例年どおり、豊かな栄養をもたらしてくれるはずであった。

＊＊＊

一方、科学者は、ジャガイモ疫病の問題の解決を目指して議論を重ねていた。だが、疫病の原因に関して一致した見解は得られなかった。そこで、原因をもっともうまく説明する論文を決定するコンテストが開かれた。

コンテストには数百の論文が寄せられた。それらのなかから、一位、二位、三位が決められた。賞を獲得した三本の論文とも、春の寒冷湿潤な気候がおもな原因であると論じていた。ただし、複合要因として種子の質の悪さをあげる論文もあった。もちろん天候のいかなる側面が問題なのかに関しては、論文によって若干の相違があった。雨のせいなのか、それとも冷たい雨のせいなのか？　あるいは、冷たい雨が降り続いたからなのかもしれない。菌類などの病原体への言及があると、それは何も知らない素人が提起した、黄燐マッチの塵、汚染、火山の噴火、宇宙からの瘴気（しょうき）などといった数々の見当違いの説明と同類項であるように思われた。菌類による説明は、多くの人々には、かくも圧倒的な災厄の原因としては、はなはだばかげているように思われ、受賞の対象にならなかった。

とはいえ、菌類仮説の支持者には、ヨーロッパ各国の数人の学者が含まれていた。フランスの菌類学者で、マルセイユ司教の補佐を務めていたアベ・エドワール・ファン・デン・ヘッケは、一八四五年七月三一日の「*L'Organe des Flandres*」紙上で、菌類が原因であると論じた。彼は顕微鏡で微生物を観察し、その拡散能力に驚嘆した。この微生物がジャガイモ疫病を引き起こしているのなら、微生物と疫病が拡散しないよう感染した植物を駆除することが必須である、と彼は書いている。さらに、気候、種子の質の悪さ、病原体の役割を調べることが肝要であるとも述べている。気候が原因なら、人々は神を呪い、ただ待つしかない。種子の質の悪さが問題なら、別の種子を手に入れればよい。病原体が原因なら、その拡散を防ぎ、成長を阻止し、すでに成長してしまった病原体は殺す手段を見つけ出さなければならない。

八月一四日になると、ルーヴェン・カトリック大学教授マーティン・マルテンスが、寄稿してきた。彼は、ファン・デン・ヘッケが観察した微生物が原因だと考えた。マルテンスも、有害な微生物（私たちなら病原体と呼ぶだろう）の拡散を阻止するために、感染した植物を駆除する必要があると説く。そして、この微生物の生物学的特徴を詳細に論じた。彼の言葉によれば、それは葉の「とりわけ下側表面」を攻撃する。八月一九日には、独学で人々に尊敬される菌類学者になったマリー＝アン・リベールが『*Journal de Liége*』誌で、この微生物に名前をつけ、その外観、生物学的特徴、成長過程について詳細に論じた。彼女は、この微生物を *Botrytis farinacea* の一形態と見なし、*Botrytis devastatrix* と命名すべきだと提言した。「*devastatrix*」の部分は、それがもたらす被害の大きさを示すことが意図されている。[*5]

いくつかの論文がそれに続く。ベルギーでは、別の著名な科学者が、原因は菌類であると主張した。シャルル・モレンは、八月二〇日に発表された論文で、微生物 *Botrytis devastatrix* 以外のすべての可能性を排除した。彼はさらに、菌類やそれに関連する微生物が、麦角病、小麦さび病、黒穂病などの病気を引き起こしていると述べる。また、問題の解決方法も提示している。たとえば、「感染した植物は燃やすべし」「感染したジャガイモはすべて除去すべし」「表面は健康に見えるジャガイモは硫酸銅、石灰、水に浸すべし」[*6]「春や夏ではなく秋に植えるべし」と論じている。

次に一八四五年の夏、ジャガイモ疫病はマイルズ・J・バークレーの家の軒先までやって来る。バークレーは、公式にはノーサンプトンシャー州キングスクリフ教区の司祭を務めていたが、非公式にはイングランドでもっとも円熟した科学者と見なされていた。自宅の周囲に生息する生物に関して、それまで誰もが見落としていた新発見を相次いで行なっていたのである。彼は、藻類、植物、そして数種の動物など、さまざまな生物を研究していたが、とりわけ菌類を好んだ。キノコの採集に数千時間を費やし、[*7]生涯を通じて一万種以上を収集した。[*8]そのうちの少なくとも五〇〇〇種は新たに発見されたもので、それゆえ彼によって命名された。彼は日が沈んでからもろうそくの光を頼りに研究を続け、また、早起きして研究することもあった。とりわけ、自分で植えたジャガイモが、菌類のせいで死んだのかどうかを知りたかった。もちろん、感染したジャガイモをわが目で見るまでは、確信を持っていなかった。彼は自宅の近くの畑で、感染したジャガイモを何個か拾い、仕事部屋に持ち込んで菌類を探し始めた。当時、ジャガイモ疫病の原因を確実に特定できる人物がいたとすれば、それはバークレーをおいて他にはいなかった。当時の科学者は彼を、菌類や作物の生物学を研究する偉大な専門家と見なしていた。また、現代の科学者は彼を、植物病理学の父（あるいは少なくともお気に入りのおじ）と見なしている。

しかし、菌類を原因と見なす仮説を提起するにあたり、バークレーはただジャガイモ疫病の原因を説明しただけではなく、細菌論の確立に向けて最初の成果の一つを提起したのである。動植物の病気は微生物によって引き起こされ得るとする細菌論を、私たちは自明のものと考えている。私たちは手を洗い、マスクで口を覆う。このような予防策は現代の私たちにとってはあたりまえのことだが、一八四五年の時点では、というよりそれまでのいかなる時代においても自明ではなかった。[*9]ジャガイモ飢饉が発生してから数十年が経過するまで、細菌論は人間（や作物）の病気には適用されなかったのだ。[10] だが、感染したジャガイモを注意深く観察したバークレーは、*Botrytis* 属の微生物がその原因だと主張する他の科学者たちの見解に同意する。[11] そして、*Botrytis* 属の微生物が到来するまで、ジャガイモ疫病は生じなかったと述べる。彼は、まず間違いなく *Botrytis infestans* が原因だと考えた。*Botrytis infestans* は、*Botrytis farinacea* や *Botrytis devastatrix* の別名であり、「*infestans*」は、この微生物が持つ感染能力に言及する。原因が特定されたからには、対策を立てることができる。バークレーは、いかなる対策を講じるべきかを考え始める。科学者として尊敬されていた彼は、菌類が原因であると考える科学者の合唱に強力なひと声を加えることができた。こうして人々は、すでに感染している植物の治療や、感染の予防に着手することができるようになった。

しかし残念ながら、ものごとはそれほど単純ではない。そもそも、天候や種子の質の悪さが疾病の原因であると考えるよう仕向ける社会的圧力が存在した。他のジャガイモに感染する能力を持つ微生物が潜んでいるのなら、感染による被害を受けていない地域に住む人々はみな、そんなジャガイモを買おうとはしなくなるからだ。蛮族の侵入という古代の恐れが、装いを新たにしてよみがえったとも言えよう。それに加え、菌類によって病気が引き起こされるとする考えは、科学が保守的であった当時（現在でもたいがいそうだが）にあっては急進的すぎた。経済政策も時の権力者も、菌類仮説を受け入れることができなかった。それゆえ、かつてナポレオンの軍隊に従軍していた外科医のカミーユ・モンテーニュなど、それまで菌類仮説を唱えていた数人の科学者は、自説を撤回せざるを得なかった。ちなみに最初に *Botrytis infestans* という名前を使ったのはモンテーニュであった。[12] 彼は、菌類仮説を主張し続ければ、フランス科学アカデミーの会員に選ばれなくなることを恐れたのだ。何百万ものヨーロッパの人々の命がかかっているというのに、科学アカデミーは科学アカデミーであった。その種の社会的圧力があまりにも強かったために、病原体仮説に有利な証拠が増えても、それに対する支持はすぐに立ち消えてしまうほどだった。一八四五年の夏の終わりには、ジャガイモ疫病は拡大し続けていたにもかかわらず、また、何人かの科学者が、菌類が原因であるとする仮説を支持していたとはいえ、世界的に知られた科学者のなかで、病原体仮説を積極的に支持していたのはモレンとバークレーの二人だけになっていた。二人のうち、モレンのほうが特に声高に病原体仮説を主張していたが、彼はバークレーほど高く評価されていなかった。他方のバークレーは、尊敬はされていたが、慎重すぎて黙っているに等しいと言われることがままあった。

＊＊＊

そしてそれは起こった。一八四五年九月六日、アイルランドにジャガイモ疫病が到来したことを二紙が報じる。おそらくイングランドからと見られるが、誰にも真実はわからない。それからたった七日後の九月一三日、『*The Gardeners Chronicle*』誌は、アイルランドの一部の地域では、すでにジャガイモ畑が壊滅したと報じる。[*13] 疫病は、人がスキップしながら進むのとほぼ同じ速さで拡大していたのである。一〇月には、ジャガイモ疫病がまだ到来していない畑は、アイルランドには存在しなかった。それから二か月以内に、一〇〇万エーカーのジャガイモ畑の四分の三以上が壊滅し、あとには悪臭を放つ黒い腐敗物が残されていた。

畑のそばを通った人は、悪臭について語った。農民はウシの糞のにおいや、ニワトリの糞の刺すようなにおいには慣れている。しかしこれは別だった。ジャガイモが植えられていた場所はどこでも、感染したジャガイモの塊茎（かいけい）や茎が、硫黄臭を放っていた。地面から地獄のにおいが漂ってくると言う者もいた。

一月に入ると、アイルランドの新聞『*The Nation*』に掲載された詩の言葉を借りれば、飢饉は「獲物を追うオオカミのような足取りで日一日と近づきつつ」あった。前年に収穫された作物がまだ残っている家庭もあったが、それも減りつつあった。三月になると、農民は互いの畑を襲い、見落とされていた根など、残っているものは何でも奪い始めた。かくして黙示録的な光景が繰り広げられた。「生きたウシの首から血を吸い、海草をゆでた。口や手には草の色がしみついていた。女たちは、寝ている子どものほうに不安そうに手を伸ばし、まだ息をしているかどうかを確かめた」[*14]。もともと家財道具をほとんど持っていなかった小作人は、手元に残ったもの、すなわち衣類を売った。半裸の子どもやおとなが戸外に出て、三月の冷たい空気にさらされながら畑をあさっているところを目にすることもよくあった。

一八四六年の春には、悪夢は終わるかのように思われた。多くの家族は、すぐにたらふく食べられるようになるだろうと考えていた。六月には、穀物や野菜はしっかりと育ち、地中ではジャガイモが成長していた。一八四五年のジャガイモ疫病は、原因が何であれ、例外的なできごとだったに違いない。一〇月の収穫まで耐えればよい。そうすれば冬を越せるだろう。そうアイルランドの農民は考えていたのだ。ところが七月に入ると、悪い兆しが天から降ってくる。前年にアイルランド中で発生したジャガイモ疫病と関係があるに違いないと考えられていた豪雨が、再び降り始めたのである。

一八四六年の夏、不安は恐怖に変わる。雨は降り続き、それにつれ前年以上にジャガイモ疫病が拡大する。そしてジャガイモは失われた。すでに空腹を抱えていた人々は飢え始める。冬には熱病のチフスが流行し、千人単位で人が死に始める。

一八四七年にも、同じストーリーが繰り返される。雨が降り、作物は消えた。飢えながら何とか生き残った人々は、三年連続して飢餓に耐えた。ウィリアム・ワイルドという名の男は、ある晩周囲の谷の美しい畑を愛でていたと思ったら、二日間雨が降ったあと、悪臭を放つ黒々としたおぞましい光景を目にしなければならなくなった、とうわの空で記している。谷全体が死んだ。しかもそれは例外的なできごとではなく、たった数日間でアイルランドのほとんどの作物が壊滅した。[*15]

アイルランド全体が悪臭を放っていた。一八四五年には、悪臭は腐ったジャガイモから放たれていた。しかし一八四七年になると、裸で道路わきに横たわる飢えた人々が放つ悪臭が、いたるところに漂っていた。半死半生の状態で、黙ってものほしげに虚空を見つめている者もいた。生きたまま人体が朽ちていく甘いにおいがそこら中に漂っていた。それから、さらに強烈な死体のにおいが漂い始める。来る日も来る日も、人々の死体がベッドの上にかき集められ、集団墓地に折り重なるようにして下ろされていった。死者があまりにも多いので、新型の棺おけが考案されるほどだった。底が開くその棺桶は、墓穴に死体を落として積み重ねることで空間を節約し、何度も繰り返し使用することができた。それを使えば、棺桶をいくつも作る必要がなく、穴もそれほど掘らずに済ませられた。

一八四七年八月の夏、銃を所持する者は、残った動物を狩りに出かけた。九月に入ると、銃と残った弾は、地主を脅して持ち物を奪うために使われるようになる。一〇月には、銃弾が尽きる。一一月には

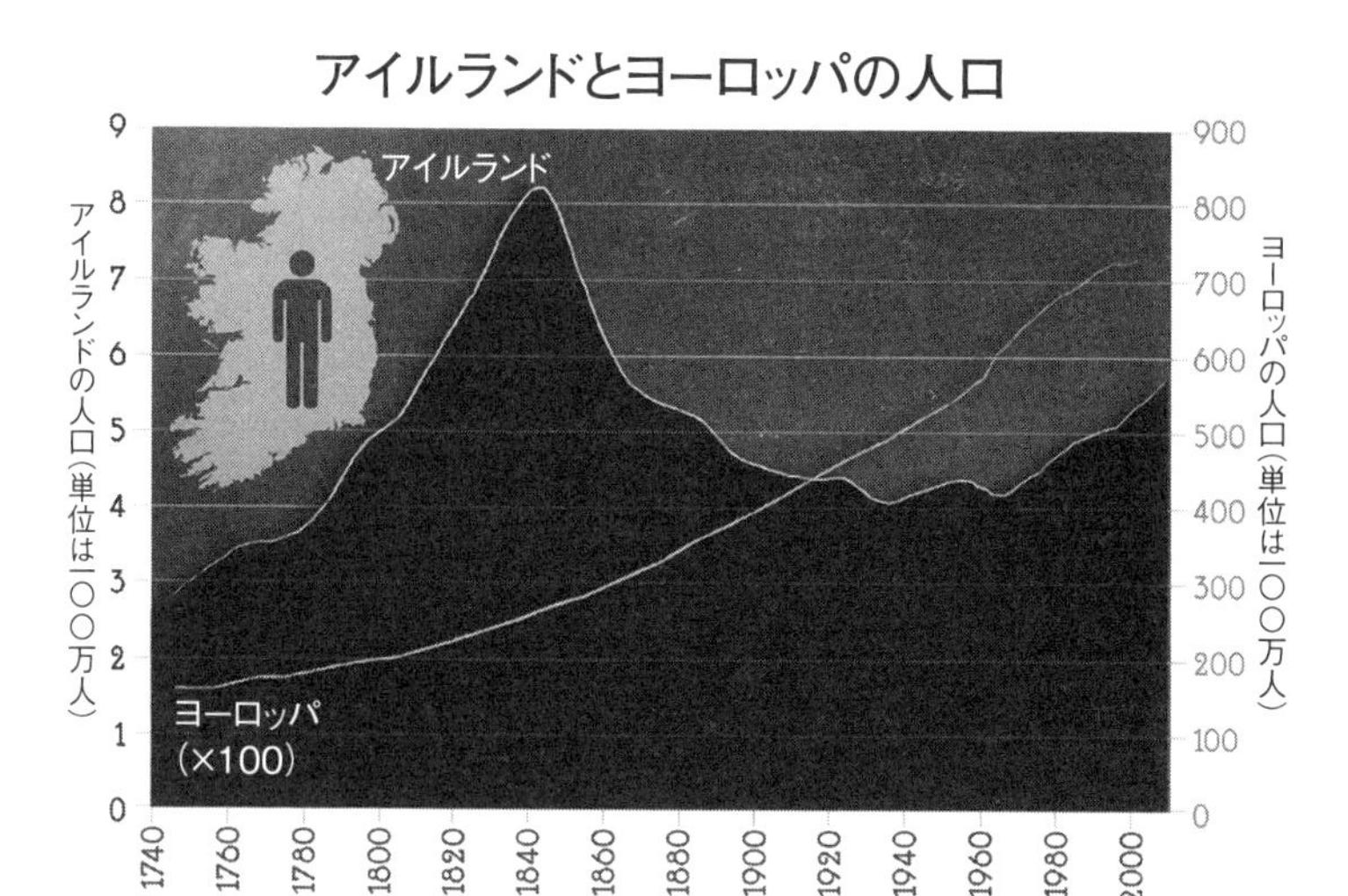

図2　アイルランドとヨーロッパ全体の人口の推移。ジャガイモは一八世紀中頃と一九世紀後半に、ヨーロッパ北部とりわけアイルランドの急速な人口の増加に貢献した。しかし、ジャガイモ疫病の到来とともに、飢饉による死と移民のためにジャガイモで増えた人口は激減した。(Numbers are drawn from census data.)

千人単位で人が死に、一二月にはそれが万単位、さらには一〇万単位になる。イギリス政府は援助の手を差し伸べず、ダブリンの行政府も何もしなかった〔当時のアイルランドはイギリスの植民地であった〕。ほとんどの地主も農民を助けようとしなかったが、所有地に住む借地人の数に基づいて税を支払っていた。地主を行動へと駆り立てたのは、農民の死や土地の荒廃ではなく地税であった。彼らは、腹をすかせた借地人が自分の土地から去ることを期待して、借地料を払えない小作人の住む家を壊し始めた。借地人の数が減れば、それだけ地税の納入額を抑えられるからだ。しかし彼らは出て行かなかったので、地主は貧しい人々を無理やりアメリカ行きの船に乗せた。船倉には、半死半生の人々が折り重なるように詰め込まれていた。その光景は、アフリカやシリアからヨーロッパに向かう難民を乗せた船や、キューバからフロリダに向けて漂流する筏（いかだ）を思い起こさせる。飢饉の最中に、あるいは終結後に、一〇〇万人以上がアイルランドから出国したと見積もられている。難民の多くは、男も女も子どもも、船上もしくは、目的地に到着したあと数週間から数か月のうちに死んだ。それでも問題は解決しなかった。ジャガイモ疫病は、アイルランドが無に帰すまで半永久的に続くかのように思われた。

＊＊＊

おそらく考え得る最悪の事態は、アイルランドのジャガイモ畑を襲った悪魔が、今日の私たちにも襲いかかってくることであろう。一九世紀のアイルランド人同様、私たちの食事様式はごく単純なものと化し、少数の作物に依存するようになっている。かつてのアイルランドと同様、少数の作物への依存は、必要性とともに私たちの選択にも起因する。今日の私たちは、単位面積あたり、かつてより多くの作物を収穫しなければならない。だから、最大の収穫量が見込める作物にしばられる。子どもが一人生まれるたびに、そのような作物への依存度は高まっていく。北米におけるトウモロコシ、ヨーロッパにおけるコムギ、アフリカにおけるキャッサバ、アジアにおけるコメなどといった具合に。

私たちは別の面でもアイルランド人に似ている。これらの作物が植えられている畑の生産性は、灌漑や肥料に依存する。これらの技術は、丘や沼沢地などあらゆる場所を農地にするために使われている。アイルランドでジャガイモを栽培していた農民は、最初の真に現代的な作物を植えていたのだ。そのアイルランド人との類似性は、私たちには彼らの悲劇から学ぶべきことがたくさんあることを意味する。

とりわけ、この悲劇が収束したそのあり方から学ぶべきである。

一八四七年、五〇万人が死に、五〇万人が国外に脱出したあとでも、ジャガイモ疫病に有効に対処する方策はなく、いかなる解決手段も実行されていなかった。ジャガイモの代わりに栽培する作物もなかった。アイルランド人やヨーロッパ人は、ジャガイモ疫病を天候や運命のせいにしたが、それではただ待つしかなかった。

ジャガイモ疫病の原因をめぐる議論はほとんど途絶え、菌類説を唱えた人々も沈黙した。新たな論文はほとんど寄せられなくなる。近くの畑に植えられたジャガイモの葉にはっきりと菌類を認めたバークレーでさえ、やや自信を失って菌類説と他の考えを同時に支持する論文を書き始め、菌類仮説を自ら否定するようになったという誤った印象を多くの人々に与えた。[*16] たとえ菌類仮説を依然として強く支持する人がいたとしても、実際に口に出す者はいなくなる。これはまことに遺憾な事態だ。というのも、彼らは基本的に正しかったからである。

一八四五年にヨーロッパに上陸したジャガイモ疫病は、卵菌であった。[*17] 当時、卵菌は真菌〔「fungus」。カビ類。卵菌と区別する必要のない箇所では単に「菌類」と訳した〕だと考えられていた（「水生菌〈water mold〉」という一般的な名称がその歴史を物語っている）。だが卵菌は真菌ではなく、また、よく間違えられるように藻類でもない。それは、普通は一般の人々が耳にすることのない古代の生命形態なのだ。しかし現在では、多くの卵菌は、作物と、それに依存する私たちの生活を、他のどんな生物よりもひどく損なう能力を持つことが知られている。ある卵菌の種は、オークの突然死を引き起こす。また別の種は、ダイズの根腐病を引き起こす。さらには、コショウの病気や、ブドウのべと病を引き起こすものもある。[*18] ジャガイモ疫病を引き起こす卵菌は、バークレーやモレンらが「微小な菌類（minute fungus）」と呼んでいたものと同じである。その生物学的特徴について彼らが述べたことは、ほぼすべて正しい。菌類の胞子は大気中を移動し、植物の葉に付着して、そこで葉の細胞に向けてヘビのような管を送る。それから卵菌は葉の内部を食べ始める。すると葉は黒ずみ、卵菌が葉をべたついた塊に変えるにつれ悪臭が放たれる。そして卵菌類は大量に繁殖する（黒ずんだ葉の白いへりとして目で確認することができる）[*19]。卵菌は、感染したジャガイモの内部から気孔を通してさらなる胞子を放つ。放たれた胞子は、それぞれ別のジャガイモに付着する。このプロセスは何度も繰り返される。こうしてジャガイモ疫病菌は、ヨーロッパ大陸を横切り、そこからイングランドに、そして最終的にアイルランドに渡ったのだ。風が吹いていると胞子は広がりやすい。湿潤な気候のもとでは、卵菌の成長は速い。これらの条件のために、一八四五年から四七年にかけて、卵菌はその他の年に比べて猛威を振るったのである。だがその拡大は、農民の手による畑から畑へのジャガイモの移植などの他の要因にも助けられたことに間違いはない。卵菌が持つ生物学的特徴は、一八四六年にはすでに詳細に記述されていた。だが、それらは無視された。理由はどうあれ、バークレーや彼の説の支持者は、自分たちが正しいと知っていることに関して、他者を納得させられるよう伝えることができなかったのだ。

歴史家のスティーブン・ターナーは、「菌類仮説は、一八四七年末にはほぼ否定されていた」と述べる。その結果それは、一八四八年、四九年、五〇年、五一年にも、さらにはその後三〇年間にわたり無視され、ジャガイモ疫病に対する解決策はそのあいだ何も提起されなかった。こうして悲劇は数十年間続く。ジャガイモは育ちにくくなり、ほとんど見かけられなくなる。徐々に他の作物が大規模に栽培されるようになっていく。また一八八〇年代になるまで、アイルランドの人口は毎年減少した。この悲劇の時代、少なくとも一部の科学者は、ジャガイモ疫病の原因に気づいており、抑制手段を知っているとさえ考えていた。ジャガイモ疫病による生命の喪失は、少なくとも科学の歴史において、コミュニケーションの不備による史上最大の災厄の一つであったと言えよう。

人々を説得するのに必要なものは、さらなるデータではなく、時間と、すでに知られていることを実験によってはっきりと実証し、その意義を人々に伝えることであった。小学校で学んだように、ルイ・パスツールは人間に病気を引き起こす病原体の能力を実験で示し、数々の致命的な病気を予防し治療する方法を提起した。彼が行なった実験は、人間の病気を研究する現代の病理学に至る道を開き、いかなる疾病に関しても原因を特定できる手段を確立するための枠組みを提供した。しかし、最初にそれを行なったのはパスツールではなく、ジャガイモ疫病を引き起こす卵菌の研究をしていたドイツの科学者ハインリヒ・アントン・ド・バリーであった。

ド・バリーは、「背が低く、神経質なほどの熱心さを持つ若い植物学の教授」であった。[*20] 一八五三年、まだ二二歳の彼は、コムギ、オートムギ、ライムギのさび病、黒穂病に関する本を出版した。また、それから数年をかけて藻類や、藻類ほど力を入れなかったものの、タンポポのうどん粉病菌(*Erysiphe cichoracearum*)などの菌類の生殖を研究した。この期間に、ジャガイモ疫病の研究をしていてもおかしくはなかったが、実際にはしていない。バークレーがジャガイモ疫病の根本原因と考えた微生物にド・バリーが着目し、それをジャガイモに接種したのは一八六〇年のことだった。現代ではあたりまえの方法と見なされているこのアプローチも、当時はあたりまえではなかった。病原体が病気を引き起こすのか否かを実験的な接種によって検証しようとしたのは、ド・バリーが初めてだった。ジャガイモは、暖かく乾いた平穏な年にも死んだ。ジャガイモ疫病のストーリーに「ユリイカ」と叫ぶ瞬間があったとすると、それはこの時をおいて他にはない。彼は、ジャガイモ疫病がジャガイモ疫病菌によって引き起こされることを証明した。この結果は、バークレーの考えが正しかったことを示すが、多数のアイルランド人が死んだり国外に脱出したりしたあとで発見されたことを考えれば、遅きに失したと言えるだろう。とはいえ、ひとたびド・バリーが原因を特定すると、すべてが明確になった。ジャガイモ疫病は、乾燥した年より湿潤な年のほうが猛威を振るう。また、近親交配されたジャガイモは被害が大きくなる。だがジャガイモ疫病は、理論的には殺すことのできる、真菌に似た微生物、卵菌によって引き起こされたのだ。

ド・バリーによってジャガイモ疫病の原因が特定されたからには、次にすべきことは駆除であった。その手段として浮上したのは殺虫剤だった。アイルランドのジャガイモは、自然に育つ環境下になくても肥料を用いれば栽培できるという意味で、飢饉が起こる前からすでに現代的な作物であった。だが飢饉後には、殺虫剤なくしては育てられないという意味で現代的な作物になった。

ジャガイモ疫病菌を殺すために現在用いられている殺菌剤の一つに、硫酸銅と石灰の混合物がある。まことに遺憾なことに、早くも一八四三年に、菌類仮説を支持する人々が繰り返し使用を促していたのは、この殺菌剤だった。一八四五年にモレン自身も、硫酸銅を用いてジャガイモ疫病を食い止めることができると書いている。彼の言葉によれば、そのことは、「いくら強調してもしすぎることはない[*21]」。

人々がモレンの助言に従っていれば、一〇万単位、いや一〇〇万人の生命が救われたかもしれない。

だが、彼の助言は無視された。また、チーバー（名字しか記録されていない）という名の人物や、ボストン出身のジェームズ・E・テシュメーカーなど、硫酸銅の効用を説いていた人は他にもいたが、彼らも無視された。彼らの意見が聞き入れられるようになったのは一八八三年になってからにすぎず、そのときですら、最初に洞察を得たのは科学者ではなく、自分が得た知識を他人に教えたがらない一人の農夫であった。

フランスの植物学者ピエール＝マリー＝アレクシス・ミラルデは、とある農夫が耕す畑を見て、道路に近い場所で育っていたブドウの木の何本かが、緑色の粉で覆われているのに気づく。どうやらそれらの木は、うどん粉病の被害を免れているらしかった。ミラルデが農夫に緑色の粉の正体について尋ねると、農夫は自分では当然と考えている答えを返してきた。彼によれば、その粉は硫酸銅で、ブドウには無害だが、通行人の目には有害に見えるため、誰もブドウを盗んだりはしないとのことだった。農夫は近所の人々に嫌われていたのかもしれないし、偏執狂だったのかもしれない。あるいは単に、誰もが盗みたくなるような極上のブドウを栽培していたのかもしれない。いずれにせよミラルデは、硫酸銅が、うどん粉病への感染を防いでいるらしいと農夫に指摘した。[*22] 彼は、硫酸銅をうどん粉病に適用する最善の方法（ヒースのほうきを硫酸銅で満たされたバケツや水差しに浸す方法）を見出すために数年間研究を続けた。そしてモレンが予測していたように、硫酸銅はジャガイモ疫病菌を殺すことが判明する。[*23] しかしそれが実証されても、アイルランドでは、硫酸銅は第一次世界大戦後になるまで普及しなかった。いくつか理由があったが、高価であったことと、（ヒースのほうきを使っても）適用が困難であったことが響いたのである。

第一次世界大戦後、ジャガイモを蝕む一連の害虫や病原体が新たに出現した。「イボ（Wart）」「気腫疽（Blackleg）」「葉巻ウイルス（Leafroll）」「立ち枯れ病（Fusarium wilt）」など、派手な名前を持つものも多い。また農民や政府は、ジャガイモ疫病を抑制するために、現在でも年間六〇億ドルの支出を強いられており、そのうち一〇億ドルは殺菌剤に使われているという見積もりがある。湿潤な地域では、殺菌剤は年間最大一〇回程度ジャガイモに散布されている。ジャガイモ疫病は進化し続けており、世界のジャガイモ生産に脅威を与えている。アイルランドのジャガイモ飢饉から何も学ばなければ、再び大災厄が、しかも今度は世界的な規模で発生するかもしれない。だが、それはジャガイモ疫病に限った話ではなく、無数の害虫や病原体、そして気候変動が、私たちが依存する作物を脅かしている。それらの脅威から自分自身を守るためには、ジャガイモ飢饉のストーリーから学ぶだけでなく、それを引き起こしたジャガイモ疫病菌が、なぜかくも迅速にアイルランドとヨーロッパ北部のほとんどのジャガイモ畑を壊滅させることができたのかを理解する必要がある。なぜジャガイモ疫病の被害は、それほど広範に拡大したのか？　現代でも、同様な危険にさらされている作物があるのか？

第3章　病原体のパーフェクトストーム

ジャガイモは西洋の勃興を促した。
――チャールズ・C・マン『1493――世界を変えた大陸間の「交換」』

さまざまな事象が結びついて条件が悪化すると、単なる嵐が最悪の完全な嵐（パーフェクトストーム）に変わることがある。ジャガイモ飢饉は、コミュニケーションの不備、不適切な選択、病原体に対する科学的理解の不足という、いくつかの条件が重なって生じたパーフェクトストームであった。歴史家は、生物学者と協力し合って、何がジャガイモ疫病の被害をかくも凄惨なものにしたのかをようやく理解するようになった。だが私たちはたいてい、歴史家の言葉に耳を傾けようとしない。その結果、ジャガイモ飢饉のような惨劇が二度と起こらないような方法で作物を栽培するのではなく、その可能性を高めるありとあらゆることをしている。病原体のパーフェクトストームは、今まさに私たちに襲いかかろうとしている。しかもそれはいくつかの地域のみならず、世界中の国々を狙っているのである。

一八四〇年代以前にも飢饉は頻繁に発生している。しかし、ジャガイモ飢饉ほど甚大な被害が、ただ一種の病原体によってたった一つの作物に引き起こされたことは、それ以前にはなかった。アイルランド人が過度にジャガイモに依存していたことが、かくも巨大な犠牲を強いられた要因の一つであった。それに関して言えば、現在多くの人々が、かつてのアイルランド人と同様な危機にさらされている。だが、なぜ病原体はジャガイモ畑を壊滅させることができたのか？　なぜジャガイモは全滅したのか？　これらの問いに答えることは非常に重要である。なぜなら、それは現代の農業にも関連し、ジャガイモ疫病の再発を始めとして、ジャガイモを含めた現代の作物が直面しているさまざまな危機に当てはまるからだ。

加えて、これらの問いに対する答えは、アイルランド人がジャガイモを栽培し始めるようになるはるか以前に、スペインの新大陸征服者（コンキスタドール）によって下された決定とその影響に関係する。現在栽培されている作物の選択は、フランシスコ・ピサロのような輩の手に委ねられたのである。ピサロや他のおぞましいコンキスタドールたちは、私たちの日常生活とは何の関係もないように思われるかもしれない。それでも彼らは、私たちが毎日口にしている食物の種類に影響を与えたのである。

フランシスコ・ピサロはスペインのトルヒーリョで、経済的に恵まれない家庭で私生児として一四七五年頃に生まれた。醜い赤ん坊だったと言う者もいた。実のところ醜い男になるのだが。彼は、自暴自棄で、読み書きができず、身体は強靭ながら道徳感覚に欠ける人物に育つ。沿岸地方で仕事と冒険を手にできると聞くと、その機会をみすみす逃したりはせず、そこで数年間軍役に就く。伝記によれば、イタリアに行って、勇敢に、というより阿修羅のごとく戦ったのだそうだ。やがて新大陸行きの船に乗り込み、同乗者が、夢のような話を長々と語るのを耳にして一攫千金の夢を見るようになる。こうしてスペインをあとにしたピサロは、海を渡る。欧米社会は、やがて世界中で栽培される作物品種を選択する仕事を、ピサロのようなコンキスタドールの手に委ねるべきではなかった。だが、それが現実になってしまったのだ。

ピサロが最初にスペインから新大陸に向かったとき、その目的の一つは、（コロンブスの第二次航海に参加したアロンソ・デ・オヘダとともに）現在のコロンビアに新たな植民地を建設することにあった。彼らに続いたコンキスタドールや開拓者（コロニスト）たちは、ヨーロッパ産の作物の種子を植え、ウマや乳牛やブタを放った。彼らは新たに建設される熱帯ヨーロッパの王に、あるいは少なくともリーダーになろうとした。だが、植民地経営は失敗する。開拓者の多くは死んだ。家屋は再びジャングルの土と化した。ウマ、乳牛、ブタはそこら中を走りまわって繁殖し、いくつかの作物も繁栄した。このような経緯を経て、ピサロらコンキスタドールは、新大陸に作物や家畜を広げることができた。

しかしこれは、彼らによってもたらされた大きな変化の半分にすぎない。もう半分は、彼らがヨーロッパに持ち帰った作物に関係する。しかし持ち帰るためには、まず発見しなければならない。一五一三年、ピサロと探検家のバスコ・ヌーニェス・デ・バルボアは、南米大陸を西に進み、太平洋へと通じる経路を探索していた。奇跡的にもそれは見つかった。一五二三年、ピサロは再び探検に出かけ、パナマを横切る。大勢が死んだが、何も発見できなかった。九年後の一五三二年、ピサロは友人のディエゴ・デ・アルマグロとともに、再び探検に出る。彼らは太平洋岸に到達し、さらに未知の海岸に沿って進む。行く手に何が待ち受けているのかは誰にもわからなかったが、うわさは聞いていた。人々は、金銀財宝に満ちた偉大な帝国が南の方角に存在すると語り合っていた。うわさによれば、この帝国に到達するためには、海岸に沿って進み、それから山に登ればよかった。だが実際には、海岸沿いに難所が続き、それまでコンキスタドールが足を踏み入れたいかなる場所よりも、「山々（アンデス山脈）は高く、夜間は寒く、日中は暑く、砂漠は乾燥し、道のりは遠かった」[*1]。

次に起こったできごとは次のとおりである。インカ帝国の発見、インカ帝国の支配者アタワルパの死、フランシスコ・ピサロとアタワルパの妹の結婚、二人の娘フランシスカ・ピサロの誕生（スペインで生涯を送り、ピサロのきょうだいと結婚する）、ピサロの友人アルマグロの息子に忠誠を誓う男たちの手によるピサロの暗殺（アルマグロ自身はすでにピサロによって殺されていた）、インカ帝国が保有する大量の金銀のスペインへの流出。そしてさらに重要なことに、というより現代の西欧文明にとっておそらくは史上もっとも重要なことに、コンキスタドールは作物をヨーロッパに持ち帰った。そのために人類と農業の未来は、変わってしまったのである。

だが、コンキスタドールは、新大陸の温暖な地域からどの作物をヨーロッパに持ち帰ったのだろうか？　アフリカやアジアへは？　その答えは単純ではない。何を持ち帰るかに関して彼らが下した決定は、今日私たちが食べている作物に影響を及ぼした。つまり彼らの選択は、今日スーパーで目にする作物品種の多くに反映されている。コンキスタドールは多くの作物のなかから選択したが、後世のことなどまったく考えていなかった。理想を言えば、彼らは、自分たちが遭遇した未知の作物の、できるだけ多くの品種を持ち帰るべきであった。それには、味や、生育可能な気候や土壌、そしてもっとも重要なことに、病原体に対する病害抵抗性に関して、それぞれ特徴の異なる品種が含まれていたはずだ。ところが実際には、それとは正反対の事態が生じた。一例としてアンデス地方の根菜類を考えてみよう。ピサロがアンデス地方に到達したとき、インカ帝国では、一〇を超える根菜類の一万を下らない品種の根菜類が栽培されていた。ピサロと彼の部下たちは、現地民の妻たちが作った料理によって、それらのいくつかを食べていたはずだ。ところが彼らヨーロッパ人は、多様な根菜類のうち、ほんの一部だけを採集したのである。おそらくは、これらの品種のうち一万分の一がヨーロッパに持ち帰られたにすぎない。ならば、「なぜわずかな品種しかヨーロッパに持ち帰らなかったのか?」「いかにして持ち帰る作物品種を選んだのか?」という二つの疑問が思い浮かぶ。ジャガイモの運命を決定づけたのは、後者の問いに対する答えに関係する。

前者の問いに関して言えば、第一にコンキスタドール自身に問題があった。彼らは概して農民ではなかった。また、征服者という立場からして当然ながら、地元民から学ぼうとする心構えを持たなかった。そもそも食物とそうでないものを区別することさえままならず、まして食物の細かな区別など彼らの能力の及ぶところではなかった。[*2] 加えて、彼らの目には入らなかった作物や作物品種もある。たとえば、彼らが根菜類のオカを目にしたという記録はない(だから、あなたは「オカって何?」と思っているはずだ)。目にしたとしても、食べられるとは思わなかった作物もあっただろう。あるいは食べられるとわかっても、まずいと思った作物もあっただろう。アメリカ原住民は、カエル、甲虫、シロアリの女王、ガ、ハチ、クモ、イナゴ、蠕虫、ネズミ、ダニ、藻類などを食べていた。だがそれらは、コンキスタドールにとっては食物としてあまりにも不適切に思えたために、現代の食卓には、それらを素材にした料理が欠けているのである。[*3]「エコロジカル・フィルター」という生態学の用語がある。これは、移動や繁栄を特定の種には許し、別の種には禁じる生息地の特性や、進化の過程における特定の段階の特性を指す。コンキスタドールが行なった作物の選択は、最初の作物フィルターであったと言えよう。

かくして彼らの嗜好は、長期的な影響を与える。彼らがまずいと思った作物は、現代のスーパーではまず売られていない。

しかし、たとえコンキスタドールが特定の動植物を収集することに決めたとしても、それをヨーロッパに持ち帰れたとは限らない。それどころか、新大陸の海岸地域にさえ運べなかったかもしれない。そこでも「エコロジカル・フィルター」が働くからである。とりわけ繊細な種子にとって、道中は長くきつい。ピサロとともにインカ帝国を征服した男たちがアンデス地方から帰還する際、彼らはいくつかの段階から成る経路を通らなければならなかった。まずアンデス高地からチリの沿岸の町アリカに下りなければならない。アリカからは船に乗ってコロンビアとパナマの沿岸を北上し、それからパナマ地峡のジャングル地帯を横切ってカリブ海沿岸に出る（もちろん当時、パナマ運河は存在しなかった）。運ばれている種子や果物はすべて、数か月間常時湿気にさらされる。その状況では、それらのほとんどは腐る。しかも、不潔な水夫の腰にひもで結わえられた小さなカバンや、ゆっくりと死んでいくラバの背や、ラバが引く荷車に絶えず打ちつけられるバッグに詰められて、長い陸路を運ばれる。だから、根であれ、塊茎であれ、種子であれ、海岸まで無事にたどり着ける植物は一握りしかなかったのだ。

しかもそれは第一歩にすぎない。カリブ海沿岸地域に到達しても、作物は再度船に積まれてスペインに運ばれるまでのほぼ四か月間、悪条件に耐えなければならない。当時の船は、内部がごったがえしていて、廃棄物、腐敗物、食糧、種子、水夫が共存しているようなありさまだった。というよりうまく共存できずに、船倉は排泄物や腐った食物から立ち上る悪臭に満ちていた。理由は不明だが、四方を海に囲まれていたにもかかわらず、当時の水夫は、自分たちが食べた動物の骨や臓器を、船外ではなく船倉に投げ捨てることがあった。[*4] 比較的小さな船ですら、数千匹のネズミが発生することがあった。水夫一人あたり一〇匹以上のネズミがいた勘定になる。当時難破した船の残骸には、いたるところにげっ歯類の歯型が発見されている。たとえばコロンブスの第四次探検では、船内は衛生状態がきわめて悪く、生命に満ちあふれていたために（穀物や肉類には幼虫がうごめいていた）、水夫たちは自分が食べているものや、皿のなかで動き回っている生き物を見ずに済ませられるよう夜間に食事をとることを好んだ。フロリダ沖で見つかった一六世紀後半の沈没船には、米食い虫、ゴキブリ、カツオブシムシという三種類の昆虫がいた証拠が見つかっている。これらの昆虫は、ヨーロッパからアメリカに渡った水夫と同乗していたのである。帰りの航海はもっと悲惨だっただろう。ネズミやうごめく昆虫たちは、出くわした種子や根は何であれ、手当たり次第むさぼっていたはずだ。

図3　カナリア諸島の衛星写真。アフリカとの位置関係がわかる。カナリア諸島は、孤立してはいたが、農業の歴史においてきわめて大きな役割を果たした。(Image by Jacques Descloitres, MODIS Rapid Response Team, *NASA/GSFC.*)

＊＊＊

アンデス地方からスペインに至る全行程を踏破するには、平均して二年かかった。[*5] この行程を無事に終えられた植物があったという事実のほうが、むしろ驚きだ。きわめて強靭で、過酷な条件に屈しない新大陸の植物が、慎重に取り扱われることで生き残ったのである。しかし無事に海を渡っても、その作物は、まだヨーロッパの農業システムに組み込まれたわけではなく、ヨーロッパのどこかで育たなければならない。新大陸に渡る船も、新大陸から戻る船も、そのほとんどは、（アフリカ行きの船のほとんどが、アフリカ西岸の沖合に浮かぶ、サントメ島を始めとする島に立ち寄ったのと同様）亜熱帯の火山島、カナリア諸島に寄航した。亜熱帯に位置するがゆえに、カナリア諸島は、砂漠、亜熱帯雨林、温帯林、草原、さらには一定の期間雪に覆われる箇所など、西ヨーロッパに見られる地形の多くを擁している。したがってカナリア諸島は、ヨーロッパに導入する前に作物の繁殖を確かにするための、一種の中継基地として使われた。ジャガイモの成長をヨーロッパのあらゆる気候のもとで試そうとすれば、何か国も渡り歩かねばならないが、カナリア諸島最大の島テネリフェ島では、海岸から火山の頂上へと順次移動しさえすればよい。この事実に鑑みれば、新大陸からヨーロッパへ向かう作物も、世界各地から新大陸へ向かう作物も、その多くがカナリア諸島を経由していたことは驚くにあたらない。たとえば、（極東原産の）バナナやサトウキビは、カナリア諸島を経て新大陸に伝えられた。したがってヨーロッパ人は、カナリア諸島から導入されるものとして新大陸原産の作物を選択していたのだ。かくしてカナリア諸島は、可能性の楽園になると同時に、それぞれの作物に結びついたあらゆる歴史が剥奪される場所として機能したのである。*6

意図的か否かは別として、新大陸から到来した作物から、現在私たちが消費している作物を選択した「エコロジカル・フィルター」の最後のステップは、ヨーロッパの農民や消費者のあいだで生じたプロセスに関するものである。生きるために必要な作物に関して言えば、農民はほぼつねに、到来した作物のなかから、もっとも多産なものを選ぶ。そのような結果になるのは、実際に農民がそれに見合った作物を好むからでもあり、また、結果的に多産な作物のほうが豊富に手元に残る可能性が高いからでもある。ヨーロッパに作物を移植する際に経なければならない選択プロセスの各ステップは、まるまる一世代かかってもおかしくはない。しかし、それほど長期にわたることはめったにない。

ピサロがアンデス高地でインカ帝国に遭遇し大量の銀を目にしてからわずか三〇年後には、ジャガイモはカナリア諸島からスペイン本土に売られていた。[*7] それに必要なすべてのステップを考えれば、ジャガイモは最短の期間で、ヨーロッパで商品作物になったことがわかる。最初にどれくらいの数の品種が到来したのかはわからないが、通過しなければならなかったいくつかの「エコロジカル・フィルター」を考慮に入れれば、到来した作物は、一定の特徴を共有していたであろうことが推測される。それらはすべて、船による輸送に耐えることができた。遺伝的多様性を欠いていた。原産地では、ほとんど共生生物に依存していなかった。たとえば根が、必要な資源を得るために決まった菌類の支援を必要としていたら、その作物は運ばれる途中で朽ち果てていたことだろう。あるいは特殊な花粉媒介者を必要とする作物も、置き去りにされたはずである。[*8]

その結果、南米で栽培されていた二五種類の根菜類や塊茎作物のうち、ジャガイモだけがカナリア諸島に到達したのである。また、(九つの亜種から成る) アンデスのジャガイモの数千の品種のうち、数十品種のみがカナリア諸島に到達したにすぎない。しかもそれらはすべて、*Solanum tuberosum* という亜種に属していたとみられる。そして、そのわずかな品種のうち一握りがヨーロッパ大陸に到達したにすぎない。さらには、その一握りのうち生育期間が短く、その期間には日が長いアイルランドで順調に育ったのは、ランパーと他の二、三の品種のみであった。アイルランドにもたらされたランパー系統のうち選好されたのは、輸送のストレスに強く多産であるか、そのようなアイルランドの季節の特徴に合ったもののいずれかであった。その結果、アイルランドで栽培されるようになったジャガイモは、多産ながら多様性を欠き、害虫や病原体がいない限りで健全に育つという代物だった。問題はそれ以外にもあった。

ジャガイモは「丸裸で」ヨーロッパに到来した。つまり、アンデス地方の農民が、何世紀もかけて蓄積してきた、栽培、生育、貯蔵、加工に関する伝統的な知識を置き去りにしたままヨーロッパに導入されたのだ。『ジャガイモ監視人のノート（*Notes of a potato watcher*）』の著者ジェームズ・ラングは、「アンデス地方の作物栽培システムの複雑さは、ヨーロッパでは前例のないものである。それは高度や降雨に関する、あらゆる細かな特徴に合わせられている」と述べる。言い換えると、コンキスタドールには、やらねばならないことがたくさんあったのだ。[*9] ジャガイモの栽培方法について原住民から学び、それをカナリア諸島の住民に伝授することもできた。そうしていれば、カナリア諸島の住民は、ジャガイモの栽培に着手しようとしているヨーロッパの農民にその方法を伝えられただろう。しかし、実際にはそんなことは起こらなかった。そのため、ジャガイモ疫病がヨーロッパを横断し、イングランドやアイルランドに上陸した頃には、そこで栽培されていたジャガイモは、生産性の高いたった一つの品種ランパーにほぼ限られるという状況にあったのである。しかもそれらは、ジャガイモの生物学的特徴や感染する可能性のある病原体についてはほとんど何も考慮されず、ヨーロッパ人の手で新たに発案された方法で栽培されていた。[*10]

イギリス政府や農学者がアイルランドのジャガイモ農民に実施を促したあらゆる方策や、農民自身が選択したほぼあらゆる手段は、ジャガイモ疫病の拡大を招く結果になった。第一に、ジャガイモはモノカルチャーによって植えられ、アイルランド人は、生きる糧としてこのたった一つの作物に依存するようになった。私たちは「すべての卵を一つのかごに入れるな」「たった一種類だけ作物を植えるな」と言いつつ、結局そうしている。第二に、イギリスはアイルランドに、畝を盛り上げる伝統農法を捨て、畑をすきで耕すよう要請した。（アンデス地方で用いられているやり方に類似する）この伝統農法は、病原体を殺すに十分なほど畑の温度を上げるのに対し、すきで耕される平坦な畑は、ジャガイモ病原体にとって生息しやすい。したがって、伝統農法の廃止は、ジャガイモ疫病に有利な環境を生み出す結果になったのだ。

加えて、アンデス地方の農民は、種芋によってジャガイモを植え直してはいたが、真性種子〔種芋ではなくジャガイモの花がつける種子〕から育ったものを用いるよう注意を払っていた。ジャガイモの真性種子は扱いがむずかしい。いかなる実を結ぶのかが予測できない（ジャガイモの種子は、花粉によって運ばれる遺伝子のおかげで、もとの個体が結ぶジャガイモの実とは大幅に異なる実を結ぶ場合がある）。[*11] それにもかかわらずアンデス地方の農民は、真性種子が結ばれる機会を見逃さないよう畑の脇で目を光らせ、味がよく、成長が速く、他の植物を殺す病原体によって死なない品種を見つける方法を知っていた（また、今でも知っている）。それに対し、アイルランド人を始めとするヨーロッパ人は、毎年もっぱら、まぎらわしいことに種芋と呼ばれている塊茎を用いてジャガイモを植え直していた。種芋による栽培は、水とシャベルがあれば学校の校庭で放課後にできるほど簡単だ。棚を探して芽を吹いた古いジャガイモを見つけ出し植えればよい。条件さえ整っていれば、その方法で永久にジャガイモを補充できる。

アイルランドの農民には、種子を用いてジャガイモを栽培できることを知らない者もいたらしい。もちろん種芋を用いれば、翌年に収穫されるジャガイモは、もとのジャガイモのクローンになることが保証される（この理由により、アンデスの農民もたいていは種芋を植えていた）。最初の世代の成長が速ければ、それに越したことはない。しかし短期的な利点は、長期的には不利になる場合がある。アイルランド人は、ジャガイモ疫病が到来するまで、不利な点を学ぶ機会がなかった。だから、アイルランドで栽培されているほぼすべてのジャガイモは、互いに、というよりそれまでアイルランドで植えられてきたあらゆるジャガイモと遺伝的に同一であった。差異があったとしても、それは突然変異に起因するもので、そのほとんどは有害であった。

アイルランドのジャガイモ飢饉のような悲劇が発生し、それを通じて何かが学ばれたとしても、その教訓はたいがいすぐに忘れ去られる。祖先の悲劇は、私たちの日常生活には縁遠いように思われる。ただし、一握りの個人（もしくは組織）は、学習し記憶している場合がある。文明の発展と継続は、そのスケールの大きさとは裏腹にこれら一握りの人々の存在に依存する。たとえば、ジャガイモ飢饉の最中も、その後も、現在に至っても、世界のほとんどの人々は、アンデス地方の人々が蓄積してきた、ジャガイモに関する伝統的な知識をほとんど無視してきたが、数人の科学者はそれに注意を払っていた。彼らの業績はやがて功を奏し始める。この点は重要だ。なぜなら、ジャガイモは種々の問題を抱えているばかりでなく、ジャガイモ疫病は完全に消滅したわけではないからである。科学者たちは、アンデス地方で栽培されているジャガイモの品種のなかに、ジャガイモ疫病に対する病害抵抗性を持つ品種がないか調査し始めた。実は、これは一九世紀後半の話ではない。その頃はまだ、その種の調査には手がつけられていなかった。ようやく現在になって、着手されたにすぎない。しかもそれは、先見の明といくばくかの幸運によって、また、頼もしいトラックのおかげもあって、およそ半世紀前になし遂げられた、ある人物の行動があったからこそ可能になったのである。

＊＊＊

一九七一年、ペルー政府は国際ジャガイモセンター（CIP、Centro Internacional de la Papa）を設立した。このセンターの目標の一つは、ペルー国民や世界の人々のために、ジャガイモや、ペルーで栽培されてきた他の伝統作物品種を研究し保存することにある。現在まで、その種のセンターが一一箇所に設立されており、各センターはそれぞれ別の地域で異なる作物を扱っている。なお、これらのセンターは、国際農業研究協議グループ（CGIAR）によって相互に緩く結びついている。[*12] 一九八二年までには、センターのコレクションはぼう大なものになっていた。他の作物は言うまでもなく、ジャガイモだけでも数千品種が保存されている。このようにセンターは成功を収めていたが、やがて危機に直面する。

一九八二年、ペルーではゲリラの主導する内戦が激化し、センデロ・ルミノソ（輝く道）と呼ばれる共産主義者のゲリラ組織がペルー人に脅威を与え、日常生活を困難にした。たとえばセンデロ・ルミノソは、ジャガイモを始めとするアンデス原産の作物が栽培、保存されているアヤクーチョの主要農業試験場の一つにやって来て、たいまつをかかげて試験場を取り囲み、火を放とうとした。[*13] 科学者たちは恐怖を覚えて逃げ出した。だが一人の貧農が進み出て、科学者ではなく農民が種子を必要としているから、コレクションを破壊しないで欲しいとセンデロ・ルミノソに懇願した。これは一時しのぎにはなり、コレクションを他の場所に移すための時間を科学者たちに与えた。

ジェームズ・ラングの『ジャガイモ監視人のノート』によれば、アヤクーチョにある国立大学に所属していた農学者カルロス・アルビズは、コレクションを移動させる決意を固める。そして試験場長に急かされながら、トラックにコレクションを積めるだけ積んで走り去った。翌日の夜、センデロ・ルミノソが再びやって来て、種子、根、塊茎が貯蔵されている建物を破壊した。そのときアルビズは、まだトラックを運転していた。ラングによれば、アンデス高地の安全そうな村々に立ち寄っては、いくつかの塊茎や種子を植えて育てるよう依頼したとのことだ。のちにアルビズは、村々に戻ってきて国のためにサンプルをいくつか収集している。農民は、自分たちが気に入った品種を栽培し続け、彼らの手でそれらの品種は救われたのである。

今日の国際ジャガイモセンターは、センデロ・ルミノソが猛威を振るっていた困難な時代にはとても不可能だった程度まで、コレクションと任務を拡大している。センターは現在、ジャガイモの九つの亜種を救い研究している。円錐形のもの、三日月形のもの、赤いもの、青いもの、紫色のもの、タンパク質に富むもの、ビタミンCに富むもの、とさまざまである。また、オカ、マシュア、ウルーコ、マカ、アラカチャ、マウカ、アヒパ、ヤーコン、食用カンナなど、ピサロらコンキスタドールの手でヨーロッパに持ち帰られることのなかった、アンデス地方原産の伝統的な根菜類や塊茎類を救う仕事を行なっている。いずれの作物も、無視されているか、絶滅の危機に瀕しているか、あるいは何らかの点で特別な価値のあるものだ。それに加えセンターは、現代では失われている伝統品種の発見、研究、そして味にしろ、害虫や病原体に対する病害抵抗性にしろ、それらの作物が持つ独自の価値の再利用に努めている。最近になるまで、既知のジャガイモで、ジャガイモ疫病に対する病害抵抗性を持つものは存在しないというのが、科学界における常識であった。しかしこの判断は早計に過ぎた。実のところ、アンデス地方で栽培されているジャガイモの各品種は、ジャガイモ疫病に対する病害抵抗性を含め、ほぼあらゆる性質において互いに異なる。これは特に驚くべきことではない。単に知られていなかっただけのことだ。

二〇一四年、国際ジャガイモセンターに所属する科学者ウィルマー・ペレスは、ジャガイモの伝統品種を対象に、ジャガイモ疫病に対する病害抵抗性の調査を開始した。その結果、テストした七亜種四六八品種のうち一九の品種は、少なくとも特定の形態のジャガイモ疫病に対する強い病害抵抗性を持つことが判明した。[*14] ペレスはまだ、センターの保有する残りの数百品種をテストしておらず、ましてペルー、ボリビア、エクアドルのアンデス高地で栽培されている四〇〇〇以上の品種は手つかずの状態にある。ジャガイモ疫病菌などの菌類、細菌、ウイルス性の病原体や害虫に対するそれらの品種の病害抵抗性は、今のところペレスも他の誰もテストしていない。ペレスは資金繰りに苦労しており、自腹を切ることで何とか作業を続けている。ジャガイモの品種はあまりにも多く、時間はわずかしかない。[*15]

その一方、アイルランドの農民は、コンキスタドールが持ち帰った、ジャガイモ疫病に対する病害抵抗性のないジャガイモ品種をいまだに栽培している。ピサロらコンキスタドールが、スペインを出発してインカ帝国を征服し、ジャガイモを持ち帰るのには、数十年しかかかっていない。それに対し、インカ帝国の真の財宝の価値が理解されるまでに、ほぼ五〇〇年かかった。もちろん真の財宝とは、多様な作物と、それに関する原住民の知識のことだ。[*16] 現在ではそれらの知識は公表されているし、ジャガイモ飢饉の時代でも、バークレーの論文は発表されていた。このように、ジャガイモに関する知識は科学者の手で公開されてきてはいるが、影響はまったくないに等しい。コミュニケーションの不備は現在でも続いているのである。

再度ジャガイモ飢饉が襲ってくれば、私たちは、作物やその天敵について、最新の科学的知識のみならず、古来の伝統的知識も迅速に学ぶ必要がある。もちろん、もっとも単純な解決方法は、作物を蝕む害虫や病原体を移動させないことだ。実のところ私たちは、作物を害虫や病原体から遠く離れた土地に移して利益を享受しているうちに、それらがいつかはやって来ることを忘れている。作家のデビッド・クアメンは、「すべては、いずれどこからともなくやって来る。害虫もその例外ではない」と述べている。事実ジャガイモ疫病は、どこからともなくやって来た。その出処に関する知識は、将来における再発の防止に役立つだろう。実のところ私たちはその知識を持っていなかったのだが、トム・ギルバートとジーン・リスタイノの研究が発表されてその状況は変わった。

トム・ギルバートはイギリスの若き天才的科学者で、ヨーロッパで最年少の正教授と言われることもある（おそらく真実ではないのだろうが）。トムは、夏のあいだ私が滞在しているデンマーク自然史博物館に勤務している。彼はそこで、困難な問題に対処するために、高度な技術を要する新たなアプローチを考案する役割を担っている。遺伝子が関係しさえすれば、問題の種類は問わない。彼は簡単な問題を嫌う。それに対し、困難な問題は彼をハイにする。少なくともイギリス流のドライなあり方で。たとえば彼は、絶滅したオオウミガラスの塩基配列の確定を試みた（彼がこれを読んだら「確定に成功した」と書けと言うだろう）。他には、ダイオウイカに関する研究、ハトの進化に関する研究、ボトルに残ったワインをDNA分析してその種類を確定する試み（それによって偽造ワインを特定できる）などがあげられる。そのようなわけで、最近私が彼の研究室を訪ねたとき、そこには「王室ワイン」と記されたワインクーラーが置かれていた。そのなかには、マルグレーテ女王のワインセラーに貯蔵されていた一〇〇年もののワインが納められていたに違いない。彼の研究室を訪ねると、コーヒーを飲みながら会話に打ち興じているうちに、吸血コウモリの血のサンプルを手にした学生がいきなり飛び込んできて、熱心に質問するなどといった次第になることが多い。

他方のジーン・リスタイノは植物病理学者である。植物病理学者は、植物を殺す真菌、卵菌、ウイルス、細菌を研究する。マイルズ・バークレーとハインリヒ・アントン・ド・バリーの衣鉢(いはつ)を継ぐ彼らは、あらゆるツールを駆使して病原体を特定する。彼らの研究こそ、繰り返し作物を破壊から守ってくれるだろう。だが植物病理学者の仕事は地味で、大発見にはつながらないと考えられているため、人数がますます減りつつある。大学が巨大化しても、ある一つの方法の巧みな適用に長じた生物学者を雇い、植物病理学者などの、生物をよく知る植物学者はあまり雇おうとしない（つまりトムのような生物学者が増え、ジーンのような生物学者が減っている）。

ジーン・リスタイノは、長らくジャガイモ疫病を研究してきた。その歴史の重要性のみならず、私たちは現在でもジャガイモ疫病から免れられているわけではないという事実に鑑みて、彼女は絶対にそれを理解しなければならないと考えている。ジャガイモ疫病をめぐる未解明の厄介な問題に、「それはどこからやって来たのか？」「現在のジャガイモ疫病は、一八四〇年代にアイルランドや他のヨーロッパ諸国を襲ったものと同一なのか？」というものがある。理論的には両者のサンプルを比較すれば済む話なのだが、実際のところ、一九世紀にジャガイモ疫病が流行していた頃は生物学的な調査がほとんど実施されておらず、したがってサンプルもほとんど採取されていない。しかし、リスタイノは辛抱強く探した結果、ヨーロッパとアメリカの植物標本館（乾燥した植物のコレクション）でいくつかのサンプルを見つけることができた。彼女は二〇〇一年に、古いサンプルのDNAを使って一八四五年のジャガイモ疫病を引き起こした細菌の株を特定できることを示した。それによって、その株は現代（二〇〇一年）のアイルランドで採取したものとも、二〇世紀中盤に世界的に流行したときのものとも異なることが明らかになった。[*17] 次のステップは、古いジャガイモ疫病菌の遺伝子を詳細に調査することだ。その仕事はトムの役割である。古いサンプルにジャガイモ疫病菌のDNAを発見したというリスタイノの発表を知ったあと、彼は研究室のメンバーの一人マイク・マーティンにその解読を任せた。私たちは、このトム、マイク、ジーンの共同研究に、ジャガイモ疫病菌のみならず、作物を脅かしている他の多数の生物の理解に役立つアプローチの考案に向けて、大きな期待を寄せることができる。

トムとマイクが古いサンプルにDNAを見つけて解読したとき、彼らやジーンはいくつかの事実に驚かされた。第一に、アイルランドのジャガイモ飢饉を引き起こしたジャガイモ疫病菌は、今日のアンデス地方で見出されるものにもっとも近かった。（メキシコを主張する研究者もおり、誰が正しいかに関して、些細でときに辛らつないさかいが起こっている。少なくとも私には、形勢はアンデス地方説に有利であるように思える。もちろん私の立場は、ジーンやトムとの会話に影響されている）。これは、ジャガイモ疫病が古くからジャガイモの天敵であったことを、また、一八四〇年代に、誰かがジャガイモ疫病菌を、アンデス地方から、原産地と比べてはるかにジャガイモが保護されていない環境のもとに、（ニューヨークやフィラデルフィアの港を経てベルギーへ運ぶことで）意図せずして持ち込んだことを示唆する。ジャガイモ疫病菌の拡散は、ヨーロッパに到来する直前の数年間、ジャガイモ研究者が変質の程度の低い種芋を探そうとしていた頃に生じたと主張する者もいる。また、ペルー沿岸からグアノ（肥料）と一緒に数個のジャガイモが運ばれてきたときに生じたとする説もある。おそらく真実は、これら二説の中間あたりにあるのだろう。

＊＊＊

続く研究によって、いくつかの意外な事実がわかってきた。第一に、一八四五年のジャガイモ疫病を引き起こした疫病菌の株は絶滅していなかった。[*18]おぞましい過去の亡霊のごとく、メキシコとエクアドルに潜んでいたのだ。[*19]第二に、現在のアイルランドで見つかった疫病菌はそれと同じ株ではない。第三に、それは多様であり、一つではなくいくつかの疫病菌の株から成る。これらは、ジャガイモ飢饉のあとで、アイルランドに入ってきたと考えられる。ジャガイモ疫病によって一五〇万人以上が死んだあとでも、新品種のジャガイモが導入されていないところに、疫病菌の新たな株が到来し続けているのである。さらに都合の悪いことに、現在のヨーロッパと北米に生息するジャガイモ疫病菌の株は多様であるばかりでなく、そのなかには現時点でもっとも強力な殺菌剤に対して耐性を持つものもある。また、新たな株には有性形態のものと無性形態のものがある。新たに進化した形態のものもあり、それらのなかには、これまで発見されたいかなるジャガイモ疫病菌よりも危険で攻撃的なものが含まれる。ジャガイモ疫病菌は学習こそしないものの、自然選択に応じて（また人間の手を借りて）繁栄をもたらしてくれるあらゆることを実行する。他方で私たちは、ジャガイモの害になるあらゆることをし続けている。[*20]

アイルランドのジャガイモに起こったことはすべて、いかなる地域でも、また私たちが依存するどんな作物にも起こり得る。災厄は卵菌、真菌、ウイルスによっても、あるいは昆虫によっても引き起こされ得る。そうなった場合、私たちは科学者の知識や行動に頼らなければならない。

たとえばマイルズ・バークレーは、ジャガイモ疫病をめぐる議論に貢献するにあたり、自分の考えに基づいて誰かが行動を起こしてくれるものと期待していた。この彼の態度は、当時は一般的なものだった。それから時代が経つにつれ、社会における科学者の役割は、いくつかの点で変化した。今では多くの科学者が、しかも基礎科学に焦点を絞る研究者でさえ、政策立案者や一般庶民との連携を自らの役割の一つとしてとらえている。私が在籍する大学を含めアメリカの土地付与大学（ランドグラントカレッジ）は、この連携の確立を目的として設置されている。しかしそれにもかかわらず、特定の作物を救う訓練を受けた専門家の数は非常に少ない。その結果、ある作物が、すんでのところで救われるか否かは（余裕をもって救われることはめったにない）、必然的に一人もしくは数人の行動に依存する次第になる。彼らは、作物や害虫、あるいは病原体について知ることに異常な熱意を燃やす人々で、十分な資金を与えられずに疲弊している。歴史家は「偉人」バージョンの歴史を嫌う。彼らにとっては、個人や小さなグループと同じくらい、構造、政策、社会的傾向が重要なのである。それは、ジャガイモ飢饉にも当てはまる。飢饉がかくもおぞましい災厄と化した理由の一つは、市場がすべてを解決してくれるという信念に基づくイギリスの政策に求められる。とはいえ、科学者が一人でも断固たる決意で行動していれば、事態は変わっていたかもしれない。同じことは、それ以後起こったあまたの災害にも当てはまる。一握りの科学者の手に多くが委ねられ、状況はますます悪化するばかりだ。作物を蝕む害虫や病原体の数は、それらと戦うための訓練を受けた専門家の数に比べ、急速に増えつつある。

一八四五年から今日のあいだに、新たに出現した害虫や病原体が、あらゆる主要作物を脅かすようになった。しかも二〇〇六年から二〇一六年のあいだに、新たな脅威が出現する割合が急速に高まっている。文明という薄氷を緩慢にコツコツと叩いていた微かな脅威が、ドラムを叩く強打と化してきたのだ。ジャガイモ疫病には特定の原因があり、その多くは予防が可能であることがあとになってから判明したように、現在危険な害虫や病原体が次々に発生し始めたのにも原因がある。ジャガイモ飢饉から何も学ばなかった私たちは、運命のごとく同じ間違いを繰り返すだろう（そしてそのときには、誰かがすんでのところで救ってくれることを期待する）。だが私たちは、自然の基本法則の顕現として、その結果をはっきりと予測することもできる。その一つに、栽培面積が広ければ広いほど、それだけ作物が新たな害虫に蝕まれる可能性が高まるという法則がある。アフリカでは、キャッサバが害虫や病原体の最大の標的になっている。しかもアイルランド人がジャガイモに依存していたのと同じように、数億のアフリカ人が、キャッサバに依存している。

第4章　つかの間の逃避

私たちはこれらの事実から、新たな肉食獣の導入によって、在来動物がこの外来動物の持つ技巧や力に適応する前に、国内でいかなる規模の災厄がもたらされ得るかを推測することができる。

――チャールズ・ダーウィン『ビーグル号航海記』

私たちは、エボラ出血熱、MERS（中東呼吸器症候群）、ジカ熱などの人間を攻撃する病原体についてはあれこれと心配する。だがジャガイモ飢饉の教訓に従えば、作物に対する脅威も心配すべきである。そのような病原体の到来は、必然なのだから。

一九七〇年、キャッサバを蝕む病気が、コンゴ人民共和国（のちのザイール）とコンゴ民主共和国に到来した。最初に確認されたのがいつなのかは定かでない。おそらく、どこかの農民が家族を養うために栽培していたキャッサバを見に行って、それが病気にかかっているのに気づいたのだろう。こんな具合だ。この農民は、キャッサバの黒ずんだ茎と葉がねじれて地面に横たわっているのに気づく。村に戻った彼女は、他の女性たちもキャッサバを採集しに出かけ、それらが病気にかかっているのを見たと聞く。茎は成長が妨げられて弱くなり、葉はねじ曲がり、食用になる根は矮小化していたのだ。女性たちは病気のキャッサバを引き抜き、新たに植え直す。しかし、結果は同じだった。

何がキャッサバ畑を破壊しているのか？　農民たちがこの件について話し合っているうちに、原因らしきものがわかる。大きな「鼻孔」を備えたサルの顔を持つ小さな昆虫が、キャッサバにとまっていたのである。それは邪悪な神の使いであった。「サルの顔を持つこの昆虫のせいだ！」と農民は叫ぶ。[*1] それは、不幸を予兆する一種のメッセンジャーのようでもあった。だから誰もそれに触らなかった。そして病気は広がっていく。[*2]

被害は、ブラザビルの西方二〇キロメートルに位置するマントソンバにある国営実験農場の技術者たちによっても目撃されている。[*3] 彼らは、作物畑で植物を注意深く観察しているときに、サルの顔を持つ昆虫がとまっているのに気づいた。やがてそれは、鳥に食べられないようサルの顔を模倣していると見られる、ある種の蝶（*Spalgis lemolea*）のサナギであることが判明する。だが、それが病気の原因ではなかった。技術者たちは、それ以外にもさまざまな種類の吸汁昆虫がキャッサバにとまっているのに気づく。それらのなかには、彼らがかつて見たことのない種も含まれていた。[*4] この新種の昆虫は、最悪の被害をもたらしているように見えた。それは白くて小さく、動物には見えないほど地味でいかなる特徴も欠いていた。どうやらコナカイガラムシ科の昆虫〔コナカイガラムシ（mealybug）は科の名称であり、この時点では、キャッサバにとまっていた個体の種は特定されていなかった〕らしかった。[*5]

次に起こったことの詳細は、証言が食い違っていることもあり、今となってはよくわからない。それには、コンゴ人民共和国農業省の農業エンジニアと、ブラザビル大学で動物学を専攻する教授が関与していたようだ。一九七三年、彼ら、もしくは彼らと仕事をしている誰かがキャッサバにとまっていたコナカイガラムシのサンプルをパリの国立自然史博物館に送った。このサンプルは最終的に、コナカイガラムシの数少ない専門家の一人であったダニエル・マティル＝フェレーロの机の上に置かれた。[*6] マティル＝フェレーロは慎重に標本を準備し、顕微鏡でその特徴を確認する。いくつかの特徴はすぐにわかった。また、彼女の長年の経験に基づいて推測することのできた特徴もあった。かくして彼女は、眼前の標本をもとに頭のなかに一つのイメージを形作り、スケッチを描く。次にそれと、自分が管理しているコレクション、ならびに世界中の主要なコレクションのスケッチを比べてみる。こうして彼女は、自分が目にしている昆虫が科学にとってまったく未知の生物で、自分で命名する必要があるという結論に達した。

＊＊＊

キャッサバは地味な作物だ。ジャガイモを始めとする他の熱帯原産の根菜類や塊茎類と同様、そのストーリーはぜいたくよりもカロリーに関係する。[*7] キャッサバは、ジャガイモ同様、とびきりおいしいというわけではないが、ほぼすべての必須栄養素を含有する。キャッサバの葉と塊茎の両方を食べていれば、ほぼそれだけで生きていける。風味などの細かな欠点は、多産性によって埋め合わされる。貧弱な土壌に植えても育ち、大きな根を生やす。なかには一〇ポンド〔およそ四・五キログラム〕に達するものもある。収穫しても、次がすぐに育つ。数週間後には、さらなる収穫が期待できるのだ。

キャッサバはアフリカ原産ではなく、アメリカ大陸から持ち込まれた。コンキスタドールはそれを目にして食べたが、持ち帰らなかった。熱帯の食用植物は、ヨーロッパの比較的寒冷で渇いた気候のもとで育たなければ、植民地支配国にとっては用無しだった。熱帯で栽培しヨーロッパに輸出できるカカオ、タバコ、サトウキビ、コーヒーなどの高級作物はその例外だが、キャッサバはその種のぜいたく品ではない。しかし四〇〇年前、ポルトガルの商人は、ブラジルでキャッサバの茎を収集し、西アフリカの沖合に浮かぶ、サントメ島を始めとする島を経由して、中央アフリカのコンゴ川デルタ地帯に持ち込んで育てた。[*8] それからアジアに持ち込まれ、そこでも栽培されるようになる。新たな大陸に導入されたキャッサバは村から村へと広がり、気候の悪化した季節や年には大きな役割を果たした。困難な状況が頻繁に生じれば生じるほど、それだけキャッサバは拡大し、アイルランドのジャガイモや中国のサツマイモと同様、やがて多数の人々がそれに依存するようになった。こうしてキャッサバは、サハラ砂漠以南の地域に住む五億の人々の主要なカロリー源になったのである。それはとりわけ、コンゴ民主共和国などの中央アフリカ諸国に当てはまる。そこでは、日常摂取しているカロリーの八〇パーセントを、キャッサバというたった一種の植物から得ている。コンゴ民主共和国では、他家を訪問するときには、生命と同義の贈り物であるキャッサバの葉を持っていく。[*9]

ジャガイモ疫病がアイルランド中のジャガイモ畑を破壊したのと同じように、害虫か病原体がアフリカ中のキャッサバ畑を破壊したら、絶望的な悲劇が生じるはずだ。それは、皮膚から悪臭のする汗を吹く数億人の子どもやおとなによって演じられる悲劇になるだろう。アフリカには、サハラ砂漠以南だけでも一〇〇〇万ヘクタールに近いキャッサバ畑が存在する。土壌や気候が悪化し、他のほとんどの作物が育たない状況にあっては、キャッサバ畑は決して壊滅してはならない。つまりキャッサバは、アフリカの、熱帯アジアの、そして世界の知られざる強みであり、また弱みでもあるのだ。それにもかかわらず、コーヒーやワインの研究には数億ドルの資金が注ぎ込まれても、キャッサバを研究し監視するための資金はつねに不足している。この傾向は、これからも続くだろう。キャッサバは、貧しい人々が赤土から文明を起こした、土の帝国で育っているのである。

ダニエル・マティル゠フェレーロが、送られてきたコナカイガラムシを顕微鏡で特定する前から、コンゴ盆地、そしておそらくはアフリカやアジアの多くの地域が大きな問題を抱えていることは明らかであった。しかも、コナカイガラムシは科学にとって新たな発見であったため、基本的に問題の本質が何も見えていなかった。コナカイガラムシは獰猛には見えない。繊細で、骨格が存在しないように見える。しみのような生き物だ。しかし、まさにそのコナカイガラムシが、アフリカの人々が依存する作物に特別な好みを持ち、アフリカ中で栽培されているキャッサバ畑を大量に破壊して数百万人を餓死させるに十分なほどの速さで繁殖する能力を持つことが、研究によってすぐに判明する。小さくて柔らかく、無害に見えるコナカイガラムシは、アフリカ大陸全体を揺るがす力を持っていたのだ。コナカイガラムシが到来した村は、死刑宣告を受けたにも等しかった。村人にできることはほとんど何もなく、昔も今も殺虫剤を買う余裕のある人はほとんどいない。

フランスでは、ダニエル・マティル゠フェレーロが送られてきたコナカイガラムシの研究を続けていた。最初にコナカイガラムシが発見されてから五年が経過した一九七七年、彼女はそれを*Phenacoccus manihoti*（キャッサバコナカイガラムシ）と名づけた〔以下本章および次章で「コナカイガラムシ」とある箇所は基本的に「キャッサバコナカイガラムシ」を意味する〕。要するに、アフリカのほとんどの地域で栽培されている主要作物を、この昆虫が食い荒らし始めてから五年が経過してから名前がつけられたのだ。では、次に何をすればよいのか？　昆虫が特定されたあと、何ができるのだろうか？　マティル゠フェレーロは、詳細な調査のためにコンゴ盆地に招かれる。コンゴに到着した彼女は、そこでコナカイガラムシが広がり、あたり一面の畑を破壊している様子を目にする。彼女は、次の三つの方法でコナカイガラムシの拡散を抑制するよう提案する。移植されたキャッサバに焦点を絞り殺虫剤を適用する方法（畑全体に散布するより安くつく）、病害抵抗性を持つ品種の育種、および捕食者、病原体、寄生虫など、害虫の天敵を導入して生物学的に個体群をコントロールする方法の三つである。皮肉にも、キャッサバを殺していると当初考えられていたサルの顔を持つ昆虫の毛虫は、コナカイガラムシの捕食者であり、実験室で繁殖させて大量に生産できれば、生物学的なコントロールに動員できる生物の一つだったのだ。しかし真の望みは、より効率的にコナカイガラムシを食べてくれる、生物学的コントロールのスーパーエージェントを探し出すことにあった。彼女は、畑でコナカイガラムシを食べていた数種の昆虫をその候補として一覧した。だがそれらの昆虫はすべて、それほど効率的ではないように思われ、さらなる調査のために別の専門家に送らなければならなかった。[*10]

＊＊＊

マティル＝フェレーロの提案に耳を傾けた一人、ハンス・ヘレンは当時、コンゴ盆地から数千マイル離れた場所にいた。彼は、カリフォルニア大学バークレー校に勤務していた若いスイス人ヒッピーで、マリファナでさえ有機栽培される地域の気風にどっぷりと浸っていた。スイスのローヌ渓谷の農場で育ち、そこでは父親が、伝統的な農法を用いてタバコ、コムギ、ジャガイモを栽培していた。コムギの下には、クローバーを植えていた。クローバーは雑草を日陰に置き、また、農夫たちに売ることができた。その代わりに農夫たちは、彼に肥料を譲ってくれた。化学肥料や殺虫剤はほとんど使わなかった。ヘレンの話では、ある日、バーゼルから黒い大きな車がやって来て農場の前で止まったのだそうだ。彼らは、農業の現代化のために化学肥料や殺虫剤を使うよう父親を説得しにきたのである。[*11] ヘレンの記憶によれば、このできごとのあと農場の収穫高は上がったが、化学肥料、殺虫剤、トラクターの燃料の購入のために経費も上がった。また、環境に対するコストも増大した。ヘレンは、黒い車で男たちが乗りつけてきた日より以前と以後における農場の様子の違いを目のあたりにしたことで、自然に逆らうのではなく、それと協調することの恩恵について考えるようになったのである。

ヘレンは博士課程を終えると、スイスで害虫コントロールの職に就こうとしたが、その種の仕事は、殺虫剤を用いて昆虫を殺す効率的な方法を発見することが中心になるだろうと考え直す。彼はそれよりも別のことがしたかったのだ。カリフォルニア大学のロバート・ヴァン・デン・ボッシュのもとで研究するためにポスドクに応募し、受け入れられた。ボッシュ（彼を知る人はヴァンと呼んでいる）は、母親がスイス人で、ヘレン同様スイスの農場で育った経験を持ち、当時は殺虫剤製造企業を批判する本を執筆していた。[*12] 書かれた企業は、それに抗議して彼を告訴しようとしていた。だが本が刊行されてからしばらくして、ボッシュは心臓発作で死去してしまう。ヴァンの仕事に啓発され、彼の死を悲しんでいたヘレンは、世界のために有意義な仕事をしようと決意する。やがて彼は、国際熱帯農業研究所（IITA）が提示する、ナイジェリアでの仕事の募集を目にする。彼らはトウモロコシ（アメリカ以外では「コーン」ではなく「メイズ」と呼ばれている）の植物育種家を募集していたのだ。彼にとってその仕事は冒険的に思えた。彼はトウモロコシの育種の訓練こそ受けていなかったものの、その仕事に必要な技量を備えていた。

ヘレンには知りようがなかったが、彼の願書は、当時ＩＩＴＡの事務総長を務めていたビル・ギャンブルの机の上に置かれていた。ヘレンのレジュメに目を通したギャンブルは、募集していた仕事とは別の仕事に彼が必要だと考えた。作物や昆虫に関するヘレンの知識に鑑みて、コナカイガラムシのコントロールに彼の力が必要だと判断したのだ。それから二人は会い、ギャンブルはすぐにその職をヘレンに提示した。かくしてヘレンは、大志を抱きながらただちにナイジェリアに旅立つ。やがて彼はコナカイガラムシを阻止することに成功し、アフリカ大陸を救うことになる。

ハンス・ヘレンが、ＩＩＴＡのオフィスのあるナイジェリアに着いたときには、コナカイガラムシは広範に拡大していた。一九七三年以来、コナカイガラムシはコンゴ盆地の畑から畑へと広がり、セネガルなどの遠方の国々まで達しようとしていた。また、おそらくは人々が贈り物にするキャッサバの葉の束を抱えて遠方の友人を訪ねたときになど、港湾都市から港湾都市へと拡大していった。この拡大がいつ起こったのかも、どれほど遠方まで広がったのかも不明であった。害虫や病原体が作物に付着しているのが見つかった時分には、たいてい到来後しばらく時間が経過している。またそれらが問題を引き起こすまで、農民は到来を報告しないことが多い。コナカイガラムシのケースでは、農民の報告も遅れたのかもしれないが、人々が農民の訴えに耳を貸すようになるまでにはさらに多くの時間を要した。コナカイガラムシは、防御対策が何も施されていない畑を通ってやすやすと拡大した。前述のとおり、贈り物のキャッサバの葉を介して広がることもできた。あとになってわかったことだが、風に乗って空中を拡散することもできた。

ハンス・ヘレンは、コナカイガラムシを抑制する方法を思案しているあいだに、マティル＝フェレーロの論文を読み、とりわけコナカイガラムシの起源に関する考察に注目する。そこには、この昆虫はアメリカ大陸から渡来した他の昆虫にもっとも近いと記されていた。さらにその情報をもとに、それがキャッサバの原産地から到来したものであり、西アフリカで繁殖に成功した理由の一端は、そこでエサを見つけられたことと、天敵の脅威を免れられたことにあるという仮説が提起されていた。捕食者や寄生虫による妨害をそれほど受けなかったために（サルの顔を持つ昆虫がいたことは確かだが）、コナカイガラムシは罰せられずにキャッサバを食べる、というより吸うことができたのである。コナカイガラムシは吸って、交尾して、そしてまた吸った。とはいえ、どこからやって来たのかに関する記述は、憶測にすぎなかった。マティル＝フェレーロは、「アメリカ大陸」と述べるのがやっとだった。

キャッサバは栽培化された植物だ。栽培化された植物は、祖先の野生種に比べると無防備であるケースが多い。[*13] 作家のアニー・ディラードは、捕食者を知らないらしいガラパゴス諸島の動物について記している。甲羅の下にたっぷりと肉をたたえたウミガメ、塩を吐くイグアナ、翼のないウ、ペンギン、アシカが、彼女のすぐそばまで寄ってきたのだそうだ。ハエでさえ、何ものをも恐れずに飛び回っていた。これらの動物は、わが身の破滅を待っているかのごとく、争いのない世界で、のほほんと暮らしている。作物も、それに似ている。作物の純粋さは、人間のすぐそばまで寄ってくる飛べない鳥に比べれば目立たないが、壊滅すればその影響は計り知れない。

作物の純粋さには二つの起源がある。私たちは、とにかく成長が速く、収穫量の多い作物を育種しようとする。それにあたって、自己防御能力は無視される。とりわけ工業型農業にはそれが当てはまる。さらに言えば、草食動物から作物を守るために私たちが用いている防御手段には、私たち自身に対して毒性を持つものもある。要するに、生産性を高め、防御力を弱めることで、私たちは作物に害虫がつきやすくしているのである。それ以外にも、科学者が天敵解放と呼ぶ現象がある。私たちは、天敵の脅威から解放され豊かに実ることのできる、もっとも安全な場所に作物を移す。あなたを食べようとする生物がいなければ、あなたの生活は楽になる。それを達成する方法の一つは、移動すること、作物のケースで言えば運よく安全な場所に移されることだ。この天敵からの地理的解放は、キャッサバや他の主要作物が現在受けている脅威を理解するうえで非常に重要なポイントになる。[*14] 作物は、天敵から解放された状態に置かれると、ますます防御より成長にエネルギーを費やすようになる。

今日の主要作物の栽培分布を描いたマップと、それらが最初に栽培化された場所のマップを描いてみれば、非常に特異なマップができ上がることがわかるはずだ。通常作物は一箇所、たいていは山岳地帯で栽培化される。それから、初期の文明が勃興した河谷地域など、別の地域に移される。最後に、船舶が発達しグローバリゼーションの時代が到来するとともに、長い旅を経て原産地ではない大陸にたどり着く。私たちの祖先と栽培化された作物の生物学的ストーリーは、何度も繰り返されている。生命は私たちの想像を超えて多様でありながら、一連の法則に従う。これらの法則を免れることはできないのである。

たとえばジャガイモは、チリやアンデス地方で栽培化されたが、今ではおもに北米やヨーロッパで栽培されている。バニラはメキシコの熱帯地方で栽培化され、現在ではマダガスカル、インドネシア、中国で栽培されている。ウリやカボチャはアメリカ大陸で栽培化されたが、今ではおもに中国で植えられている。バナナはパプアニューギニアで栽培化されたが、現在輸出されているバナナは、ほとんどが中南米で栽培されているものだ。ゴム（Hevea brasiliensis）はアマゾン地方原産だが、現在市場に出回っているほぼすべての天然ゴムは熱帯アジアで栽培されている。チョコレートの原料になる豆を実らせるカカオの木（Theobroma cacao）はアマゾン地方の原産ながら、メソアメリカ〔マヤ文明やアステカ文明が繁栄した中米地域〕で栽培化され、現在ではおもに西アフリカで栽培されている。ほとんどの作物、とりわけ熱帯地方原産の作物は、類似のパターンに従う。このような地理的分布はすべて、天敵解放の結果、すなわち作物のために天敵のいない世界を作り出すことに一時的に成功した結果生じたものである。[*15] だが、天敵解放と同じくらい必然的なことに、害虫や病原体は、いつかは追いついてくる。国境警備や検疫所の役割は、作物が豊かに実るよう、有害な真菌、細菌、ウイルスの侵入を食い止め、何とか拡散を遅らせることだ。大陸間を横断する航空機や船舶が爆発的に増えた今日、この仕事は、かつてよりはるかに困難になっている。[*16]

これから移動する害虫や病原体はどれくらいいるのだろうか？　現代に生きる私たちは、どの程度幸運なのか？　二〇一四年、エクセター大学のサラ・ガーらは、世界の主要作物を対象に、原産地や導入先の地域で被害を及ぼしているすべての害虫や病原体を数え上げた。その際彼らは、「農業と生物科学国際センター」によって作成されたプラントワイズデータベースに登録されている一九〇一種の天敵に着目している。プラントワイズデータベースは不完全である。おそらく誤って特定されている害虫もあるはずだ（そもそも命名されていない害虫や病原体が多数存在する）。天敵が発見された宿主に関しても、あいまいなケースが多々ある。たとえば、ある病原体がコムギに見つかったと記されているだけで、数千存在するコムギの品種のうちのどれかが不明であったりする。それでもこのデータは、農業の敵とその分布を把握するための、現時点におけるもっともすぐれた資料だと言える。*17 サラは、それらの作物が新たな地域に導入された際には、害虫や病原体の天敵がまったく、もしくはほとんどいなかったと仮定した。そしてそれらは、船舶、鉄道、トラックなどによって偶然に運ばれることで、徐々に追いついてきたと考えた。しかし、どれくらいの速さで追いついたのか？ また、各作物に関して、現在最大限の猶予を享受しているために、ひとたび害虫や病原体に追いつかれれば、最大の被害を受けると考えられる地域はどこなのか？

ガーらは、すでに天敵に全面的に追いつかれている作物もあれば、天敵の被害を完全に免れ、安全な世界で栽培されている作物もわずかながらあることを発見する。すでに追いついた天敵と、まだ追いついていない天敵について考察することで、いくつかのパターンを見つけることができた。卵菌、真菌、細菌、ウイルスなど、ミクロの天敵はいちはやく追いついていた。これらの病原体のうち、宿主の作物が栽培化された地域でしか見られないものはほとんどなかった。たとえば、ある真菌がある地域にまだ達していなかったとすると、その真菌がすぐにそこに到達する可能性は高い。しかしガーは、それとは別に、害虫の到達地域に関して一定の地理的パターンがあるのを発見する。アメリカ、フランス、イタリア、イギリス、オーストラリアなどの富裕な国々や、中国やインドなどの急速に発展しつつある国々で栽培されている作物のほとんどは、天敵解放によって得られた恩恵をすでに失っている。これらの地域で栽培されている作物の天敵のほとんどは、すでに追いついていたのである。これらの地域における現在の偶然による天敵導入率からすれば、二〇五〇年にはすべての天敵が追いつくと予想される。再度天敵解放の恩恵を得たければ、別の惑星か室内に移すしかない。（殺虫剤を用いれば天敵のいない畑を作り出せるが、それには限界がある。これに関しては後述する）。[*18]それとは対照的に熱帯地方では、栽培されている作物の害虫のほとんどが追いついていない地域が多数存在する。平均すると、熱帯諸国では、実際にやって来ればそこで生息することのできる天敵の五分の一が到来しているにすぎない。五分の一ということは、熱帯の国であればどこでも生息できる天敵の五分の四が、まだ到来していない勘定になる。それらがいつ到来するのかはわからないが、どの作物の天敵が最初に追いつくかは予測が可能である。[*19]

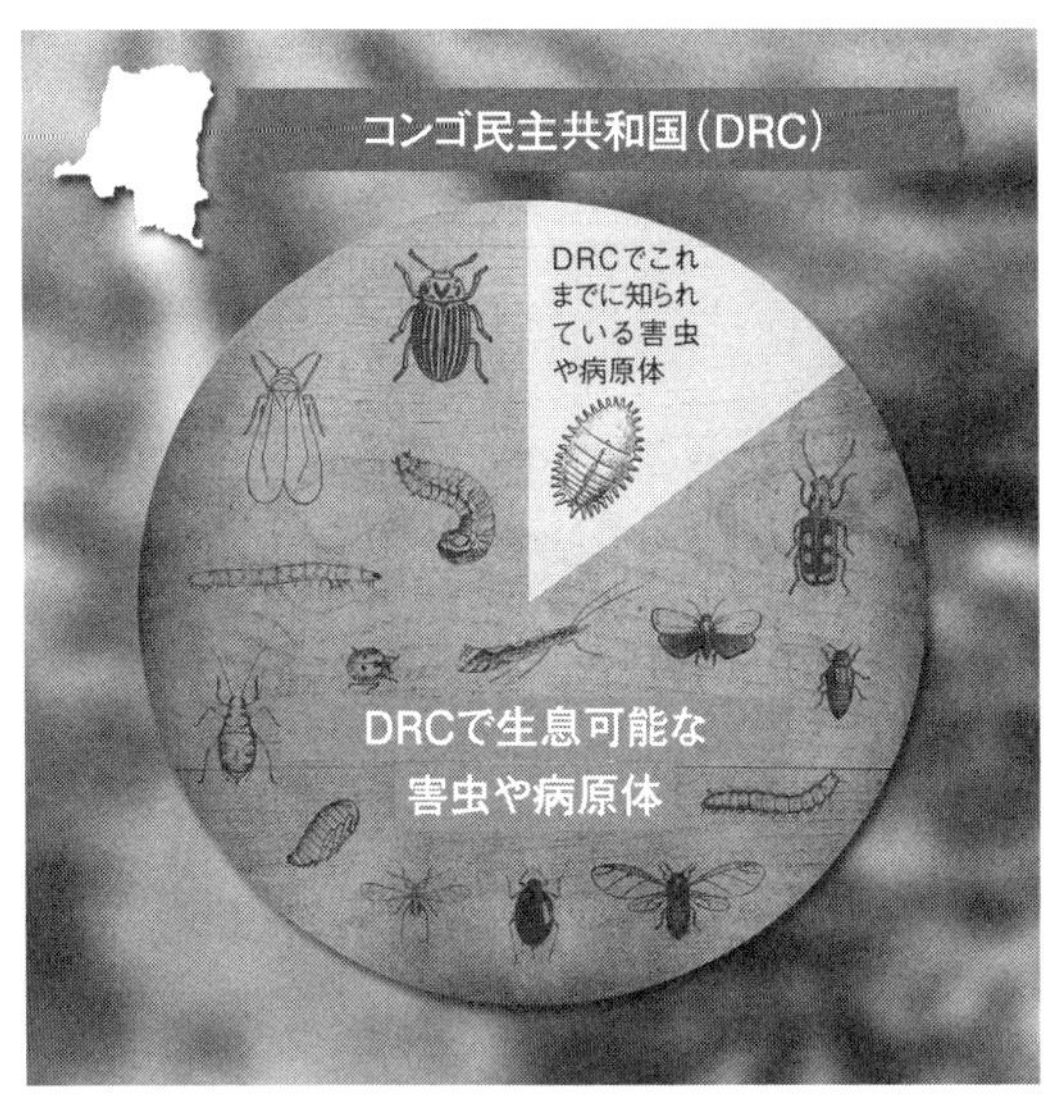

図4　気候条件や栽培作物に基づく評価によれば、コンゴ民主共和国などの熱帯の国々では、その国で生息可能な害虫や病原体のほとんどが、まだ到来していない。現時点では、これらの生物種は幸運、人間によるコントロール、検疫によって食い止められている。（Data are drawn from Daniel P. Bebber, Timothy Holmes, and Sarah J. Gurr, “The Global Spread of Crop Pests and Pathogens,” *Global Ecology and Biogeography* 23, no. 12 (December 2014): 1398–1407.）

＊＊＊

カリフォルニア大学デービス校に所属するドン・ストロングは、作物畑を含めたさまざまな生息環境に生物が到達する速さを決定する要因を長年研究してきた。たとえば、サトウキビやコーヒーのプランテーションに被害を及ぼす害虫を研究している。[20] 彼は、地球上の生命作用の基盤をなす一般理論に関心を持っている。とはいえ一般理論の研究は、ときに具体的な知見をもたらす。ストロングが世界各地のサトウキビ畑にはびこる害虫の種数を数えて比較したところ、その数はある一つの変数によって予測できることがわかった。畑の面積である。畑の規模が大きくなればなるほど、そこにはびこる害虫の種数はそれだけ多くなるのだ。[21] このパターンは、種数面積関係と呼ばれる一般的な規則の一例である。ストロングが研究を行なった一九七七年、ロードアイランド州の三分の一未満の面積しかない小さなドミニカ島には、およそ二〇〇ヘクタールのサトウキビ畑が存在し、六種のサトウキビの害虫がいたにすぎない。それに対し、ドミニカ島よりはるかに大きなプエルトリコ島には、一五万一〇〇〇ヘクタールのサトウキビ畑が存在し、一〇〇種を超えるサトウキビの害虫がいた。また、カカオプランテーションに関しても、類似の結果が得られている。[22] 畑の面積が広ければそれだけ収穫量は増える。しかし同時に、遠方からやって来る害虫にとっても大きな標的になる。原産地以外の地域では、害虫は、新たに導入された作物に適応するか（進化は豊富に存在する食物を消費する生物を選好する）、原産地から害虫が到来するかのいずれかによって出現する。それに続く研究によって、時間も重要であることが判明する。つまり、作物が一つの地域に長く栽培されていると、天敵がつきやすくなるのだ。[23] 島嶼（とうしょ）生物学にとってこれは、最大の面積を持つ生息環境には、最多の生物種が生息するという一般的な規則のみごとな実例をなす。しかし農業にとっては、由々しき事態だ。特定の作物への依存度が高まれば高まるほど、その作物は破壊される可能性が高くなることを意味するのだから。私はそれをストロングのパラドックスと呼ぶ。私たちにとってもっとも重要な作物は、同時に天敵の格好の標的でもある。

ガーの調査結果と合わせ、ストロングのパラドックスから、「すべての天敵がやがて追いついてくる」「天敵は最大の被害が生じる箇所、つまり、広大な面積を持ち、キャッサバなどの、人々が生きていくために必須の作物が植えられている畑を最初に攻撃してくる」という不吉な予測を導き出すことができる。これらの標的は人類の弱点である。たとえコナカイガラムシが出現していなかったとしても、別の害虫が到来していたことだろう。事実、最初にコナカイガラムシが出現して以来、キャッサバを蝕む他の一〇種ほどの害虫がアフリカに到来している。キャッサバの栽培面積を考えると、何らかの害虫が到達するのは時間の問題にすぎない。それがコナカイガラムシになるのか否かは運次第だが、実際にそれがやって来れば、運は完全に尽きるだろう。

コナカイガラムシは、アフリカ全土、もしかするとアジア全体にも拡大する恐れが十分にある。気候、年間降雨量、キャッサバの品種などの条件によって程度は変わるとはいえ、コナカイガラムシによる被害は、概して大きく、ときに壊滅的なものになる。すべてのキャッサバ畑がまるごと失われるのだ。そしてコナカイガラムシが到来したあとには、ほぼ確実に飢餓が襲ってくる。

第5章　敵の敵は味方

ある男がピンパーリンプリンプという殺虫パウダーを発見したと発表したとする。このパウダーを畑の隅に一つまみ撒けば、畑全体にはびこるすべての害虫を殺せるというのだ。人々は、尊敬のまなざしを彼に向けながら熱心に話を聞くことだろう。だがいかなるものであれ、科学的知識に裏づけられた、害虫を畑に近づけないようにするための常識的なプランを聴衆に提示すれば、彼らはこの男をあざ笑うことだろう。

――ベンジャミン・ウォルシュ『実践的な昆虫学者（*The practical entomologist*）』

一九五八年、中国共産党主席毛沢東は、国内から害虫を駆除することを決定した。太った体躯の自信に満ちあふれた彼は立ち上がり、駆除すべき動物の名前を挙げた。標的にされたのは、ノミ、ネズミ、スズメ、ハエであった。

特定の動物を絶滅させるべしとする考えは、特に新しいものではない。人類が最初に手にした道具の一つは、気に入らない生物を殺し食べるためのものだった。人類がこれまでに殺してきた生物に関するストーリーをもとに、人類史の本がまるまる一冊書けるだろう。だが前代未聞だったのは、毛沢東が、北米ほどの広さを持つ国の全土にわたって、一日でそれを達成しようとしたことである。つまり毛沢東は大きく出たのだ。

かくして、これらの動物を殺すために、やれることはすべてやれという命令が国民全員に下される。

国民の努力は、とりわけスズメに関して際立っていた。外に出て鍋類を（代わる代わる）四八時間叩き続け、消耗して死ぬまで空を飛ぶスズメを威嚇するよう命令されたのである。国民はさらに、スズメの卵を見つけてはつぶした。スズメである可能性を考え、飛んでいるものはすべて撃ち落とさなければならなかった。

この二日間で殺された動物の数を見積もるのは、非常にむずかしい。政府が発表した四万八六九五・四九キログラムのハエ、九三万四八六匹のネズミ、一三六万七四四〇羽のスズメという数値は、その大きさにおいても精度においても驚くべきものである。実際の数値が何であったにせよ、この殺戮のあと、とりわけスズメは著しく減ったらしい。市街地も農村も静かになった。計画が成就されたという点では、毛沢東は勝利したと言えるだろう。だが残念ながら、当時の中国でもっともよく見かけられたスズメは、穀物より昆虫を食べることのほうがはるかに多く、害虫をコントロールすることで作物に恩恵をもたらしていたのだ。つまりスズメは、生物学的コントロールの秘密エージェントだったのである（当時この事実は、鳥類学者には知られていたが無視されていた）。ひとたびスズメがいなくなると、害虫が突発（アウトブレイク）して作物は不作になった。これが個別的な問題なら、事態はやがて収拾に向かったことだろう。ところが毛沢東は、それ以外にも食糧不足をきたすような数多くの決定を下した。その結果、人類史上最大級の飢饉が発生し、少なくとも三〇〇〇万人、おそらくは五〇〇〇万人が餓死したのである。この飢饉は、他の多くの飢饉と同様、リーダーの行動によって引き起こされた。だが、天敵のスズメから解放された害虫のせいで、飢饉の規模は何倍にも増幅されたのだ。

毛沢東の計画は、生態学者が栄養カスケードと呼ぶ事象を考慮に入れていなかった。食物網から、特定の生物種、たとえばこのケースではスズメの生息状況を変えると、スズメが食べている生物や、スズメを食べて生きている生物の状況も変わり得る。生態学者にとって、不可視の自然法則という予測可能な規則に従う点で、栄養カスケードはとても美しい。捕食者を除去すれば、その餌食の動物は繁栄する。捕食者の捕食者を排除すれば、前者の餌食になる動物は減る。[*1] ハンス・ヘレンは、キャッサバの生態系がそれと同様に予測可能であると考え、コナカイガラムシを食べる寄生虫を見つけられれば収穫量を回復できると期待していた。彼の計画は、毛沢東の計画とは正反対である。ヘレンは、自分に、というより数百万のアフリカ人に有利になるよう生態系の規則を曲げられるのではないかと期待していたのだ。

生物学的コントロールの試みは、生物学の傲慢さを示す大きな悲劇をいくつか生んできた。一例をあげよう。一八四〇年代以来、最初はネズミを、のちにはサトウキビを蝕む害虫、特にコガネムシ類の幼虫（*Phyllophaga spp.*）をコントロールするために、カリブ海地域全体にわたりオオヒキガエル（*Bufo marinus*）が意図的に導入された。オオヒキガエルは、その影響を受けないネズミとともに繁栄した。オオヒキガエルは、そもそもコガネムシ類の幼虫をコントロールしないという見解もあったが、それでもさらにハワイとフィリピンに導入された。オオヒキガエルがそこで、実際にコガネムシ類の幼虫や、サトウキビを蝕む他の害虫をコントロールしたのかどうかは定かでない。一九三五年、幼虫がサトウキビの根を食べるコガネムシ（*Dermolepida albohirtum*）をコントロールしてくれることを期待して、数百匹のオオヒキガエルがハワイからオーストラリアに導入された。ところがその後、導入されたオオヒキガエルが、この害虫を食べられるほど高く跳躍できないだけでなく、オーストラリア原産の希少な生物をむさぼり、珍種のヘビやイヌを含め、オオヒキガエルを食べようとする動物は何でも殺してしまうことが判明する。

オオヒキガエルはオーストラリアの生物多様性に対する最大の脅威だと言う人もいる。私たちは、生物学的コントロールに関して、まったく効果がなかったというありふれたケースより、そのために予期せぬ被害が及んだケースについて耳にすることが多い。

生物学的コントロールの支持者は、「それらの失敗例は過去の話だ」、あるいは植物病理学者ハリー・エバンスの主張によれば、「非科学的な逸話だ」と言うだろう。要するに、失敗例より成功例のほうが多くなってきたということだ。とはいえ一九七〇年代においては、世界的な趨勢を変えるほどの大きな成功は非常に少なかった。キャッサバに関して言えば、当初から成功物語になる見込みは薄かった。そもそも、誰もコナカイガラムシについてよく理解していなかった。どこから来たのかさえわからない有様だったのである。問題の規模は、熱帯アフリカ全域、さらにはアジアのいくつかの地域にも及び得るほど巨大だった。だが、生物学的コントロール以外に考えられる手段はなかった。

最初のステップは、コナカイガラムシがどこから来たのかを解明することだった。それが判明したら、次なるステップは、この害虫を食べる生物を探すことだった。しかしヘレンらが手にしていたのは、キャッサバの自然分布に関する知識と、ブラジルに生息する類似のコナカイガラムシに関する博物館の記録に基づいて提起された、フランスの生物学者ダニエル・マティル＝フェレーロによる、アメリカ大陸が原産であろうという示唆だけであった。彼女は、南北どちらの大陸なのかさえ明言していなかった。新たに出現した破壊的な害虫の出自が不明であるというのは、ばかげていると思えるかもしれない。しかし、地球上のほとんどの生物種に名前がつけられていない現状にあっては、名前のない害虫が始終畑や裏庭にやって来ても何の不思議もない[*2]。それは普通のことなのだ。この状況が異常だと言う人はいない。ただ、対処のむずかしさについて述べ立てるだけである。*3 いずれにしても、コナカイガラムシは、キャッサバが栽培化された地域、もしくはその近縁種が繁栄している地域から到来したのだろうとヘレンは推測した。次に、それがどこかを特定しなければならなかった。

＊＊＊

一九六〇年代に、ケネス・リーという名の製油業者と数人の地理学者が、ボリビアのアマゾン地域と、おそらくはパラグアイとブラジルで、キャッサバが濃密に栽培されていたと主張した。同じ頃、植物学者は、それらとほぼ同じ地域でキャッサバが最初に栽培化されたと論じていた。これらの説を合わせると、キャッサバの害虫を探すのなら、まずそれらの地域から着手すべきことを強く示唆していた。今では彼らの説は正しかったことがわかっているが、残念ながら当時は、アマゾン地域で大規模な農業が行なわれた可能性はまったくないと考える人類学者によって異端と見なされた。だからこれらの考えが科学雑誌に発表されても、無視されるか、過激と見なされ、広く知られることがなかった。ヘレン本人にも少しばかり異端的なところがあったので、彼がこれらの見解に注目して、ボリビアやパラグアイやブラジルでコナカイガラムシを探し始めたとしても不思議ではなかった。だが、実際には彼はそうしなかった。

その代わりにヘレンは、五つのステップから成る計画を立てた。カリフォルニアを手始めに、キャッサバの近縁種が存在する各地域を訪問することにしたのだ。運がよければ、コナカイガラムシは南カリフォルニアが原産で、そこですぐに見つかるかもしれない。しかし、さすがにそれほど都合はよくなかった。それからメキシコへと南下し、そこでキャッサバ畑をしらみつぶしに調査した。彼は、ゲリラとも政府とも悶着を起こす。彼自身の言葉によれば、この旅行では、「何度も逮捕されたり、ほとんど殺されそうになったりした」。多少誇張はあるのだろうが、一度も会ったことのないアフリカ人たち（そして彼らの子孫）のために、彼がほんとうに危険に遭遇したことは明らかだ。生まれ育ったスイスから遠く離れた国のジャングルで危険な目に遭って恐れを感じているときには、自分のしていることが狂気の沙汰であるように思えたに違いない。メキシコ、グアテマラ、ホンジュラス、エルサルバドル、ニカラグアで、畑から畑へと次々に調査を進めても何も見つからなかった。

そのあとヘレンは、コロンビアの北部で手がかりを発見する。アフリカで見たものに似たコナカイガラムシを見つけたのだ。その昆虫は、アフリカのコナカイガラムシと同じようにキャッサバを食べていた。彼は、それこそが中米のキャッサバを蝕んでいるコナカイガラムシだと考えた。しかし、そうではなかった。そのような思い違いをしたのは彼が初めてではなかった。ほとんど何も知られていない事象に関しては、「この生物がキャッサバを台無しにしているのか？」などといった単純素朴な問いに答えることさえきわめて困難になり得る。[*4] 彼がそこで見た昆虫は、科学界ではそれまで知られていなかった。つまりまだ命名されていない、キャッサバを食べる新種の昆虫だったのであり、賞賛なのか侮辱なのかは別として、それには彼の名を冠した名前（*Phenacoccus herreni*）がつけられた。[*5] 残念ながら、この昆虫の捕食者や寄生虫が、アフリカのコナカイガラムシをコントロールできるとはほとんど考えられなかった。つまりそれらは、アフリカのコナカイガラムシの天敵ではなかった。

ヘレンはメキシコ、中米、南米北部を調査した。また、農業と生物科学国際センター（ＣＡＢＩ）の研究者たちは、トリニダードと南米北東部を調査した。次はパラグアイだった。パラグアイで調査を進めるために、ヘレンはコロンビアの熱帯農業国際センターに勤めていたトニー・ベロッティの協力を仰いだ。ベロッティは、一九七八年にキャッサバを蝕む害虫に関する本（あるいは大きな論文というべきか）を書いており、それから数年間新熱帯区〔南米大陸＋中米〕で調査をしていた。一九八〇年の雨季、ベロッティは喜んでヘレンをパラグアイに案内し、二人でコナカイガラムシを探した。だが、何も見つからなかった。ヘレンは、離婚した妻を訪ねるためにその年の後半にパラグアイに戻ってくる予定だったベロッティに、乾季にもう一度調査するよう依頼する。その依頼に応じて乾季に調査を再開したベロッティは、キャッサバコナカイガラムシと思しき昆虫を発見する。彼はヘレンに連絡すると同時に、（ヘレンがコロンビアで発見したコナカイガラムシに名前をつけた）ロンドン自然史博物館のダグ・ウィリアムズにサンプルを送った。当時コナガイガラムシの世界的権威であったウィリアムズは、アフリカに脅威を与えていた *Phenacoccus manihoti* と同じものとしてそれを同定した。こうして、ベロッティが元妻を訪問したおかげもあって、探し求めていたコナガイガラムシを手にすることができたのだ。

一九八一年には、ヘレンのチーム、ベロッティ、CABIの研究者によって、パラグアイで本格的な調査が始まる。キャッサバコナカイガラムシはパラグアイの多くの畑に見られたが、その数は少なく壊滅に追いやられた畑はなかった。この事実は、コナカイガラムシが、ヘレンがまさに探し求めていた捕食者によってコントロールされていることを意味していた。一九八二年になると、コナカイガラムシはボリビアでも見つかる。見つかったのはまさに、キャッサバの原産地であるばかりでなく、コナカイガラムシを始めとする新たな害虫や、それらを数千年にわたりコントロールしてきた生物の原産地になるに十分なほど濃密にキャッサバが栽培されている地域においてであった。*6 キャッサバの歴史がもっと広く知られていれば、当然予測されてしかるべき地域で見つかったのである。

ベロッティは、積みわらのなかに針を見つけるようにして、原産地でコナカイガラムシの起源を突き止めたと考えた。今や彼とヘレンらは、その針に糸を通さなければならなかった。つまりコナカイガラムシを食べる生物を発見してアフリカ全体に広げる必要があったのだ。パラグアイでは、コナカイガラムシは畑で見つかった。彼らは、成虫の身体を切り開いたり、突いたり、つついたりしてみた。コナカイガラムシには、さまざまな天敵がいるようだった。たとえば、コナカイガラムシの身体をむさぼり食う菌類、巣に引きずり込んで幼虫に食べさせるアリ、体内に卵を産みつけるハチなどである。ちなみに、キャッサバコナカイガラムシの捕食者や寄生虫は、一八種見つかっている。[*7] 生命を愛するがゆえに、生物学者は生物学者なのである。だから彼らには、善玉生物、悪玉生物などという区別は存在しない。どの生物も、驚嘆すべき進化の作用の具体的な顕現なのだ。だがヘレンらにとっては、コナカイガラムシという生物だけは、掛け値なしの敵であり、それを食べる生物は、心強い味方に見えた。

コナカイガラムシを攻撃する生物のうちごく普通に見られるものの一つは、ロペスのハチ（*Anagyrus lopezi*）と呼ばれる昆虫であった。[*8] このハチは有望だった。多産で、コナカイガラムシだけを食べるらしく、殺しのやり口は、恐ろしく効率的であった。ロペスのハチは、コナカイガラムシの体内に卵を産みつける。そこで幼虫が孵化し、その血をすすり、筋肉、脂肪、さらには消化管を食べる。しかもその間、コナカイガラムシの神経系はそのままにしておく。それから脱皮し、その頃には空洞と化している身体の外骨格に穴を開け、交尾するために飛び去る。[*9]

ＣＡＢＩの科学者は、ロンドンの自然史博物館に送るために、数匹のロペスのハチと、他の七種の捕食者や寄生虫を収集した。それから寄生虫をＣＡＢＩの検疫ユニットに送って数世代にわたり繁殖させ、それを用いて、コナカイガラムシ以外の生物に悪影響を及ぼさないか否かに関して最小限のテストを行なった。このテストに合格すれば、アフリカに送ることができた。[*10]

ロペスのハチが最初にパラグアイで発見された一九八一年、ヘレンは、紙とハチミツ（ハチを生かしておくため）を詰め、綿で栓をしたガラス瓶に何匹かのハチを入れ、それを携えてロンドンからナイジェリアに飛ぶ。高揚した気分で飛行機を降り、栓を抜いてハチを放ち、羽の生えた軍隊がアフリカを救うために飛び去っていくのを見つめる。もちろんこれは白昼夢にすぎない。彼は、ハチをアフリカ全土に広げるには、積極的な介入が必要であることを知っていた。多数のハチを育て、チームのメンバーの手を借りながら、自分で国から国へと拡散させなければならなかった。それには時間がかかるが、キャッサバに依存して生きているアフリカの人々には時間に余裕などなかった。時間がかけられないのなら、金をかけるしかない。

ヘレンは、同時に多数の箇所でハチを導入するためには数百万ドルが必要であると見積もった。ハチの根づきが悪かったとしても、同時に多数の箇所で導入すれば、少なくともそれらのうちのどこかで迅速にハチが根づくはずだった。彼には、ハチを繁殖するための三階建ての建物（巨大な交尾場）、準備が整ったハチを空から散布するための三機の飛行機、ハチの養育という地味な仕事を請け負う助手が必要だった。コナカイガラムシが引き起こしている社会的、経済的損失に比べれば、これらの要求を満たすのに必要な費用はごくわずかなものだが、それは彼の計画が成功した場合に限って言えることだ。ところが、彼が成功するとは誰も思っていなかった。

ヘレンは三〇〇〇万ドルを要求し、国連のある機関から二五万ドルの資金供与を受けた。その額でも、同僚は、誰もが必要なプロジェクトを推進するために資金繰りに奔走しているときに、ヘレンだけが不当に優遇されていると感じていた。彼は、さらなる資金の獲得を目指しつつ計画を推進していた。そして、許可を取る前に過激なことを実行し、あとになってから謝罪していた。IITAの上司は、彼の行為に怒っているか、いらだっているかのいずれかであった。多くの研究者にとって、ヘレンは「バークレー出身のもう一人のエコフリーク」だったのだ。研究所は、生物学的コントロールを実施するより、育種か、殺虫剤を散布することで対処したかった。育種のほうが生物学的コントロールより見込みが高いと誰もが知っていたのである。それと同時に、キャッサバの育種には時間がかかり、そのあいだにコナカイガラムシが広がって大勢の人々が死ぬであろうことも知っていた。確実な道をとった場合、そうなるのが必然であった。つけ加えると、貧農を救うためには、殺虫剤は現実的な選択肢ではなかった。

やがてヘレンとIITAの同僚は、六〇〇万ドルの資金を手にする。それで十分のはずであった。資金を手にした彼らは、ディズニーワールドの水力タワーに想を得て、三・五メートルほどの高さの飼育施設を建設する。うまくいけば、この施設で週に一〇〇万匹のハチを飼育できるはずであった。だが、あらゆることがうまくいかず、ハチは死んだ。その後施設がうまく機能し始めても、別の問題が残されていた。育てたハチをアフリカ全土に広げなければならなかったのだ。彼らは飛行機を一機購入した。この飛行機は、かつてCIAがアジアで運用していた双発ビーチクラフト機で、空から畑に向かってハチを散布するために用いられる予定だった。しかし何を用いてハチを射出すればよいのか？　そこで彼らは、無傷のハチを生きたまま畑の上空に送り出すことのできる特別な散布装置を考案した。ハチはヒーローであり、散布する際、その繊細な羽を傷つけないようにしなければならなかった。

彼らを手伝う人はほとんど誰もいなかった。メディアから電話がかかってくることもなかった。私たちは、高潮のごとくどこかよその町にじりじりと忍びよるたぐいの悲劇には関心を示さない。しかし熱帯の作物に起こった悲劇は、あらゆる人々に影響を及ぼす。飢餓に襲われて国外に脱出した難民は、私たちに影響を及ぼす。私たちの食糧供給にも影響する。キャッサバを知らない人でも、加工食品に含まれるキャッサバを食べている。タピオカ〔キャッサバから製造されるデンプン〕やほとんどのMSG〔グルタミン酸ナトリウム〕は、キャッサバを原料に製造される。言い換えると、飢餓に直面するアフリカの家族に無関心でいようが、コナカイガラムシによるキャッサバの被害は、あなたが食べているプディングやヌードルの価格を吊り上げる。つけ加えておくと、キャッサバに対する人類の依存度は、将来さらに高まると見られている。

＊＊＊

地球上のいかなる畑でも、そこで栽培される作物は変わってきたし、現在でも変わりつつある。栽培される作物が変わるにつれ、食品生産のコストも変わる。すると私たちが食べるものも変わる。大金持ちは別として、食品の価格は、私たちが何を買い、何を食べるのかに、また加工食品に何が加えられるのかに影響を及ぼす。

どの作物が栽培可能なのかに最初に影響するのは、土地の疲弊の度合いである。これは、かつても今も今後も変わらない。たいていの畑の土壌は、含有されていた養分がなくなるまで、押され、引かれ、こねられ、絞られてきた。私たちは、肥料を与えることでそれに対処しようとするが、その能力は限られている。そのためミネソタ州で現在栽培可能な作物は、かつて可能であった作物とは同じでない。トウモロコシは、一九五〇年代に育っていた多くの場所で育たなくなるだろう。私たちは太古の森について語る。同様に、太古の土壌について語ることができる。だが、そのような土壌は、急傾斜地など作物の栽培が困難な場所を除けば、現在ではほとんど存在しない。かくして農家の子どもたちは、親の世代が直面していたものとは異なる困難な選択を迫られている。

だが気候変動の問題に比べれば、土壌の疲弊は小さな懸念にすぎない。栽培化された植物の各品種には、栽培可能な気温と降水量の独自の組み合わせがあるが、人類は、その両方を変えつつある。十分な水があれば、降水量の変化を帳消しにできる。しかしそれには限度があるし、コストもかかる。気温に関して言えば、変えることはできない。

動植物が気候の変化に馴化したり、適応したり、それに応じて移動したりする様態の研究が進展するにつれ、あとから考えてみれば自明に思える予測が可能になった。「丘の頂に生息する種は、今後とりわけ困難な問題に直面するだろう」「それらの種が必要とする寒冷な気候は消えていくだろう」「丘の中腹に生息する種は、より高い場所に移動するだろう。そのため生息可能な土地は狭くなる（山は頂上に向かうほど土地が狭くなる）」「丘の低い場所に生息する種は、より高い場所に移動するだろう」などである。だが、人類のほとんどが住み、多くの作物が育つ平地に生息する種はどうなるのか？　他の条件が同じなら、温暖な地域の作物は北方に移動するだろう。現在ノースカロライナ州で栽培されている作物はミシガン州で、ミシガン州で栽培されている作物はカナダで栽培されるようになるだろう。ならば、熱帯の広大な土地はどうか？　熱帯では、暑さと乾燥の度合いがひどくなる。そこでは、まったく新たな気候が出現すると予測されている。そのような条件のもとでどの種が繁栄するのかは、現時点ではわからない。そもそも、どの作物が栽培可能なのかさえ不明である。過酷な条件のもとで生き残れる作物は頑強でなければならない。さもなければ絶滅するだろう。私たちも頑強でなければならない。人類がキャッサバへの依存度を今後さらに高めることは、ほぼ確実だ。

さまざまな意味でキャッサバは周縁的な作物である。少なくとも現在、欧米の日常生活ではあまり知られていない。また、他の作物がほとんど育たない場所で育つ。だからキャッサバは、将来ますます重要になるはずだ。誰がどう考えようが、世界の人口は増え続けていく。開発途上国（周縁の熱帯地方）における人口増加のために、二〇五〇年には、全世界の食糧需要は倍増すると見られている（この見積もりは、先進国における消費の増大を考慮していない）。新たな需要は、今日では一般に作物の栽培が困難な地域で生まれる。しかも地球温暖化のせいで、熱帯低地では作物の栽培が現在以上に困難になるはずだ。

アフリカを例にとろう。東アフリカでは気温が上がり、おそらくより湿潤になると予測されているが、北アフリカと南アフリカでは気温が上がり、より乾燥すると見られている。ジャガイモ、バナナ、ダイズ、トウモロコシ、キビ、ソルガムの栽培は困難になるだろう。トニー・ベロッティが勤めているコロンビアのＣＩＡＴに所属するアンディ・ジャービスら農学者たちは、熱帯における農業について考察し、アフリカではキャッサバが増え、他のほぼすべての作物が減ると予測している。[*11] 他の熱帯地域でも同様な状況になる可能性が高い。キャッサバは何もないところから育ち、肥料をほとんど必要とせず、暑く渇いた年にも強い。しかしヘレンにしろ、他の誰かにしろ、コナカイガラムシをコントロールできなければ、キャッサバのこの利点を生かすことはできない。つまり、アフリカやアジアの人々の運命のみならず、現在キャッサバやそれを原料とする食品を買っている世界中の人々や、現在より温暖化した未来の世界でそれらを買わねばならない人々（や財布）の運命が、ヘレンの仕事にかかっているのである。

ヘレンやIITA、CABIの同僚を除いて、この問題に取り組んでいたのは、農民自身であった。彼らは、伝統的なやり方で対処した。コナカイガラムシにもっとも強いと思しきキャッサバの品種に転換したのである。作物の多様性が高ければ、この方法はすぐに効果を発揮し得る。コナカイガラムシに強い品種は、植えられ、交換され、売られ、貯蔵される。だがアフリカでは、キャッサバの品種はそれほど多くはない。アマゾン地方で栽培されている品種のほんの一部がアフリカにもたらされたにすぎないからだ。[*12] とはいえ、その方法は十分に有効であり、農民たちはより回復力の強いキャッサバを好んだ。これらの品種はたいてい、キャッサバを食べる（人間を含む）草食動物にとって毒になるようアマゾン地方で進化した、苦味のある株であることが判明している。

西アフリカの人々が子どもたちに苦いキャッサバを食べさせているとき、ヘレンが率いるチームは数百万匹のハチの飼育を試みていた。しかしすべてが軌道に乗り始めていたにもかかわらず、ヘレン自身は憔悴していた。過労と睡眠不足、さらにはアフリカ大陸全体が自分の双肩にかかっていることからくる大きなプレッシャーのために心身が擦り減っていたのだ。彼は飼育したハチをテストすることにした。一九八一年、乾季にあたる一一月に、ナイジェリアの作業場所の近くで初めてこのハチを放ち、待った。最初は何も起こらなかった。葉はしおれ、キャッサバは死んだ。農民たちは、コナカイガラムシばかりか、ヘレンと彼のチームまで呪った。

しかし状況は変わり始める。状態が改善した畑も出現し、コナカイガラムシの個体群には、勢いがなくなるものもあった。かくしてナイジェリアの畑に放たれたハチは、成功を収めた。キャッサバは、青々と健康に育つようになったのである。加えて、ハチは雨季を生きながらえ、二年目に入った。ハチの散布は一九八二年にも行なわれているが、そのときもハチは雨季を生きながらえた。[13]

驚くべきことに、次のステップも成功する。ハチは健康に育ち、地上で、あるいはときに上空から散布する準備が整う。ただちにヘレンたちは、九か国にわたり地上と上空からハチを放った。ハチは一九八六年までに五〇箇所で散布され、その数はやがて一五〇に達する。[14] ハチを積極的に求める国も、散布を黙認する国もあった。カメルーンはハチの散布を拒否したが、どのみちハチは隣国から飛んできた。[15]

その間、ハチを散布していない場所では、コナカイガラムシによる被害が悪化し、拡大していた。一九八三年、コナカイガラムシによる被害は「アウトブレイク」の状態に達し、ガーナの農民は収穫の六五パーセントを失う（五八〇〇万～一億六〇〇〇万ドルの損害）。キャッサ

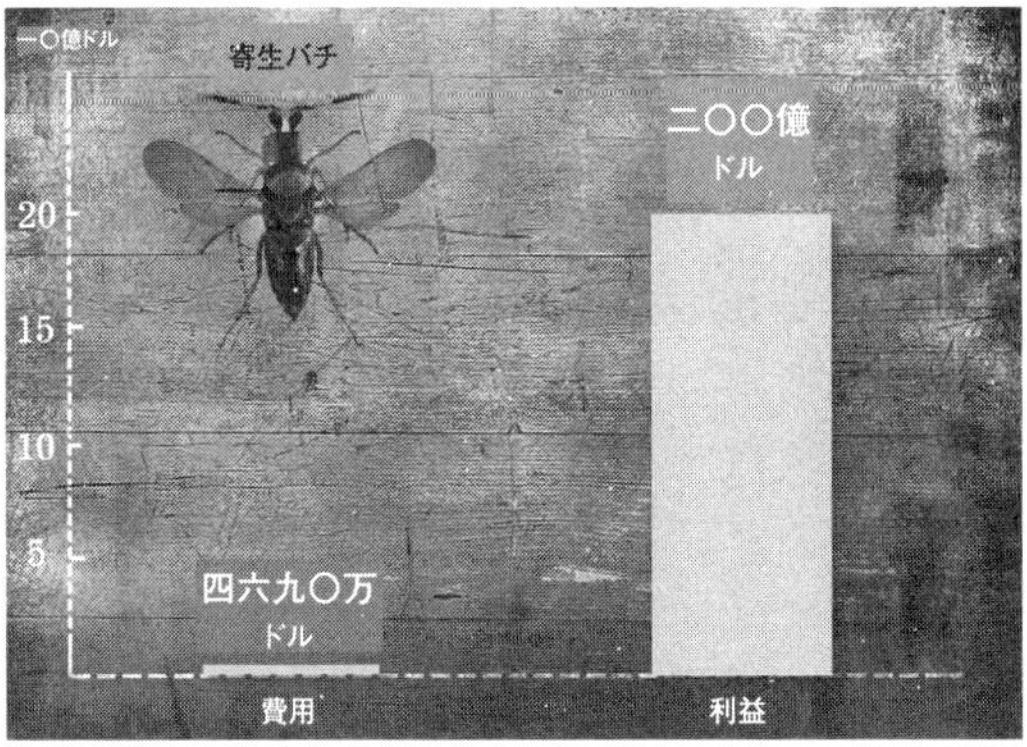

図5　キャッサバコナカイガラムシのコントロールのためにアフリカに寄生バチを導入するのにかかった費用と、導入によって得られた利益（単位はドル）。（Estimates are drawn from Jürgen Zeddies, et al., "Economics of Biological Control of Cassava Mealybug in Africa," *Agricultural Economics* 24, no. 2 (January 2001): 209–19. Figure by Neil McCoy, Rob Dunn Lab.）

バの市場価格は九倍に跳ね上がる。苗（新たに植えるキャッサバ）の価格は五・五倍に高騰する。コナカイガラムシが襲来した場所では、前年と同量の収穫高をあげるためには、二倍から三倍の苗を植えなければならなかった。多くの農民には、それに必要な土地も時間もなかった。そして飢餓が発生する。歴史を知る者にとって、これら一連のできごとは、ジャガイモ飢饉の発生に至った経緯に著しく似通っていた。しかも今回は、一つの島ではなく一つの大陸全体が危機に陥っていたのである。かくして、小さなハチに多くがかかっていた。

それから、ハチを放った地点から遠く離れた場所でコナカイガラムシが姿を消し始めたという、新たなニュースが舞い込んでくる。ついにハチは広がり始めたのだ！　最初にハチを放ってからまだ二年しか経っていない一九八三年三月には（一〇世代のハチに相当する）、各散布地点から半径一〇〇キロメートル以内にある、あらゆるキャッサバ畑でハチが目撃された。この拡散の速度はただ速いだけでなく、あらゆる種類の寄生バチのあいだで史上最速の記録だった。[*16]

放たれた数百万匹のハチは、数年のあいだに数十億匹に増えた。キャッサバの生産は、魔法にかかったかのごとく回復した。ナイジェリアのキャッサバの生産高は、ハチを散布する以前の一五〇〇万トンから四〇〇〇万トンに増大した。[*17]アフリカ全土で、類似の変化が見られた。こうして小さなハチは、数百万人を救ったのである。最悪の事態を考えれば、数億人を救ったと言えるかもしれない。その裏には、ハチをアフリカ全土に広げようとした、ヘレンを始めとする人々の努力があったことを忘れてはならない。控えめに見積もっても、生物学的コントロールによって得られた恩恵とそれに要したコストの比は、一四九対一に達する。[*18]控えめでなければ、一五九二対一とする見積もりもある。しかもこれらの見積もりには、殺虫剤を使用しなかったことで得られた恩恵が斟酌されていない。[*19]

このストーリーにはただし書きがつかない。文句なしの成功であった。アフリカには、現在でもキャッサバコナカイガラムシが生息している。しかしその活動は、栄養カスケードの上位を占める生物によって抑えられている。これは自然によってもたらされたバランスではない。自然は、一般にバランスより競争をもたらす。この件で達成されたのは、自然のバランスではなく、それよりはるかに高価ではあるが達成可能なバランス、つまり農業のバランスなのだ。

＊＊＊

ヘレンと、コナカイガラムシプロジェクトで彼を手伝った三〇〇人以上のスタッフのおかげで、アフリカに大規模な飢饉を引き起こす能力を持つ害虫はついにコントロールされた。一九八七年までに、ハチは西アフリカのほぼすべてのキャッサバ栽培農家に到達した。すべては一〇年ほどで生じたのである。ジャガイモ飢饉に関して言えば、ジャガイモ疫病が、アイルランドでジャガイモを壊滅させた理由、それが際限のない悲劇と化した理由を問うこともできよう。だが、キャッサバコナカイガラムシのストーリーに関しては、その種のあいまいさはない。数百万のアフリカ人が救われたのは、生物学的コントロールの効果を確信していたヒッピー生物学者や何人かの昆虫学者の努力、元妻、そして私たちのために生物学的コントロールを今日まで遂行し続けている、かつては未知だったハチのおかげなのである。

その一方、二〇〇八年にタイで、アジアでは初めてキャッサバコナカイガラムシが発見される。挿し木によって広がったものと見られる。[*20] 二〇〇九年には、七〇〇平方マイル〔およそ一八〇〇平方キロメートル〕に拡大している。その頃にはベロッティはすでに引退していた（その後亡くなる）。ヘレンは、（仕事は続けていたが）管理者になっていた。キャッサバコナカイガラムシを正式に特定しそれに学名を与えた分類学者ダニエル・マティル＝フェレーロは引退していたが（したがって無給になったが）、仕事はまだ続けていた。*21 彼らの後釜として、同じ役割を果たす覚悟を持つ新世代の専門家の登場が待たれる。さらなる支援、資金、よりよい施設も必要だ。幸いなことに、今後を委ねられる新世代の専門家は育ちつつある。しかしタイの科学者がコナカイガラムシを発見したとき、彼らが支援を求めたのはかつてのスーパースターの一人で、すでに引退していたベロッティであった。タイの科学者は、彼と相談したうえで、ロペスのハチを飼育する大規模な施設を建設し、ハチを放った。放たれたハチはうまく広がっていった。

タイにおけるコナカイガラムシのストーリーには、無名の生物学者の英雄的な努力を見出すことができる。だが、そこにはおごりを戒める教訓もある。コナカイガラムシによる被害は既知の問題であるにもかかわらず、タイでは（あるいは、ベトナム、マレーシア、インドネシア、ラオスでも）その到来を阻止することができないでいる。また最初にキャッサバコナカイガラムシが見つかったときには、名前さえつけられていなかったことを忘れるべきではない。また、キャッサバを蝕む新種のコナカイガラムシがいくつか見つかっている。これらの新種を攻撃する昆虫（生物学的コントロールの秘密エージェント）のほぼすべてては、まだ名前すらない。健康な作物を育てたいのなら、作物を攻撃する害虫と、それらをコントロールするためにいつでも動員できる生物の完全な一覧を作成しておくべきだろう。しかし現在のところ、そんなものは存在しない。キャッサバは、熱帯における農業の未来を背負って立つ可能性が高い。この予想が正しければ、その重要性に比して、コナカイガラムシの研究に従事する昆虫学者の数は少なすぎる。

私たちは、次の害虫の襲来に備えなければならない。サラ・ガーによれば、コンゴ民主共和国には、原産地から到来する可能性のある害虫や病原体の九五パーセント以上が、まだ到来していない。しかもガーが研究対象にしているのは、すでに発見され命名されている害虫や病原体に限られる。西アフリカでコナカイガラムシが発見される以前、その種の研究は、到来する可能性のある害虫の一つとしてコナカイガラムシを取り上げていなかった。危機に陥ったときに限って作物を攻撃する害虫を理解しようとする態度は、いたずらに死者の数を増やすだけだ。だから、到来する可能性のある害虫についてあらかじめ徹底的に研究しておく必要がある。怪物は白日のもとにさらされ、名前をつけられなければならない。どうやってそれを実現すればよいのか?

私たちは、あらゆる伝統作物、特に殺虫剤を散布していない作物を調査し、それらを蝕む害虫を見つけなければならない。そして見つけた害虫を調査して、その天敵を見極める必要がある。それと同時に、それらの作物の共生生物、すなわち花粉媒介者（キャッサバの花粉媒介者はまだ知られていない）、葉に生息しそれを守る菌類、根が土壌から養分を吸収するのを支援する微生物を特定しなければならない。そのためには、遠方の村々を訪ねる必要もあろう。場合によっては、伝統作物と結びついた生物を研究するにあたり、現地民を動員して彼らに手伝ってもらう必要が生じることもあるだろう。これは困難な課題であるかのように思えるかもしれない。だが、北米産の作物カボチャを例にとって考えてみよう。カボチャは、それに依存する専門のハチによって受粉する。このハチは、カボチャの移動と足並みをそろえて広がったことがわかっている。しかし、カボチャを蝕む害虫とその天敵についてはよく理解されておらず、命名されていないものもある。そこで、アメリカ中の児童に伝統品種のカボチャの種子を配布して植えてもらい、花粉媒介者、害虫、その天敵に関する記録をとってもらうことは大して困難ではないはずだ。実行されたことがないにすぎない。

おのおのの伝統作物と結びつく生物が判明したら、それらを飼育して研究し、その知見を有効活用しなければならない。それにはどれくらいの生物が含まれるのだろうか？　ガーは、数千種の害虫や病原体が含まれると考えているが、それより多くの未発見の種が存在するものと認識している。控えめに見積もって、四〇〇〇種の害虫や病原体が存在し、それらのおのおのについて、それをコントロールする能力を持つ捕食寄生者や病原体が五種いると仮定しよう。すると、研究し、培養し、理解し、必要なときに動員できるよう保管しておく必要のある害虫、病原体、天敵の数はおよそ二万種にのぼる。しかも、その数には共生生物が含まれていない。作物の共生生物はさらに謎に満ちた存在であり、それには数十万種が属すると見られている。

生物学における遠大な試みの多くは、達成不可能である。この試みは達成可能ではあるが、現時点では目標にほど遠い状況にある。というより、ようやく着手したばかりにすぎない。これらの生物を特定し、その生物学的特徴、生息条件、弱点を解明しようと努力している研究者を批判しようとしているのではない。社会として何に投資すべきかをめぐる、私たちの選択のあり方を批判しているのである。この批判は必要なものだ。というのも、個々の昆虫や菌類の研究によって得られる知識の効用は小さく、その獲得には時間がかかる一方、それらを研究しなければ、あっという間に巨大な損失が引き起こされ得るからだ。そのことは、地球上でもっとも大きな危機に瀕している作物の一つ、カカオの事例によってよくわかる。次に、この件を取り上げよう。

第6章　チョコレートテロ

科学者はこれまで、理解するために世界を研究していた。われわれ変革するために研究する。
――カール・マルクス

産業や文明が崩壊する直前には、何らかの予兆が現われるはずだと誰もが考える。しかし害虫や病原体が襲ってくるときには、その直前でも平穏な日々が続くのが普通である。一九八九年五月二二日、ブラジルのバイーア州にあるコンフント・サンタナ・カカオプランテーションの一日は、いつもどおりに始まった。熱帯雨林からは、高らかな鳥の鳴き声が聞こえてくる。周囲の木々からは雨露がこぼれ落ちてくる。カカオの木からは、大きな豆が垂れ下がっている。腐食性の甘いにおいがし、豊穣な生命の香りがあたり一面に漂い、万事が生き生きとしていた。そのときプランテーションの技術者の一人が、異常を発見する。一本のカカオの木の枝が、がんのようなもので腫れあがっていたのだ。

コンフント・サンタナ農園は、ブラジル最大のカカオプランテーションの一つであった。ということは、世界最大のカカオプランテーションの一つでもあった。この農園は、フランシスコ・リマ、通称チコ・リマの手で運営されていた。リマは、果実を摘んで開き、種子を発酵させ、カカオをチョコレートに加工するのに必要な最初の数ステップを実行するために、大勢の男女を雇っていた。それによって彼は、比較的裕福になり、かなりの権力を持つようになった。地元の組織ＵＤＲ（地方民主連合）のリーダーでもあった彼の権力は、カカオプランテーションのみならず政治にも及んだ。UDRは、リマらのいわゆるカカオ大佐(カーネル)の運営するプランテーションを含めた私有財産を守ることを目標に掲げる政党だった。リマは、自分の暮らしを自らの手でうまくコントロールしていた。腫れた枝の発見は、そのコントロールを失う最初の徴候であった。彼がもっとも恐れたのは、このがんが、プランテーション全体を破壊する能力を持つ天狗巣病菌(witches'-broom〔魔女のほうき〕)と呼ばれる病原体によって引き起こされた可能性であった。

リマは疾病の特定のために、チョコレートの木(*Theobroma cacao*)を栽培する農家を援助する連邦機関CEPLAC(カカオ農園プラン実行委員会)にくだんの枝を送る。[*1] CEPLACは、一九五〇年代後半にカカオ市場の暴落に対処するために、負債を抱える地主の財政援助を行なう機関の一つとして設立された。[*2] だが組織が拡大するにつれ、生産様式の現代化(単位面積あたりの植樹数の増加、多量の殺虫剤や肥料の投下)、より生産的な(おそらくは病害抵抗性が落ちる)カカオ品種の栽培促進、調査研究の実施、カカオプランテーションの監視など、目標も拡大し、やがて(少なくとも一九八〇年代後半までには)調査研究、生産拡大、輿信に関する機能を統合する機関に発展する。こうしてCEPLACは、総生産高においても、カカオ園の面積においても、かつての規模を取り戻し、さらに拡張することに寄与した。[*3] その結果、一九八〇年には、カカオはバイーア州のみならずブラジル全体の最重要輸出産品の一つになっていた。それを実現する力を持っていたのは、CEPLACだけであった。カカオの木のがんが見つかってから八日後の五月三〇日、CEPLACは、このがんが実際に天狗巣病(ポルトガル語では*vassoura-de-bruxa*と呼ばれている)であることをリマに報せる。

天狗巣病は、菌類（*Moniliophthora perniciosa*）によって引き起こされる。[*4] この菌類は傷や気孔（葉の表皮に存在する、木が「呼吸」するための、すぼめた口のような穴）を通って木に侵入する。ひとたび木の内部に侵入すると細胞組織を食べ始め、木の成長の様態を変えて、ほうきのような形をした醜い腫瘍（がん）を形成する。ゆえに「witches'-broom」という名前がついているのだ。時間の経過とともに、この菌類に侵された木は感染に屈する。木が死ぬ際には、ほうきの形をした腫瘍は黒くなり、ピンク色のキノコが生えてそこから無数の胞子が空中にばら撒かれる。そして他の樹木が感染する。

リマの農園に達したとき、天狗巣病は、迅速に広がるその能力をすでに見せつけていた。この菌類は、アマゾン地方西部（ペルー、ボリビア、ブラジル、エクアドル）が原産で、一九世紀後半にスリナムに広がり、そこでカカオ生産に甚大なダメージを与えた。一九二〇年代にはトリニダードに誤って導入され、この国のカカオの輸出量は、一〇年以内に年間三万トンから八〇〇〇トンに落ちた。天狗巣病はエクアドルでも発生する。エクアドルは、一九世紀終盤から二〇世紀初頭にかけて、生産量と質の両方に関して、カカオ生産の王者であった。エクアドルのカカオは、アリバ（もしくはナショナル）と呼ばれる野生種に起源を持つ特別な品種で、（天狗巣病菌が生息していたアンデス東部のアマゾン地域よりも）アンデス西部の湿潤な熱帯雨林の天蓋の下で栽培されていた。エクアドルの小さな町に住む、大規模なカカオ農園（アシエンダ）の農園主たちは、洗濯物をヨーロッパに出せるほど裕福になったと言われている。[*5] それから「フロスティ・ポッド・ロット」と呼ばれるカカオの病気を引き起こす病原体（*Moniliophthora roreri*）が、おそらくコロンビアからエクアドル西部に侵入する。また、フロスティ・ポッドが到来した直後にアマゾン地方西部から天狗巣病が入ってくる。その影響はすぐに現われ、エクアドルのカカオ産業は壊滅的な打撃を受け、カカオ生産量は、年間四万トンから一万五〇〇〇トンに落ちた。大規模カカオプランテーションのほぼすべてが放棄され、残った小規模プランテーションの一ヘクタールあたりの収穫高も、一〇〇〇キログラムから三〇〇キログラム未満に低下した。

しかし、フロスティ・ポッドも天狗巣病も、隔絶したバイーア州には達していなかった。バイーア州は、ブラジル東部の大西洋岸森林地帯に位置する。この地域は、天狗巣病菌の原産地であるアマゾン地域と気候が同じだが、その領域とは乾燥した低木地によって隔てられている。カカオの木（や天狗巣病菌）のような熱帯雨林の生物にとって、ニューヨークからロサンゼルスにほぼ匹敵する距離にわたり広がる低木地は、生存に関しても移動に関しても海と同様な障壁として作用する。よって、この低木地の一端に隣接する地域に天狗巣病菌のような病原体が生息していたとしても、他端に隣接する地域には広がらない。だから数百万年にわたり、その状態が続いていたのだ。一九八九年五月にリマの経営する農園に出現するまでは。

＊＊＊

カカオの木は一七四六年、フランスの商人ルイ・フレデリク・ウォルノーの手によってバイーア州で初めて植えられた。[*6] ウォルノーは、アマゾン地方のパラ州からバイーア州へとポケットに詰め込んで種子を運んだと言われている（種子とその移動の歴史には、ポケットがよく登場する）。とりわけヨーロッパの産業化によって富が増大し、一九世紀後半にヨーロッパと北米でチョコレートに対する需要が世代を追うごとに伸びるにつれ、カカオの木は増えていった。一八四〇年から一八九〇年にかけて、ブラジルのカカオの輸出高は、ほぼ三〇〇パーセント増大している。そしてそのほとんどが、バイーア州産であった。
ウォルノーがバイーア州で植えた木とその子孫は、有利な気候に恵まれたこともあるが、隔絶した地で害虫や病原体から免れていたこともあって繁栄する。この天敵解放は少し変わっている。というのも、大陸が異なることによってではなく、カカオの原産地である一つの大陸の内部で隔絶していることで得られた効果だからだ。そのためブラジル人は、西アフリカや熱帯アジアに匹敵する作物収穫量を南米であげることができた。このように、チョコレートの木とそれを蝕む害虫や病原体が人の手によらずしてバイーア州に到達することがなかったのは、この地域の隔絶性のゆえである。[*7] バイーア州で栽培されていたカカオの品種は、風味や、土壌との相性、あるいは害虫や病原体に対する病害抵抗性に基づいて選択されたのではない。アメロナードと呼ばれるクリオロ種の一品種がそこで栽培されているのは、たまたまウォルノーがそれを持ち込んだからにすぎない。生産性が高かったのも偶然にすぎない。ジャガイモ、キャッサバ、バナナなどの作物と同様、カカオの多様性は低かった。[*8]
ウォルノーが持ち込んだアメロナードは非常によく育ったので、よりすぐれた品種を見つけるために労力や資金が投入されることはほとんどなかった。害虫や病原体の侵入が阻止されていれば、画一化された農作物の栽培は恩恵をもたらす。だからCEPLACは、カカオの栽培品種の多様化よりも、移動の厳密なコントロールを重視していたのである。農民も同様に、天狗巣病の到来などの将来の危機を最大限防げる多様な品種のカカオを栽培するより、最大の収穫が得られる品種を植えていた。バイーア州におけるカカオ生産の成功の裏には、この地域が、天狗巣病やフロスティ・ポッド・ロットの侵入を免れていたという事情があったのだ。

理論的には、またリマの希望的観測では、天狗巣病は、彼の農園や他の農園に到達する以前にコントロール、場合によっては完全に根絶することができた。菌類が原因であることを示すのに確たる証拠を示さなければならない時代は終わった。現在では菌類が原因であることが、ただちに認識される。幸いにもたいていの菌類は殺菌剤で対処することができるが、殺菌剤は治療より予防に有効である。いずれにせよ、ひとたび植物の内部で菌類が繁殖すると、その植物を殺す以外、殺菌は困難になる。[*9] アマゾン西部のプランテーションの多くは非常に貧しく、殺菌剤を散布する、ましてやそれを効率的に散布する手段を導入するだけの資金を持っていなかった。アマゾン地方では、天狗巣病と、カカオ生産における年間三〇～六〇パーセントの損失は不可避のもので、折り合っていかなければならない、ありきたりの苦難と見なされていたのである。とはいえ、リマを始めとするバイーア州の裕福な農園主は、問題に対処するためのいくつかの選択肢を持っていてもおかしくはなかった。

しかし、リマの農園で天狗巣病が発見された頃に発表されたある論文には、不安を引き起こす見解が示されていた。殺菌剤は、毎日のように降る雨によって洗い流され、樹木に生息する菌類には容易に達しないために、そのコントロールに使用するのは予防のためでさえ困難であると論じられていたのだ。また菌類は胞子を放ち、殺菌剤で処理された木にもすぐに付着する。もっとも強力な殺菌剤は、ジャガイモ疫病の対処に使われているものと同じ硫酸銅だったが[*10]、その硫酸銅でさえ実際の効果はそれほど高くはなかった。[*11] CEPLACは、リマの農園の件に関して、それまで誰も大規模に行なったことのなかった手段を用いなければならなかった。[*12]

リマの心中では、自分の農園の運命がもっとも重要であった。だが天狗巣病が、バイーア州の他の農園に拡大すれば、その影響ははるかに巨大なものになるはずだった。一九八九年当時、ブラジルはコートジボワールに次ぐ世界第二位のカカオ生産国で、カカオはブラジルで二番目に重要な輸出産品であった。カカオプランテーションの喪失は、ブラジル経済、カカオの供給、農園主や雇用者の生活に大打撃を与えることが予想された。また、伝統的なカカオプランテーションが維持していた、地域の生物多様性にも影響するはずであった。

＊＊＊

カカオの栽培は、熱帯で栽培されている他の作物の栽培と多くの点で類似する。しかし一点だけ、他のどの作物よりもコーヒーの栽培に似た側面がある。コーヒーもココアも低層植物であり、原産地の自然林では、枝や葉は他の樹木を超える高さまでは決して成長しない。熱帯雨林の樹木には、七〇メートルを超える高さまで成長するものがあるが、カカオとコーヒーの木はめったに一〇メートルを超えない。これらの木は、木漏れ日をうまく利用して育つよう進化したのである。低層での生存は困難であるため、低層植物は他の生物に大幅に依存しながら生きている。要するに、いとも簡単に断ち切られ得る相互作用の網の目に依拠しながら生存している。私たちは、この相互作用についてようやく理解し始めたにすぎない。

カカオの花は、コーヒー、ナシ、モモ、リンゴなどの、他の多くの樹木の花と同様、昆虫に頼って受粉している。昆虫の働きを介して、ある花のおしべから、同じ花、もしくは別の花のめしべに花粉が運ばれるのである。またカカオの根は、他の熱帯樹木のほとんどと同じく、菌類の助けを借りて、一見すると届くには遠すぎる場所からであろうが、根を伸ばすことのできない狭いひび割れのなかからであろうが、土壌に蓄えられたあらゆる養分を取り込むことができる。カカオの葉は、葉の細胞組織の内部で成長し病原体から葉を守る、内生植物と呼ばれる菌類に依存する。またカカオの種子は、動物の助けを借りて、害虫や病原体の少ない場所に移動する。[*13] 移動するために、カカオはサルによって運ばれる大きな実を結ぶ（それに対し、コーヒーは鳥類によって食べられる鮮やかな赤色をした小さな実を結ぶ）。

このようにカカオは、まだよく研究されていない他の生物との一連の相互作用のネットワークのなかに組み込まれている。そのため、天狗巣病をコントロールするためには、天狗巣病菌の生物学的特徴のみならず、カカオが関係を結んでいる他の多くの、場合によってはすべての生物の特徴を理解する必要がある。そのうえ、これらの生物は、天狗巣病が到来する以前に、CEPLACが大規模集約型の農業を優先するようになったために変化し始めていた。この変化は、カカオのみならずあらゆる生物が、それまでに育ってきた環境とは異なる条件のもとに置かれるようになったことを意味する。古来のシステムは、安定性を失ったのである。また、事態をより複雑にしたもう一つの要因として、天狗巣病は何年も前に発見されていたにもかかわらず、まだよく理解されていなかったことがあげられる。[*14]

＊＊＊

幸いにもバイーア州では、天狗巣病は脅威ではあったが、たった一本の木に見つかっただけであった。病原体が見つかってからわずか四日後の一九八九年五月二六日、ＣＥＰＬＡＣはこの病気を封じ込めることに決定し、病原体が通過できないよう農園の周囲をドーム状の覆いで囲った。彼らはまず事態を見

図６　ブラジルバイーア州における天狗巣病の拡大。（Map data derived from J. L. Pereira, L. C. C. De Almeida, and S. M. Santos, “Witches’Broom Disease of Cocoa in Bahia: Attempts at Eradication and Containment,” *Crop Protection* 15, no. 8 (December 1996): 743–52. Figure by Neil McCoy, Rob Dunn Lab.）

極めることから始め、スタッフ三〇人が農園内を巡回しながら、全長数マイルの森林の下層に数マイルにわたって植えられていた一〇万本近くのカカオの木を一本一本チェックしていった。すると次々に、問題が見つかった。少なくとも一一二本の木が、見た目でも感染しているのがわかった（つまりキノコが生えていた）。ということは、ほぼ間違いなく、目には見えないながらそれより多数の木が感染しているものと考えられた。彼らは、そのような木が少なく、また、感染のホットスポットに、すなわち感染が確実な木の周囲に集中していることを願うばかりであった。感染した木は殺菌剤や除草剤を撒かれ、ブルドーザーで倒され、燃やされた。緩衝地帯を作り出すために感染した木の周囲に立つ木も切り倒され、それ以外の近くの木は週に一度検査された。*[15]

数週間が経過しても、農園の周囲の覆いはまだ突破されておらず、望みはあるように思われた。ところがそれから、リマの農園の隔離領域の外に立つ二一本の木が感染していることが判明する。CEPLACはこの状況に応じて、天狗巣病が発見されたプランテーションでは、感染を防ぐためにすべての木を切り倒し、丸ごと燃やさなければならないという主旨の厳然たる声明を発表する。かくしてリマの農園の残った木も、カカオの木はもちろん、木陰を提供していたより背の高い木も切り倒された。つまり彼の農園は公共善のために丸裸になったのである。彼に選択肢は残されていなかった。CEPLACは、「木を切らなければ監獄行きになるぞ」とほのめかした、あるいは（記録によっては）そうはっきりと言った。リマのプランテーションの木は、一九八九年の五月から一一月にかけて、一万四〇〇〇人時間の労力をかけてすべて切られた。九万八〇〇〇本のカカオの木と、木陰を作っていた一万本以上の熱帯雨林の樹木が切り倒されたのだ。一〇月末には、CEPLACの科学者は、天狗巣病の封じ込めに成功したと考えていた。木が切り倒され丸裸になった領域の周囲の緩衝地帯で一二万本の木が丹念に調査されたが、新たな感染は見つからなかったのである。そこへ新たなニュースが舞い込む。

一〇月二六日、バイーア州のカカオ栽培地域の反対側、リマの農園から一〇〇キロメートルほど離れた地点で、ある農園主が自分の農園で天狗巣病を発見した。リマと同じく、彼は大規模なカカオ園を運営しており、失うものは大きかった。しかも、事態はリマの農園より悪かった。どうやら天狗巣病は、数か月間、あるいは数年間すでに存在していたらしかった。すぐに別の事例がいくつか発見される。しかもそれらは、以前の事例にもまして異常だった。

ある農園では、天狗巣病に感染した一本の木に、さらに多くの天狗巣病のキノコに覆われた別のカカオの木の枝がくっついていた。ロープで結びつけられていたという証言もある。[*16] 時間さえあれば、自然はさまざまなことを実行できる。しかし、ロープを結んだりはしない。それから数週間、他の農園でも、別の木の枝がくっついた木が次々に発見される。それらも類似のロープで結びつけられていた。

次の数か月間、さらに多くの農園で感染した木が見つかる。CEPLACは、それまで以上に思い切った対策を講じるようになる。感染した木が見つかったプランテーションでは、すべてのカカオの木を切らなければならなかった。また、誰もが、CEPLACが指定するカカオの新品種を接ぎ木しなければならなかった。必要な資金は貸し出された。しかしこれらの対策はいずれも功を奏さなかった。その結果、最初はこの地域のカカオ生産が、次にカカオの木が、さらには樹木一般が消滅していった。次に起こったのは、病原体が到来したあとではどこにでも見出される荒廃であった。

一九九一年までには、天狗巣病は、ハイウェイBR－101を始めとする道路沿いに広がって、カカオが栽培されている地域全体に拡大した。リマの農園があるウルスーカでは、カカオの栽培面積は七五パーセント縮小した。また、他の地域も同様な状況に陥っていた。[*17]

＊＊＊

靴底やさやに収められたなたに付着したまま、アマゾン地方からバイーア州へと偶然に天狗巣病が運ばれた可能性はある。両地域にプランテーション（生産性が高く健全なバイーア州のプランテーションと、生産性が低く害虫や病原体の被害が多いアマゾン地方のプランテーション）を持つカカオ農家もある。したがって、アマゾン地方のプランテーションからバイーア州のプランテーションに害虫や病原体が偶然に運ばれるのは、さほど不思議なことではない（それはキャッサバコナカイガラムシの例でもわかる）。だが、ロープで枝が結ばれていたという話がほんとうなら、病原体は故意に運ばれたことになる。つまり、それは一種の農業テロリズムが遂行されたことを示唆する。[*18]

世界の作物は、一般に防御や監視が甘く、地理的に広い範囲にわたって栽培されている。[*19] 農業テロを可能、あるいは容易にさえしている条件は、その発見をも困難にしている。誰かが、ブラジルのカカオプランテーションに天狗巣病を故意に持ち込んだらしかった。だが、それは誰なのか？ 考えられる説の一つは、ブラジル産以外のほとんどのカカオを栽培しているコートジボアール、ガーナ、マレーシアに住む誰かが、自国のカカオ生産を有利に導くために、ブラジルのカカオ生産の壊滅をもくろんだというものである。（とりわけ西アフリカ人がブラジルのカカオプランテーションをうろつき回っていれば目立つことを考えれば）その可能性は薄いとはいえ、絶対にあり得ないわけではない。

農業テロを現場で取り押さえられた国はほとんどないが、試みようとした国はかなりある。しかし国や実行者が白状しない限り、確証を得るのは不可能に近い。第一次世界大戦中ドイツ陸軍は、敵国の作物を阻害するために穀物に病原体を導入する方法を開発した。また、第二次世界大戦中フランスは、コロラドハムシ（*Leptinotarsa decemlineata*）とジャガイモ疫病菌をドイツのジャガイモ畑に散布することを計画していた。この計画は、準備を整えていたル・ブッシェの研究所がドイツ軍に占拠されたために頓挫した。一九四三年にドイツは、どこまで広がるかをテストするために、生きたコロラドハムシとその木製モデルを空中散布した（驚いたことに、このテストはドイツ国内で実施されている）。どうやらその頃、コロラドハムシの大量生産が始まっていたらしい。

第二次世界大戦前、大戦中、大戦後、アメリカは二〇〜三〇種の作物を対象に農業テロを仕掛けるための生物兵器の研究をしていた。それには、コメを阻害する二つの病原体、イネイモチ病菌（*Pyricularia oryzae*）と褐斑病菌（*Cochliobolus miyabaenus*）が含まれていた。どちらも、空中散布によるテストが行なわれたらしい。日本は人間を対象とする生物兵器とともに、作物を対象とする多数の生物兵器を開発した。ただし、それらは実際には用いられなかったようだ。ソビエトは、戦争での使用を目的として、作物病原体を生産するための大規模なプログラムを実施していた。プログラムの詳細は明らかになっていないが、それにはイネイモチ病と黒さび病が含まれていた。第二次世界大戦が終結すると、アメリカとソビエトを除くほとんどの国は、生物兵器の開発を中止した。アメリカはコムギやライムギの黒さび病（*Puccinia f. sp. secalis*）、イネイモチ病、ジャガイモ疫病を拡大する方法を研究していた。黒さび病は、黒さび病菌の胞子を塗ったシチメンチョウの羽をつめた爆弾という形態で、武器として完全に使える段階にまで達し、朝鮮戦争でこの武器を使うために、胞子が大量に生産された。やがて、イネイモチ病も兵器として使える段階に達した。このプログラムは、一九七三年にリチャード・ニクソンが放棄し、備蓄の破壊を命じる大統領令を出すまで続けられている。ソビエトでは、より大規模な極秘プログラムが一九八〇年まで続けられていた。その一〇年後には、イラクで農業破壊兵器が見つかっている。イラクは、コムギを攻撃する二種類の病原体（*Tilletia tritici, T.laevis*）を用いる兵器を開発し、使用の準備を整えていた。では、バイーア州で見つかった天狗巣病は、西アフリカのいずれかの国が、ブラジルを蹴落とすために用いた農業テロだったのだろうか？

この行為によって最大の経済的利益が得られるのは、コートジボアールとガーナの二か国である。しかし、彼らが下手人であるとは考えにくかった。カカオの木に天狗巣病菌を植えつけた人物は、それが誰であれ、地元の地理や植生に関する高度な知識を持っていた。枝の切れ端は、鋭敏な胞子が最大の効率で拡散される（川沿いの風通しのよい）場所に立つ木に結びつけられていた。天狗巣病菌の胞子は、生存するのに水を必要とする。犯人はこれらの詳細を知っていたはずだ。加えて、コートジボアールやガーナのカカオ園は、バイーア州の農園とは異なり、零細農家の手で運営されていた。ブラジルのカカオ生産の崩壊が、コートジボアールやガーナに国として優位性をもたらしたとしても、必ずしも同じことが個々の零細農家にも当てはまるわけではない。

また振り返ってみれば、他にも奇妙な点があったことがわかる。この危機を扱った短いドキュメンタリー映画のなかに、CEPLACのスタッフにインタビューするシーンがある。それによれば、感染したカカオの枝が入った袋と、ポルトガル語で「怠けるな。残りの天狗巣病を探しに行け」と書かれたメモがCEPLAC本部に置き去りにされていたのだそうだ。インタビューを受けた人の主張によれば、このノートは、CEPLAC本部にあった机の上に置かれていたが、そこに行くにはセキュリティチェックを受けねばならなかった。誰が誰宛てにそれを書いたのか？　脅迫が目的だったのだろうか？　それとも他に目的があったのか？[20]

この災厄でもう一つ奇妙だったのは、CEPLACが農民に出した指示のいくつかが、回復を余計に困難にしたと思われる点である。それは、新たに出現した病原体に対処することのむずかしさと、災害に直面した公共機関がしばしば呈する無能さを示すにすぎないのかもしれないが、自暴自棄に陥った人々がそれらの失敗の裏に陰謀をかぎつけたとしても無理はない。

また、植え直しの問題がある。農園の木を破壊した農民は、代わりにCEPLACの木を使うよう言い渡されている。CEPLACの木はすべてクローンで、おのおのの木は、遺伝的に同一な五つの系統のいずれかに属していた。天狗巣病に対するこれらのクローンの病害抵抗性は中程度であった。さらには、受粉のためには木は互いに隣接して植える必要があった。ところで植物一般に言えることだが、カカオの品種の多くは、遺伝的に異なる個体に由来する花粉を受粉した場合にのみ実を結ぶ。これは、近親関係が他の方法ではわからない場合、近親交配（インブリード）を避けるための一つの有効な手段になる。CEPLACは、病原体に対する病害抵抗性の強いいくつかのクローン系統と、それとともに植えるべき受粉に秀でた二つのクローン系統を指定した。両者を植えれば、受粉、病害抵抗性の両面に関して、少なくともある程度有効な効果が得られると考えたのである。ところが不幸にも、農民は収穫高に焦点を絞っていたため、なるべくさや（ポッド）が大きく、種子を多数結ぶクローン系統を植えることを好んだ。だから、「受粉用」として指定されたクローン系統は、あまり（場合によってはまったく）植えられなかった。その結果、カカオを植え直したプランテーションでは、ほとんど受粉が起こらなくなったのだ。しかもその事実は、植えた木が花をつける樹齢に達した数年後に、つまり多大な労力と資金が費やされたあとでようやく気づかれた。最後にもう一点つけ加えておくと、CEPLACは農民に対して財政援助を行なわず、その代わりに利子率の高い大銀行のローンを斡旋した。やがて、ローンの返済が非常に困難であることが判明する。農民は、借金をしていることはわかっていても、それを何に使うかに関して、必ずしも賢明な選択をしていなかったのである。それにもかかわらず、カカオの生産が完全に回復しないことがわかったとき、借りた金額と利子の返済が不可能であると悟った農民たちの目には、ローンの提供者がまごうかたなき悪人であるかのごとく見えたのだ。

かくして病原体、不運、まずい決定、悪化した経済状態、不適切なインセンティブが重なって、カカオ産業は崩壊する。一九八九年の時点では、バイーア州には六五万ヘクタールのカカオ園があったが、一九九二年には四〇万ヘクタールのみが残り、残った土地でも、かつてほど多くのチョコレートを生産することはできなかった。天狗巣病は根絶されず、完全な回復を図ることができなかったために、生産高は七五パーセント低下する。

天狗巣病の影響が単に生物学的な側面に限られるのなら、回復は可能だっただろう。というのも、天狗巣病菌に対する（完全ではないとしても）病害抵抗性を持つカカオの品種が作り出され、CEPLACは天狗巣病菌の影響と拡散を抑制するアプローチを考案していたのだから。しかし残念ながら、影響は生物学的な側面に限られなかった。農園が崩壊すると、その影響が次々に現われ始める。二〇万人の労働者が職を失い、それとともに農園の支援システムの恩恵も受けられなくなった。カカオプランテーションは労働者に住居や、場合によっては学校まで提供していたのである。多くの農園の経営者や労働者が、銃で、首を吊って、殺鼠剤を使って自殺したと言われている。ある農園主は、何日間も泣きながら町を歩き回っていたのだそうだ。[*21] 何万人もの労働者が、地域の大都市へと移住した。解雇され、再就職のあてのない元農園労働者であふれかえったこれらの都市では、犯罪や薬物乱用者が増大する。カカオプランテーションの木を切り倒した農園主は、材木を売って何がしかの金銭を手にするために森林の木まで切った。そのために、もともと希少であった生物の多くが、さらに希少になった。

こうしてブラジルのカカオ帝国は、誰もが想像していなかったほど急激に、そして徹底的に崩壊した。[*22]

感染した木が最初に見つかったとき、ブラジルは世界第二位のチョコレート生産国であった。それからたった四年後には、チョコレートの純輸入国になっていた（その状態は現在でも続いている）。連邦警察は捜査を開始したが、すぐに放棄した。警察も関与していたのだろうか？　考えれば考えるほど、地元の人間の仕業であるように思われた。だが、いったい犯人は誰なのか？　なぜ捜査は打ち切られたのか？この件が実際に意図的な作物の破壊、すなわち農業テロであったなら、史上最悪の農業テロだったことになる。この事件は未解決のまま残され、誰もが迷宮入りしたと考えていた。だが、謎が解かれるときがくる。

＊＊＊

その後一〇年以上が経過してから、驚くべき答えが得られた。二〇〇六年になって、バイーア州のカカオ危機の関係者が誰も知らない一人の男が、ある告白をした。ジャーナリストのポリカルポ・ジュニオールが行ない、大衆雑誌『Veja』に掲載された四つのインタビューのうちの一つで、この男は、「私、ルイス・エンリケ・フランコ・ティモテオは、バイーア州への天狗巣病の植えつけに関係した一人です」と述べた。そして、バイーア州のカカオを故意に破壊し、多数の人々の命を奪ったことを認めた。しかも、この農業テロをいとも簡単にやってのけたと供述している。

彼の供述は次のとおりである。ティモテオは、最初の感染が発生する二年前の一九八七年、イタブナ〔バイーア州の都市〕のバーで飲んでいた。[*23] そこで五人の男、ジェラウド・シモエス、ウェリントン・デュアルテ、エリエザー・コレア、エベラルド・アヌンシアソン、ジョナス・ナシメントと会う。彼らは皆、CEPLACの技師で、土地と富の再分配を主張し、カカオ農園主(バロン)に敵対する左派のポピュリスト政党、労働党(Partido dos Trabalhadores)のメンバーでもあった。カカオ産業を破壊することで、農園主の経済的、政治的権力を打破しようと画策していたのだ。*24

ティモテオの証言によれば、六人の男たちは明確な動機を持っていた。彼らはプランテーションの所有者ではなく、したがって地域の権力の座からは締め出されていた。自分たちの手に権力を握るには、カカオの影響力を弱めるしかなかった。それを実現するもっとも簡単な方法は、カカオの木を破壊することだ。彼らは自分たちを、人民の手に権力を取り戻す革命の士としてとらえていた。地域の産業を破壊するのではない。人民のために、農園主の手から経済的な権力を奪取するのだ。そう考えたのである。この計画には「南十字星作戦(Cruzeiro do Sul)」という名前さえつけられた。

彼らは、これから演じようとしているストーリーに覚えがあったに違いない。そのストーリーとは、一九二〇年代のバイーア州イリエウスを舞台とするジョルジェ・アマードの小説『ガブリエラ、カーネーションと肉桂』(一九五八)のことである。イリエウスでは、カカオバロンが地方の政治や法を含めすべてを支配していた。彼らは、地元のあらゆる人々を雇い所有していた。そこへ、この権力構造の転覆を企てる一人の男がやって来る。

六人の男たちのうち、アマゾン地方についてもっとも知悉していたティモテオは、アマゾンを旅して計画に用いる天狗巣病菌を集めた。*25 五〇時間以上バスに揺られて、故郷のロンドニア州ポルト・ヴェーリョに行き、そこで天狗巣病に感染した枝を集め、袋に隠してバイーア州まで持ち帰ったのである。検問所はなにごともなく通過できた。しかも数回往復し、一度だけでなく何度も通ったにもかかわらず。

こうして彼は、バイーア州とアマゾン地方を何回か往復することで、合計しておよそ二五〇~三〇〇本の感染した枝を運んだのである。

ティモテオがバイーア州に戻ってくると、六人は、CEPLACのロゴが描かれた車に感染した枝を積んで(見つかった場合、疑惑を薄めるためにそうしたのだが、結局怪しむ者は誰もいなかった)、その地域を南北に貫く幹線道路(BR-101)を行き来しながら、沿道の木に感染した枝をロープで結わえていった。彼らは、二人のもっとも強力な農園主が経営するプランテーションを主要な標的にした。ウルスーカにあるリマの農園と、カマカンにあるルチアーノ・サンタナの農園だ。リマが標的にされたのは、彼の農園が広大であるからというだけでなく、彼が土地改革に強く反対し、同様な方針を推進する大統領候補を支援する、地方民主連合のリーダーだったからでもある。だから、彼の農園で最初に感染が見つかったのだ。二番目はサンタナの農園であった。

ティモテオの話が真実なら、ブラジルにおけるカカオ産業の崩壊は、たかだか数人の行動によって引き起こされたことになる。彼の話によれば、カカオ栽培の支援が目的であるはずのCEPLACのメンバーが、その破壊に関与していた。これは、天狗巣病をコントロールするためとしてCEPLACが採択した方針にも疑問を投げかける。CEPLACの最初の指示は、「保護のために」リマの農園の木を燃やすことだった。だがティモテオによれば、これは天狗巣病ではなくリマの成功を灰燼に帰すための報復の火であった。しかしこの説明には無理がある。天狗巣病根絶計画の立案には、CEPLACの植物病理学者のみならず、(著名な植物病理学者ジョアン・ルイス・マルセリノ・ペレイラを含め)ブラジル、コロンビア、エクアドルの、CEPLACとは無関係の植物病理学者も参加していた。だから、天狗巣病のコントロールの失敗は、悪意の結果というより、急激に拡大する新種の病原体のコントロールが、たとえその道の専門家が揃っていてもきわめて困難なものであるという事実を示すものとしてとらえるべきであろう。これは、陰謀論より単純だが、さまざまな意味でさらに不吉な結論であると言えよう。

ティモテオが仲間としてあげた五人の男に関して言えば（彼らは関与を否定している）、カカオ経済の崩壊によってもたらされた社会的変化は、彼らの成功を予兆していた。ジェラウド・シモエスはイタブナの市長、さらにはバイーア州の農業長官に選出されている。エベラルド・アヌンシアソンはCEPLACの副長官に、ウェリントン・デュアルテはバイーア州の長官、のちにCEPLACの副長官に、エリエザー・コレアはCEPLACの計画部門の長に、そしてジョナス・ナシメントはCEPLACの拡大サービス部門長のアドバイザーにそれぞれ指名されている。しかしティモテオらが農民のことを少しでも気にかけていたのなら、彼らの行為はまさに悲劇以外の何ものでもない。そのせいで、二五万人が職を失った。プランテーションの雇用者とその家族を含め、一〇〇万人近くが、都市へ移住した。最終的にティモテオが告白したのは、彼らのことを考えたからなのかもしれない。彼は、自分のしたことを今では非常に後悔していると述べている。彼の行為によって引き起こされた災厄の被害を受けた人々のなかには、彼の親戚や友人も含まれる。年に三〇〇〇万リアル（およそ八〇〇万ドル）を稼いでいた彼のいとこは、すべてを失った。ティモテオの告白を聞いたこのいとこは、誰かに狙われないよう町を去るべきだと彼に警告した。

六人は、その後も自分の生活を続けていた。権力と資金をまだ失っていない農園主たちは、ティモテオを裁判にかけるよう要求した。二〇〇七年、六か月にわたる裁判が行なわれ、次のような判決が下る。

天狗巣病の意図的な導入という犯罪が実行され、それにティモテオが関与していたことは間違いない。このケースに関連する書類の隠匿や捏造の試みなど、「CEPLACのメンバーによって尋常ならざる行為がなされた」ことも間違いない。だが犯罪に関与したとティモテオが主張する五人については、陪審員はさらなる証拠が提出されない限り結論を出せなかった。しかも、ブラジルでは農業テロの時効は八年とされているが、その期間はすでに過ぎていた。[*26]

残りのストーリーはあいまいで、闇のなかに葬り去られている。それ以後に行なわれた遺伝学的調査によって、ティモテオの証言を真実と見なしていた人なら予想できたように、バイーア州で見つかった菌類の二つの株は、ボリビア国境に近いアマゾン地方東部に由来するものであることが判明した。ティモテオの告白後に書かれたいくつかの報告書も、天狗巣病導入における彼の役割を確認している。そもそも、そのようなおぞましい証言をわざわざでっちあげるとは考えにくい。いずれにしても、確実に実行されたことを誰もが認める農業テロの数少ない事例の一つを十全に理解するためだけでも、彼の罪をしっかりと評価することが肝要である。

ティモテオが告白した行為が実行されてからも、天狗巣病に対処する私たちの能力はほとんど改善されていない。最善の方策は、天狗巣病に対する病害抵抗性の高いカカオの品種を探し出すことである。バイーア州で栽培されているカカオの三〇パーセントは、病害抵抗性の高い品種だが、完全な病害抵抗性を持つ品種は見つかっていない。殺菌剤は有効だが高くつく。

とはいえ、ブラジルのパラ州で育つ野生種のカカオと、プランテーションで栽培されているカカオの生物学的特徴を比較する研究の成果として、別のアプローチが登場した。この比較によって、（カカオの木のうえで育つ）天狗巣病菌を攻撃する菌類 *Trichoderma stromaticum* の存在が明らかにされたのである。この菌類は、ほうき〔天狗巣病によって樹上にできる、ほうきのような枝が密生する部位を指す〕とポッドの内部で天狗巣病菌に感染してそれを消化する酵素を分泌し、それによって天狗巣病菌がキノコを形成して胞子をばら撒かないようにする。CEPLACは現在、この菌類を繁殖させ、公的資金を投入して割安の価格で農民に販売している。少なくともバイーア州では、この菌類の散布は、病害抵抗性の高いカカオ品種の栽培、感染した木の剪定、銅殺菌剤の使用と合わせることで、天狗巣病のコントロールを可能にし、カカオの生産高を増大させているようだ。このアプローチがどれほど有効かは、農民の行動、カカオの価格、そしてもちろん、まだ多くが理解されていない、カカオと共生生物の生物学的機微に依存する。

ここでも、一つの作物が原産地から移され、それによって天敵から逃れるも、再び追いつかれ、敵の敵を探し出さなければならなくなるという、古来のストーリーが繰り返されている。その一方、カカオの自然史に対する無知は、カカオの実と最終的な産品であるチョコレートを生産する私たちの能力を限定し続けている。あらゆるチョコレートバーには、私たちがいかに無知かを示す尺度が埋もれているのだ。

世界中のカカオを破壊することはどれほど困難なのだろうか？　この問いに対する答えは、ティモテオの告白に容易に見て取ることができる。困難ではないだろう。感染した枝をつめた大きな袋が一つあれば事足りる。この現実は、農業テロという形態によるにしろ、ごく普通にあり得る偶然の導入という形態によるにしろ、カカオの未来にとって由々しきものである。

悪意ある個人、テロリスト組織、敵対する政府などによって、カカオのように簡単に破壊され得る作物が、他にどれくらいあるのだろうか？　作物は、広大な畑に栽培されるのに対し、害虫や病原体は一箇所もしくは数箇所に放てば済む。だから、作物は標的になりやすい。害虫や病原体の「兵器化」は、それほどむずかしいことではない。バイーア州における天狗巣病の例がはっきりと示すように、場合によっては何本かの感染した枝を袋につめるだけでよい。さらに都合の悪いことに、農業に対するテロ行為は、すぐには見つかりにくい。見つかっても犯人の特定は非常にむずかしい。害虫や病原体がどこから来たのかを確実に突き止めることさえ困難だ。作物を蝕む害虫や病原体の多くは、研究されてもいなければ、名前さえつけられていない。命名されているものでも、そのほとんどは、どこから到来する可能性が高いかを予測するのに十分なほど詳細な遺伝的研究が行なわれていない。アメリカは、実際に到来すれば甚大な被害をもたらすと考えられる害虫や病原体を一覧した最新の包括的なリストを持っていない。おそらく二〇〇〇種は問題を引き起こし得るにもかかわらず、現行のリストには二〇種が掲載されているにすぎない。

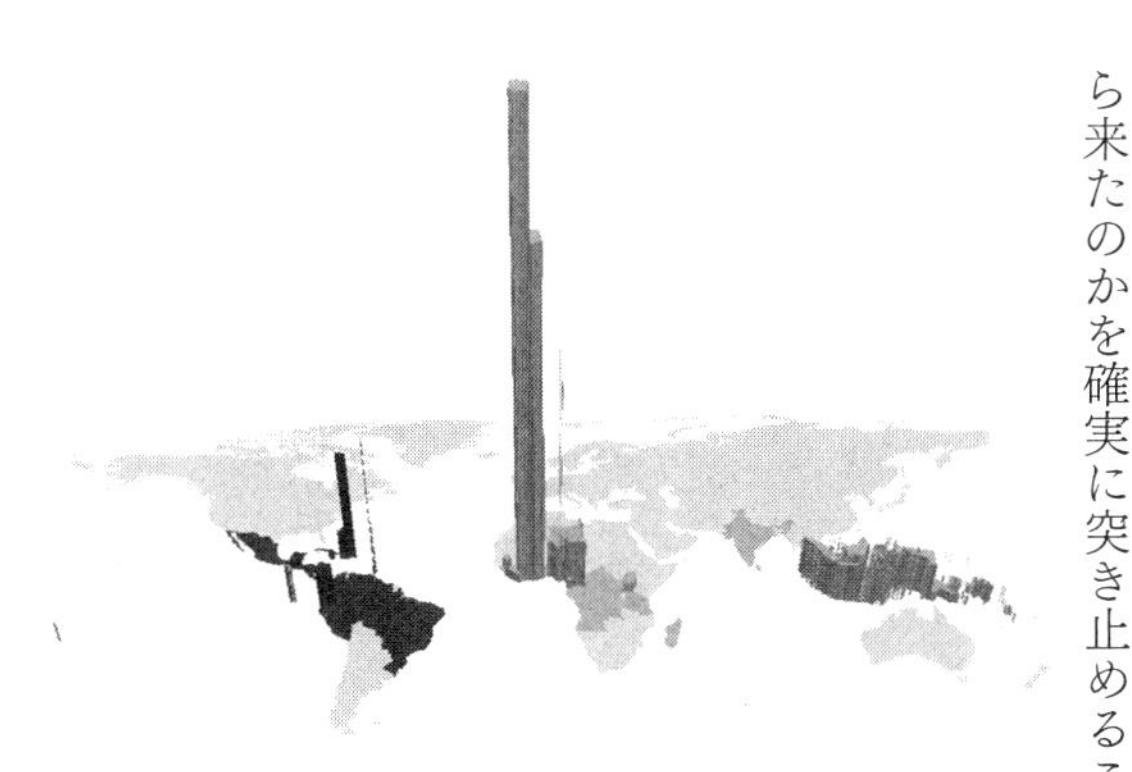

図7　国別の単位面積あたりのカカオの生産高（2005～2014年）。黒く塗りつぶされた国は、現在天狗巣病が見つかっている国である。明るい色調の国は、現時点では見つかっていない国である。世界で消費されているチョコレートのほとんどは、西アフリカで栽培されているカカオを原料とする。（Data source: FAOSTAT. Figure by Lauren Nichols, Rob Dunn Lab.）

第7章　チョコレート生態系のメルトダウン

バイーア州における天狗巣病（てんぐすびょう）の悲劇が影響して、世界のカカオのほとんどは西アフリカで生産されるようになった。そこではカカオは、数本の木から数ヘクタール程度の小規模な農園で栽培されている。[*1]これらの農園のカカオを原料に生産されるチョコレートをもとに、年間二〇〇億ドルの産業が成立しているのである。カカオは、世界中で消費されているチョコレートバーやチョコレートキャンディへと練り上げられている。西アフリカ産のカカオは、天狗巣病やフロスティ・ポッド・ロットに対して脆弱である。現時点ではどちらもアフリカに達していないが、農業テロの可能性を除外したとしても、偶然によっていずれ到来することだろう。国境での検疫によって、一〇年単位、あるいは一〇〇年単位で病原体の到来を防げるのかもしれないが、たとえ天狗巣病やフロスティ・ポッド・ロットが到来しなくても、他の害虫や病原体による被害を受ける可能性は十分にある。西アフリカのカカオは、攻囲（こうい）されているのだ。

アフリカに移植された当初、カカオはアメリカ大陸では知られていなかった難題につきまとわれた。その一つは、カカオの木の葉が赤くなり、若芽が腫れる枝腫病であった。この病気にかかると、やがて木は死ぬ。その結果、チョコレートの価格は上がる。枝腫病は二〇世紀に出現し、いったんはコントロールされたかに見えたが、再び見られるようになった。

二〇世紀前半に、枝腫病が最初にカカオの木に発見されたとき、依然として西アフリカは、イギリス、フランス、ポルトガルによって植民地支配されていた。カカオの木が濃密に植えられていたイギリスの植民地、黄金海岸では、この病気が原因で数十万本のカカオの木が死んだ。当時も今も、この地域の農民は、自分たちで作れないもの（油、マッチ、学校の制服）を買うために、数本のカカオの木が植えられた区画を家の裏に、そしてキャッサバなどの生きるために必要な作物の畑を表に保持している。チョコレートを製造するためにカカオを買いつける大企業は、枝腫病の問題を無視していられる。ある地域のカカオが失われれば、別の地域から買えばよいのだから（感染していない地域があればだが）。消費者にとっては、カカオの実から生産されたチョコレートはぜいたく品だが、アフリカでカカオを栽培している農民にとっては、カカオ栽培の成功は生きていくために必須の要件なのである。

植民地で農業の促進に成功した宗主国は、カカオ、コーヒー、キャッサバなどの作物を蝕む植物病原体による被害の増加に対処するために科学者を送り込んだ。イギリスの植民地であった黄金海岸には、イングランドから科学者のピーター・ポスネットが派遣された。[*2] 彼はやがて、枝腫病の原因としてカカオ枝腫病ウイルス（CSSV）を特定する。CSSVは、カカオが栽培化されたアメリカ大陸ではなく、西アフリカの森林に起源を持つ。植物病理学者はその種の病原体を、いくぶん婉曲した言い方だが、ひとたび西アフリカでカカオの木が多数植えられるようになってからそれに遭遇した病原体という意味で新規遭遇病原体（new encounter pathogen）と呼んでいる。カカオを攻撃する新規遭遇病原体はいくつかあるが、CSSVはその一つである。一つの地域で特定の作物が濃密に栽培されるようになればなるほど、またその期間が長くなればなるほど、そして防御が手薄であればあるほど、新規遭遇病原体はそれだけその作物にコロニーを形成する能力を進化させる。

黄金海岸で栽培されているカカオの木（ブラジルのバイーア州同様、ほとんどがアメロナードである）はすべて、CSSVに対して脆弱である。それに対処し、西アフリカ全体のカカオ生産を改善するために、ポスネットはタフォに、当時はセントラル・ココア・リサーチ・ステーションと呼ばれた施設（現在のガーナカカオ研究所）を共同で設立する。それからポスネットとリサーチ・ステーションのスタッフはトリニダードに行き、そこでポスネットは二年間カカオの受粉を研究する。彼らはそこで、ペルーのアマゾン川上流地域の品種とトリニダードの品種を人工授粉によってかけ合わせ、その結果得られた種子を西アフリカに持ち帰った。[*3] 彼らは、何世代かかろうと、枝腫病に対する病害抵抗性を持つ品種を作り出せると考えていた。この仕事は多大な忍耐を要する。最善のシナリオでは、ひとたびカカオの新品種の種子が実れば、四年で次世代を生むことができる。それから個々の木を対象に、枝腫病やその他の病気に対する病害抵抗性をテストする。

かくして作り出された木は、完全な病害抵抗性は持っていなかったが、ある程度の耐性は備えていた。依然としてウイルスの影響を受けたが、他のカカオの品種に比べればその程度は小さかったのだ。これらの新たな木は、黄金海岸、さらには西アフリカで初めて宗主国から独立したガーナの経済の安定に大きく貢献した。しかし救済は、部分的かつ一時的であった。理由はよくわからなかったが、とりわけ耐性を備えた木が植えられ、殺虫剤が大量に撒かれた場所で、繁栄の期間がもっとも短かった、と主張する者もいた。

今日、西アフリカのカカオの木は、再び枝腫病で死に始めている。悪性のCSSVが西アフリカ全域に広がり、これまでに一〇〇以上の株が見つかっている。このウイルスを阻止するには、それどころかその進行を遅らせるためにさえ、カカオの木を一つの構成要素とする複雑な生態系を理解する必要がある。しかもこの生態系は、滑車やバケツではなく、菌類、ハエ、ハチ、互いに争い合うさまざまなアリの種などの途方もなく多様な生物から構成される一種の生態学的ループ・ゴールドバーグ・マシン〔単純なことを複雑な仕掛けで行なうマシン〕なのである。この奇跡的な生態学的マシンは、すべてが順調ならカカオ豆を生産するのだが、現在は順調に機能していない。カカオ豆の生産高を回復するためには、この生態系の因果的な結びつきを構成する各要素を理解しなければならない。それにあたって、とりわけアリ同士の戦争に関する理解は重要だ。

＊＊＊

コーヒーと同様、カカオはもっぱら熱帯雨林の木陰で栽培されてきた。熱帯雨林は、まだ研究が進んでいないアリの種で満ちている。[＊4] アリは、アフリカのカカオをめぐるストーリーの主役である。熱帯雨林の木陰に造成されたカカオプランテーションならどこでも、一〇〇種を超えるアリが見つかるはずだ。それらのアリの多くは、まだ名前がつけられていない。地面には軍隊アリが生息し、群れをなして場所から場所へと移動している。道中、運び去れるものは何でも食べてしまう。丸太や落ち葉の下にはアギトアリがいる。その顎は、他のほぼすべての動物のどんな身体部位よりもすばやく動いて閉じ、獲物に喰らいつくことができる。ムカデやカタツムリだけを食べるスペシャリストもいる。だが、カカオにとってもっとも重要なアリの種は緑の樹冠に生息するアリである。

樹冠に生息するアリは、一本の木全体、さらには何本かの木からなる木立の全体にわたりなわばりを広げる。特定のアリの種が、特定の木や木立を支配するのだ。その数は、それらの木に生息する他の動物をすべて合わせたものよりはるかに大きくなり得る。このパターンは、アリを研究する生物学者によって「アリのモザイク」と呼ばれている。しかしモザイク状のタイルとは異なり、アリのモザイクは、アリ同士の戦争の帰趨によって勢力範囲が変わるため、つねに様態が変化している。アリのモザイクには、長らく解明されていなかった謎がある。アリは、捕食者や獲物よりもはるかに数が多い。その様子はまるで、セレンゲティ国立公園に、獲物のヌーがわずかしかいないのに、何十万頭ものライオンがいるようなものだ。樹冠に生息するアリは、捕食者ではなく保護者であるというのが、この謎の答えである。*5

熱帯雨林の樹冠に生息するアリには、羊飼いがヒツジの面倒を見るようにコナカイガラムシの面倒を見、それに依存して生きている種がある。コナカイガラムシは樹液を吸って生きているが、アミノ酸や他の栄養素を十分に摂取するためには大量の樹液を吸わねばならず、そのため余った糖分を排泄する必要がある。これは、アリにとってはマナ、すなわち栄養満点の甘いミルクだ（聖書で言及されているマナは、文字どおり昆虫が排泄する甘い蜜である）。アリは排泄された糖分を摂取するだけでなく、糖分の供給を独占するためにコナカイガラムシの面倒も見る。コナカイガラムシの群れのうえに、雨や寄生虫や捕食者（さらには殺虫剤）から守るための小さなテントを張るのだ。それからアリは、コナカイガラムシを最適な場所へ配置すべく動かして回る。かくして世界各地の熱帯雨林のあらゆる樹冠には、糖分の供給を基盤とするアリの帝国が築かれている。糖分の供給によって、捕食のみでは維持不可能な数のアリが生息しているのである。したがって、樹冠の「アリのモザイク」の変化は、なわばりを求めての戦争ではなく、コナカイガラムシとその養育権を求めての戦争の結果生じる。しかしそれには例外があり、すでに恐ろしく複雑なストーリーが余計に複雑になる。ツムギアリ（*Oecophylla longinoda*）は捕食を通じて優勢を保ち、糖分の供給は、コナカイガラムシではなく、その遠縁種のカイガラムシに依存する。やがてこの些細な事実は、カカオにとって非常に重要であることが判明する。

西アフリカにひとたびカカオが導入されると、アリが移動してくる。その多くは、無数のコナカイガラムシを引き連れてくる。西アフリカで栽培されているカカオの木だけでも、アリが面倒を見るコナカイガラムシが二〇種以上見つかっている。ここまでは、植物病理学者ハロルド・チャールズ・エバンスが、CABIの数人の昆虫学者を連れて、かつては黄金海岸と呼ばれ、すでに独立を果たしていたガーナを訪れた一九六九年には知られていた。[*6] 彼はそれまで、石炭廃棄物中に生息する菌類[*7]など、極端な環境下でも生息し得る菌類の研究に焦点を絞っていた。彼はまた、単純な外観の裏に隠された複雑性を見抜く目を持ち、生物学の謎を解くことに非常に長けていた。

エバンスと昆虫学者たちは、樹冠に生息するアリがコナカイガラムシのために設営するシェルターが、噛み砕かれたカカオポッドの破片やその他のあり合わせの材料から作られていることを見出す。それだけなら、アリが食糧調達をめぐって依存している昆虫を、リサイクルした材料を使って保護し、相互に利益を享受していることを示す、単なる相利共生の一例にすぎない。しかしエバンスは、それ以外の事実にも気づく。アリは、コナカイガラムシの世話をするにあたって、一種の毒の種を撒いていたのだ。

エバンスが明らかにしたところによると、アリがコナカイガラムシのためにシェルターを作るのに用いているカカオポッドは、*Phytophthora* 属〔以下疫病菌と訳す〕に属するジャガイモ疫病菌の近縁種に感染している。[*8] 樹冠に生息しカカオポッドでシェルターを作る、シリアゲアリなどのアリの種は、それにあたって疫病菌も一緒に木々のあいだを運んでいるらしい。[*9] 人間が木材を輸入する際に意図せずして大陸から大陸へと害虫を運ぶように、これらのアリは枝から枝へと病原体を広げているのである。[*10] アリが設営する疫病菌にまみれたシェルターは有害ではあるが、それだけなら致命的ではない。だが、樹冠に生息するアリが面倒を見るコナカイガラムシには、CSSVを媒介するものもいる。カカオポッドからシェルターを作るアリと、CSSVを媒介するコナカイガラムシの面倒を見るアリの両方が、すなわちCSSVと疫病卵菌の両方が一本の木に存在すると、どちらか一方のみが存在する場合より悪い結果がもたらされる。CSSVは、卵菌が容易に木の奥深くに侵入できるよう支援するのである。卵菌が侵入すると、CSSVに対する耐性が比較的高い木でも被害を受ける。この複雑な状況は、カカオにとっては(天狗巣病の到来を除けば)最悪のシナリオであり、この状況を生態学的メルトダウンと呼ぶ者もいる。しかもそれは、比較的頻繁に起こるらしい。アメリカ大陸に到達することがあれば、CSSVはおそらく自身を運んでくれるコナカイガラムシを見つけることだろう。疫病菌はアメリカ大陸のカカオプランテーションにも生息するが、西アフリカに生息する極端に悪性の変種(*Phytophthora megakarya*)とは異なる。では、CSSVと疫病菌に対処する最善の方法とは何だろうか?

＊＊＊

早くからハリー・エバンスらは、木を救うためにアリ同士の戦争を利用する可能性を示唆していた。カカオの木の樹冠を支配するアリの種のほとんどは、カカオの天敵であるように思われるかもしれないが、ツムギアリと、*Tetramorium aculeatum* という名の種は天敵ではなく、カカオの木に非常に有益な働きをする。有害なコナカイガラムシの種を保護したりはせず、CSSVや疫病菌を拡散することがない。さらにはカカオの木を蝕む害虫を食べ、他のアリと積極的に戦う。これらのアリを用いた他のアリのコントロールは、これまで長く実践されてきた。ベトナムや中国の農民は古来、(木の葉と、幼虫がつむぎ出す糸で作られた)ツムギアリの巣を果樹園の木へと運んだ。現在でもこれら二か国には、この方法でツムギアリを利用して大きな成果を収めている地域がある。このアプローチは、これまで長く科学者の関心を引いてきたが、西アフリカのカカオ農民のあいだでは、受け入れられたことが一度もなかった。その実践は、(不可能ではないとしても)困難で、しかも結果が不確実すぎるのであろう。

他のアプローチとして、有害なアリは攻撃し、有益なアリは攻撃しない病原体を発見することがあげられる。エバンスはこのアプローチをしばらく追求していた。彼は、アリの身体と免疫系を乗っ取るゾンビ菌類の研究から始め、それらのアプローチのなかには、コナカイガラムシを養うアリのコントロールに利用できるものがあるのではないかと考えた。[*11] 敵の敵は味方、あるいはこのケースでは味方の敵の敵は味方というわけだ。研究が進むにつれ、カカオ園からそれほど遠くない高木の森林では、コナカイガラムシを養うアリと、コナカイガラムシ自体の両方を攻撃するさまざまな菌類が多数存在し、それら両者とも抑制されていることが判明する。これは、良好な日照条件のもとで下木(かぼく)が濃密に生い茂ると、他の木以上に病原体の影響を受けやすくなるという一般原則の一例であるとも言える。木陰を作り出す木の活用に加え、その種の病原体を優位に置く方法を見出すための追試をカカオプランテーションで行なえば、有益な知見が得られたかもしれない。しかしいかなる試みも、農民が実践するにはむずかしすぎることが判明する。とはいえ、これらの菌類に対するエバンスの関心は、西アフリカのカカオの健康を改善する試みにおいて、間接的にではあれ重要な役割を果たすことになる。

二〇〇六年、エバンスはアリを研究する若い生態学者デイヴィッド・ヒューズからコンタクトを受ける。ヒューズはけんか早いアイルランド人の生態学者で、実用性の有無に関係なく、自然の深い真理を探究することに情熱を注いでいた。彼は、アリを攻撃する菌類についてエバンスと話がしたかった。彼が当時行なっていた研究は、そのような菌類とその進化に焦点を置いていた。[*12] ヒューズは、その種の菌類についてエバンスが知っていることのすべてを知りたかったのだ。彼はエバンスに電話をし、手紙を書いた。エバンスの言葉によれば、ヒューズは彼にまとわりついてきたのだそうだ。結局二人は会い、アリと菌類について情報を分かち合った。ガーナでの仕事以来、植物病原体のコントロールに数十年を費やしてきたエバンスの研究の真意は作物の救済にあったとはいえ、彼は生物学に対するヒューズの情熱に自分とよく似た精神を見出したに違いない。

すぐにヒューズは、菌類を集めるためにエバンスと一緒にブラジルに飛ぶ。それからさらに、二人でブラジル、オーストラリア、ガーナと旅して回る。エバンスは道中つねに、穀物を阻害する新種の病原体や、農民にとって役に立ちそうな既知の病原体に関する新たな知見を探し求めていた。他方のヒューズは、依然としてゾンビ菌類を探していた。その生態と、アリに対する作用を理解したかったのだ。彼は、人間か昆虫かを問わず、社会が崩壊する様態に関心を抱いていた。しかしエバンスと旅をしているうちに、ヒューズの関心は変わり始める。アリの社会の形成よりも、人間の社会を崩壊に至らしめる脅威に多大な関心を抱くようになったのである。ヒューズとエバンスは、西アフリカのアリ、菌類、ウイルス、卵菌に対して何ができるのかを考慮し始める。カカオの病原体の対策として二人で考え出した案は、個別の病原体のみならず、カカオの木が一構成要素をなす相互作用の網の目に関する包括的な理解に基づいていた。ある面では、この複雑さが、カカオの木に対する脅威のコントロールを困難にしていたのだが、別の面ではかえって単純なソリューションを可能にしていた。そうこうしているうちに、もっとありふれた手段を用いた対策が浮上する。

ヒューズと研究を行なっていた学生ミーガン・ウィルカーソンは、非常に安価な方法でカカオ病原体のコントロールを試みようとしていた。彼女は、アリがコナカイガラムシのために作った小さなテントを、石鹸水を使ってこじ開けたのである。石鹸水はテントを破壊し、何匹かのコナカイガラムシを殺した。さらに、生き残ったコナカイガラムシは殺虫剤を浴びやすくなり、自らを保護してくれるアリではなく、保護しないツムギアリを選好するようになった。驚いたことに、石鹸水と噴霧ボトルが有効らしかった。これは、深い生物学的、歴史的知識に照らしてのみ、その有効性の理解が可能であるような、ごく単純なテクノロジーである。そしてそれには、すべてのカカオの木を救う可能性が秘められている。だが、小さな農園の数本のカカオの木を救えただけでも、農民には大きな意義がある。農民にとって、学校の制服や本を買えるか買えないかの違いは小さくはない。

現在、それに類似するアプローチがコーヒーを対象に試されている。カカオと同じく、コーヒーはさまざまな脅威に直面している。その一つは、コーヒーの種子に穴をあける甲虫、コーヒーノミキクイムシである。この甲虫は、菌類を使ってコーヒーの実に含まれるカフェインを解毒し、中味をこころゆくまで食べる。また他の多くの昆虫や、さび菌、すなわちアラビカコーヒー（*Coffea arabica*）が栽培されていた一九世紀のセイロンで、コーヒー園を破壊したものと同じさび菌も脅威を与えている。さび菌を阻止する目途は立っていない。初期の対策は、さび菌に対する病害抵抗性を持つ品種に転換することであった。これは、リベリア産コーヒー（*Coffea liberica*）を植えることを意味した。この品種はさび病に対する病害抵抗性がいく分かあったが、一時的なものでしかなかった。次に農民はロブスタコーヒー（*Coffea canephora*）に切り替えた。このコーヒーは、さび病に対する完全な病害抵抗性を持っていたが、風味が落ち、アラビカに比べ苦かった。安いコーヒーは、高いコーヒーよりまずい。というのも、ロブスタコーヒーだからだ。とはいえ、ロブスタコーヒーのおかげで、欧米人はイギリス人のように紅茶に乗り換えずに済んでいる。少なくとも一時的には。さび病は進化し続けており、今やロブスタを含めほぼすべてのコーヒーの品種を攻撃している。

コーヒーが依然として順調に育っている場所の一つは、ラテンアメリカである。かつては、地理的な位置のおかげでさび病を免れていたという理由があったのだが、現在ではさび病はラテンアメリカにも入っている（どうやって入ってきたのかは不明だが、アフリカから到来した可能性が高い）。それにもかかわらず、依然としてコーヒーが順調に育っているのはなぜか？　一つの答えは、公的な資金援助を受けた研究が行なわれていることだ。ラテンアメリカには、コーヒーの研究施設に資金を投下している国がいくつかある。ラテンアメリカの研究所であろうが他地域の研究所であろうが、その種の施設は、殺菌剤の使用とコーヒーの品種改良（既存の品種を用いる場合もあるし、絶滅の危機に瀕している近縁野生種を用いる場合もある）

を複合する方針をとってきた。それに加え彼らは、プランテーションの生態系全体を、すなわち有益な生物も有害な生物も含めた生態系の多様性をまるごと管理している。最近では、この管理には、将来秘密兵器になると目されている生物学的コントロールが含められるようになった。

ラテンアメリカの、特に木陰でコーヒーが育てられている場所では、アリはコーヒーの木のうえでコナカイガラムシの面倒を見ている。しかしここからのストーリーは、カカオの場合と異なる。コーヒーの木では、コナカイガラムシは菌類病原体に感染する。この奇妙な病原体は、コーヒーさび病菌にも寄生する。コナカイガラムシがたくさんいる場所には、この菌類病原体も豊富に存在し、その結果、それに感染してコーヒーさび病菌は減少する。要するに、少なくとも現時点での理解では、木陰で栽培されるコーヒーは、コーヒーさび病菌を殺す菌類を選好するコナカイガラムシを選好するアリを選好するということだ。ずいぶんとややこしい話だが。[*13]

＊＊＊

作物と他の生物が行なっている自然な相互作用を作物（と私たち）に有利な方向に変えるために作物の自然史や生態を研究する学問は、ときにアグロエコロジーと呼ばれる。アグロエコロジーは現在発展しつつある学問分野で、そのような分野が存在する事実は、これまで私たちが作物の自然史や生態を無視してきたことを示唆する。作物が相互作用する生物に着目していれば、それらの生物が持つ能力の活用は、作物を研究する科学の一部になっていたはずだ。ところがそれは、「アグロエコロジー」という独自の名前を持つほど、革新的な概念として扱われているのが実情なのである。アグロエコロジーは、とりわけ多くの農民が困窮を強いられている開発途上国では、作物栽培における今後の希望の灯の一つと見なせる。コーヒーにとっても、カカオにとっても、アグロエコロジーは、殺虫剤や殺菌剤の大量投与などの資源集約的な方法に比べて妥当性が高い。

むろん、カカオの木には殺虫剤を撒くことができる。この方法は、農業における資源集約化の一環として、すなわち作物の種類、環境、地域などの諸条件を問わずに適用できるものと期待される一般的なソリューションの一つとして実践されるようになった。しかし他の生物と複雑な関係を結んでいるカカオに対しては、その手のアプローチが不十分であることは明らかだ。キャッサバ農家と同様に、カカオ農家には定期的に殺虫剤や殺菌剤を買えるだけの余裕はない。さらに重要なことに、殺虫剤によってコナカイガラムシを駆除することはむずかしい。というのも、コナカイガラムシは木に密接して生息し、殺虫剤をはね返すろう状物質で覆われているからだ。また、コナカイガラムシを養うアリは、殺虫剤が届かない樹上の高い場所や裂け目に巣を作るために殺虫剤から免れられるのに対し、有益なツムギアリは、低く開かれた場所に巣を作るために殺虫剤によって殺される。ガーナでは、一九五〇年代から殺虫剤の大規模な散布が実施された。それによって一部の害虫が一端駆除されたのは確かだが、それらはすぐに、使われた殺虫剤に対する耐性を備えておまけつきで戻ってきた（つまり以前は存在しなかった新たな害虫が進化したのだ）。そのうえ、殺虫剤は有益なツムギアリを殺した。殺されたツムギアリは、寿命の長さとコロニーの成長の緩慢さのゆえ回復を見ることがなかった。この殺虫剤散布プログラムのせいで、一九六〇年代になって、ガーナのカカオプランテーションが、殺虫剤の大量散布を実施していない国に比べ大きな苦境に見舞われるようになったとする説もある。ここまで見てきたように、殺虫剤は、コナカイガラムシ、CSSV、フロスティ・ポッド・ロットを優位な立場に置く。[14] また、有益なアリ、さらには有害なアリを攻撃する寄生虫や病原体を殺す。

殺虫剤は、カカオの花粉媒介者も殺す。農園のカカオの生産量は、花粉媒介者の数に左右される。カカオ生産の最大の問題は、害虫や病原体による被害に加え、その成功がカカオの花が受粉するか否かにかかっている点にある。ほとんどのカカオの花は受粉しない。したがって、カカオプランテーションにおける果実の生産量は、すべての花が受粉した場合に比べ、はるかに少ない。プランテーションのカカオは、ハエなどの小昆虫を介して受粉する。しかしほとんどのプランテーションでは、これらの小昆虫は栽培されているカカオを十分に受粉させられるだけの数に達していない。その数は、地面にたくさん葉が落ちていれば増える。というのも、ハエ類は腐食した葉の堆積のなかで交尾し、そこで産卵するからだ。ハエ類の数がつねに不十分なのは確かだが、殺虫剤の使用によって減少した可能性も大いに考えられる。野生のカカオの受粉を研究した人はいないが、カカオは原産地ではハチによって受粉するにもかかわらず、カカオが移された際にハチがともなわなかったと論じる研究者もいる。[15]

生物の研究全般に言えることだが、私たちは自分たちが想定している以上に無知である。キャッサバのストーリーやカカオのストーリーは、私たちが、作物一般や、とりわけ熱帯地方で栽培されている作物について、ほとんど何も知らないことを示している。健康なカカオを育てる最善の方法は、おそらく現在でも、アステカ族がしていたように、熱帯雨林の樹冠の下の小さな区画に木を植え、害虫や病原体からカカオを守ってくれる生物に有利な条件を作り出すために、石鹸水を噴霧するにしろ何にしろ、最善を尽くすことであろう。[16] それと同時に私たちは、新たな問題が生じたときにそれに対処できる最良の品種が利用できるよう、カカオのあらゆる品種を救わなければならない。もちろん、害虫や病原体が到来しないに越したことはない。さらには、国境を越えて入ってくる動植物のコントロールを今以上に強化する必要がある。旅行中は面倒な国境での検問も、農業という観点からすると、時間を稼ぐことで人々の命を救い、ばく大な金銭的損失を防いでくれる。しなければならないことは他にもある。作物が依拠している捕食者、病原体、共生生物などのあらゆる生物を研究する必要がある。また、世界各地の気候を精密にマッピングすることができるはずだ。土壌のマッピングも。気候や土壌に関する未来予測すら可能であろう。だが私たちは、特定の場所に生息すると考えられる生物の包括的な一覧を作成し、それらの生物間の相互作用が作物にいかなる影響を及ぼすのかを解明するのに十分な知見を持っていない。私たちは、生命の階層を詳細にマッピングできるだけの知識を獲得しなければならない。現在のペースでは、そのようなマップの作成には、何世紀もの時間がかかるだろう。

それには何が必要か？　それには、カカオ農園やコーヒー農園、マンゴーの果樹園、あるいはその他の作物畑に生息する数万種にのぼる生物を研究しなければならない。また、数百種の作物を研究しなければならない。それらの作物のおのおのには、数千種、場合によっては数十万種の生物が関与している。私は『アリの背中に乗った甲虫を探して——未知の生物に憑かれた科学者たち』で、一九八〇年代に行なわれた、コスタリカのある公園に生息する全生物の調査を試みるプロジェクトを取り上げた。資金繰りに失敗すると、目標は、グレート・スモーキー山脈国立公園に生息する全生物の調査に変更された。それもむずかしいことが判明すると、科学者たち（私の研究室に所属する科学者を含む）は、裏庭を調査することにした。私たちは、たった一つの裏庭を対象にしてさえ、そこに生息する全生物を観察し、理解することができていない。一つの作物の生態系ということになれば、なおさらだ。

私たちが栽培している作物に関係する全生物を理解するためには、作物畑や果樹園に生息する多様な生物のすべてを分類する一覧の作成という、生物学でこれまで試みてきたもののうちでも、もっとも野心的なプロジェクトの一つに乗り出さなければならないだろう。それには、数万人の科学者の参加が必要になる。しかしそのプロジェクトは、宇宙開発や、人間の脳が持つ精緻な神経ネットワークの解明などといったプロジェクトより、はるかに大きな影響をもたらすはずだ。

第8章　種子の採掘

権威に対する叛逆であることをやめた科学は、私たちの輝かしき子どもたちの才能に値しない。

――フリーマン・ダイソン『叛逆としての科学――本を語り、文化を読む22章』

ジャガイモはヨーロッパの、コムギとトウモロコシは北米の、そしてサツマイモはアジアの繁栄に貢献した。これらの作物はほぼすべて、天敵がいなければ豊穣な収穫が確保できる、一つもしくは二、三の品種が栽培されているにすぎない。ところが一九世紀後半から、それらを蝕む害虫や病原体が大挙して到来し始める。もちろんジャガイモ疫病もその一つだが、コロラドハムシ、小麦さび病、トウモロコシ黒穂病など、誰にも追跡できないほど多くの病気がやって来た。他の地域から導入した作物を栽培し続けるために、先進国は新しい品種の種子を必要としていた。しかも作物が被害を受ける前に手にしていることが求められた。では、コンキスタドールがかつて見逃した作物の種子を、誰かが原産地で見つけることができたのだろうか?

二〇世紀前半のロシアでは、温暖な地域と同様、作物が頻繁に不作になった。そして、不作は繰り返し飢饉を引き起こした。ニコライ・ヴァヴィロフは何度かロシアの飢饉を経験した。彼の家庭は比較的裕福ではあったが、凶作や不作の影響を免れるほど裕福ではなかった。だから彼らは、その季節でもっとも容易に手に入るもの、前年からすでに蓄えられているもの、発酵したものをつつましく食べていた。

織物商をしていた彼の父は、ニコライと弟に自分と同じ職業に就くよう促した。ロシアでは長らく、織物商は成功を手にし得るわずかな職業のうちの一つであった。しかし時代は変わりつつあり、成功を手にできる新たな道が開かれるようになった。ヴァヴィロフの世代は、社会の変革を促す科学の力を信じていた。彼の弟は物理学者に、また、二人の姉妹のうち、一人は微生物学者に、もう一人は医師になっている。ニコライ自身はモスクワ農業大学で学び、そこで植物、農業、食物の研究に焦点を置く経歴を開始している。だが、当時の彼は、まだ海の物とも山の物ともつかない存在にすぎなかった。

一九一一年にモスクワ農業大学を卒業したヴァヴィロフは、病害抵抗性を備えたオートムギ、オオムギ、コムギの品種を育種することに研究の焦点を絞る。[*1] 彼は学生の頃、一八五九年に刊行され、最適な形態を持つ生物が選択されるとする自然選択の概念を提唱した『種の起源』を始めとして、チャールズ・ダーウィンの業績を学んでいた。[*2] 若いヴァヴィロフには、ダーウィンの洞察は革新的かつ有用であるように思われ、自分自身をダーウィンの学徒と見なすようになった。彼のオフィスには、常時ダーウィンの肖像が掲げられていた。また、オーストリアの修道僧グレゴール・メンデルの業績も学んだ。一八八四年に死去したメンデルは、豆のさやの特徴や病害抵抗性などといった生物学的特徴の遺伝を説明する基本的な理論を提唱した。ヴァヴィロフは、メンデル自身や彼の理論を踏襲する他の研究者が行なってきた実験に関して、「最近の遺伝学の実験は、過去の研究者の想像よりはるかに多くの機会をもたらすようになった」と書いている。[*3] 当時、数万年の長きにわたる植物育種について記述する歴史は、農民が望む、もしくは望むものにもっとも近い植物の個体を各世代において選択する戦略に着目していた。ダーウィンとメンデルの洞察は、それとは別のモデルを提起していた。このモデルに従えば、科学者は、たとえば成長の速い子孫や、病害抵抗性を持つ子孫を生むために、作物の特定の品種を系統的に育種することができた。

ヴァヴィロフは、作物品種間の関係、各品種の分布、さらには特定の害虫に強い品種、寒さや乾燥に耐えられる品種など、際立った特徴を持つ品種をどこで見つけられるかを理解することに関心を抱いていた。これらの情報は、新たな植物育種には必須のものであると考えたのだ。彼は、ペトログラード(現在のサンクトペテルブルク)の応用植物学研究所に所属するロバート・E・リーゲル教授に自分の関心を綴った手紙を書く。その後一九一一年の秋から一九一二年の春にかけて、応用植物学研究所でリーゲルの教えを受けたあとモスクワに戻り、一連のセミナーを催す。あるセミナーでヴァヴィロフは、遺伝学の理論を農業に応用することの価値について論じている。*[4]

一九一二年、ヴァヴィロフは植物の育種と病害抵抗性に関する実践的な仕事に着手し、植物病原体、ならびに植物の分類や分布について集中的な研究を行なった。一九一三年になると、西ヨーロッパの研究所を訪問してそこに勤める科学者に会い、国外で行なわれている植物育種や遺伝学の最新の研究を学ぶ機会を与えられる。

ヴァヴィロフはリーゲルの紹介状を手にしてペトログラードを旅立つ。この紹介状は、西ヨーロッパの著名な科学者が在籍する研究所を訪問するための一種の通行手形になった。彼は、イギリスのマートンにあったジョン・インズ園芸研究所の所長を当時務めていたウィリアム・ベイトソンや、ケンブリッジではレジナルド・パネットとローランド・ビッフェンに会っている。遺伝学(genetics)という言葉を造語し、メンデルの業績の再発見に貢献したのはベイトソンであり、彼はあらゆる生命を理解し研究するための新たな方法を擁護していた。ベイトソンに会ったヴァヴィロフは、新たな遺伝学の適用を目のあたりにしたのである。

道中ヴァヴィロフは、未来の展望について考え始め、今後科学者は遺伝学を適用して、よりコントロールされた方法で育種を行なうようになるとするベイトソンの主張に賛同した。この考えは、イギリスを訪問する以前からヴァヴィロフの頭を占めていたもので、ベイトソンの主張によって自分の見方が確証されたと感じたのだ。しかし彼は、それが真なら、数千年にわたる人類の農業の歴史を通じて、地球上のあらゆる場所で、地域と文化に合ったものとして選択されてきた作物が持つ、さまざまな遺伝子や形質に関する包括的な情報に科学者がアクセスできなければならないことをも理解していた。彼の見るところ、既存の作物品種に関する完全な情報に遺伝学者がアクセスできることが、育種ツールとして遺伝学が成功するためのカギだった。最新の知識を修得し、新たな種子を各地で収集したヴァヴィロフは、第一次世界大戦が勃発した直後の一九一四年一〇月、ロシアに戻らざるを得なくなる。彼自身は無事に帰国できたが、西ヨーロッパで収集した種子のコレクションは、それを乗せた船が機雷に接触して失われてしまった。これは彼にとって、種子の収集や救済がいかに困難であるかを示す最初の苦い体験になった(しかしそれが最後ではなかった)。

ヴァヴィロフはモスクワ農業大学に戻り、ロシアのコムギの品種、およびそれらの病害抵抗性の研究を続けた。また自分より若い研究者を育成しつつ、プロジェクトの範囲を拡大していった。それには、うどん粉病に対する病害抵抗性を持つ特異なペルシア(イラン)産コムギの研究が含まれる。[*5] このコムギは、他の品種と交配して、うどん粉病に強くかつ生産性の高い品種を作り出すことができた。しかし、もっと多くのサンプルを集めるべきだと考えた彼は一九一五年、ペルシアに隣接し、よってペルシア産コムギが栽培されていると思しきザカスピ州とトルクメニスタンに短期間出かける。そこで彼は、作物の新品種を多数見つけることができたが、ペルシア産コムギは見つからなかった。

それから二年間堅実な研究を続けたのち、ヴァヴィロフは好機を手にする。一九一六年五月、植物に関する問題を抱えていた国防省が、モスクワ農業アカデミーに支援を仰いだときに、アカデミーはヴァヴィロフを紹介したのである。翌朝彼は、羊毛製の灰色のスーツを身にまとい、フェルト製の白い中折れ帽をかぶり、大きなバックパックを背負って、希望に胸をふくらませ自信満々な様子で玄関に立っていた。[*6] また野冊(やさつ)〔植物採集に使う道具〕を手にし、訪問した地域に生息している植物や、生息していると思しき植物に関する実践的な知識を仕入れていた。こうして彼は、農学者として満を持して出頭せんとしていたのだ。

出頭したヴァヴィロフは、ペルシアに駐屯していた兵士の多くが、地元のコムギを原料とするパンを食べて病気になったという話を聞く。どうやらパンを食べた兵士は、酩酊や幻覚の症状を呈し始めたらしい。軍は彼に原因を究明するよう求めた。彼には思いあたるふしがあった。[*7] 彼は手紙で解決策を伝えることもできたが、そうするよりもペルシアに出かけてもっと植物を採集したかった。

とりわけ彼は、コムギとオオムギの新品種を発見したかった。ケンブリッジのビッフェンと同様、新しいコムギの交配に進展を見たが、利用可能な品種の少なさのために限界があった。コムギはロシアや多くのヨーロッパの国を支えていたが、作物が病原体による被害を受けた年や、ユーラシア・ステップの大部分の地域など、生育期間の短さや寒冷な気候によってコムギの成長が阻害される地域では、しばしばひどい不作に陥った。

発病した兵士が駐屯する、アシガバート近郊のキャンプに到着したヴァヴィロフは、すぐに病気の原因をつきとめる。彼の推測はあたっていた〔＊7を参照〕。兵士たちは、コムギと一緒に誤ってパンに焼かれたドクムギ（*Lolium temulentum*）と呼ばれる雑草を食べていたのだ。ドクムギの種子は、誤って収穫されるほどコムギの種子に似ている。[＊8] ドクムギそのものは有毒ではないが、その茎や種子に麦角菌がパートナーとして生息する。麦角菌はリゼルギン酸ジエチルアミドを生成する。つまりＬＳＤだ。ドクムギと麦角菌で汚染されたパンを焼いた直後に食べたために、兵士はハイになったのである。地元の穀物を原料に作られたパンを食べてはならないという通達が出されると、問題は収束した。こうしてヴァヴィロフは、軍の抱える大きな謎をたった一日で解決した自分の能力に喜々としながら東に向かった。

ヴァヴィロフは三頭のウマをつれてペルシアを探検し、その途中でたくさんの種子を実らせた宿根亜麻を見つけ大量に収集する。さらにコメやコムギ（予想していたような病害抵抗性を持つコムギではなかったが）の新品種を発見する。こうして彼は、採集し、研究し、質問しながら慌しい旅を続けた。そして新品種を収集するうちに、地域の農民が栽培しているコムギの多様性に気づき始める。

ある日彼は、ティグリス川に向けて行進するロシアのコサックに遭遇した。野外調査を実施している生物学者は、当局には怪しげに見えることが多い。彼らの目には、生物学者の行動は常軌を逸したものに、また装備はどことなく軍備に似ているように見える。しかも弁解の言葉が振るっている（「私は、人類を救うために植物を採集しています」）。ヴァヴィロフもその例外ではなかった。彼はただちに警備所に連れて行かれ尋問された。彼が答えるたびに、コサックは彼がスパイであることを確信していく。ヴァヴィロフの母国語はもちろんロシア語だが、イギリスに滞在して以来、英語でノートをとっていた。コサックにとっては、この行為は奇妙で怪しい。さらに怪しいことに、ヴァヴィロフはドイツ語で書かれた本を所持していた。

ヴァヴィロフは警備所から別の部署に送られる。この部署は、ドイツの「害虫」を根絶する任務を帯びていた。ドイツのスパイを一人見つけるごとに、一〇〇〇ルーブルの賞金が出たことと、ヴァヴィロフの奇妙な振舞いを考慮すれば、彼を連行したコサックは大山を当てたと思ったに違いない。幸いなことに、ヴァヴィロフは官憲の説得に成功し、三日後に釈放されている。[*9]

釈放されたヴァヴィロフは、ウマに乗ってさらに一〇〇〇キロメートルほど東に向かう。当初モスクワには八月に戻る予定だったが、計画を変更して、(当時はロシア帝国の一部であった)トルクメニスタンとアフガニスタンの国境沿いを、タジキスタンとアフガニスタンと中国の交差点であるパミール高地に向けて進んだ。ヴァヴィロフが、暴動の最中に群衆に追われたあとで生涯最大の発見をするのは、この高地においてである。彼は群衆からはかろうじて逃れられたものの逮捕される。しかし非常に幸運なことに、今回も無事に釈放された。

ヴァヴィロフが直面した政治的、社会的な困難は別としても、パミール高原への旅は肉体的な辛苦をともなった。山岳地帯の旅はいつの時代にも(とりわけ既に数千キロメートルの旅を続け、乾燥した植物や種子のコレクションを大量に運んでいれば)困難なものではあるが、ロシア軍とトルコ軍を分かつ前線(第一次世界大戦時の前線の一つ)の近くを進んでいた彼は、正規のルートをとれなかったために困難の度合いが増していた。真冬に氷河を越えつつパミール高原を目指していたのである。その頃にはウマは六頭になり、二人のポーターと一人のガイドを雇っていた。ガイドのカン・キルディ・ミルツァ＝バシは、ヴァヴィロフに地元で栽培されている作物の品種について教え、通訳をし、物資の調達を調整し、一度ならず彼の命を救った。彼らは、谷に向かって三〇メートル、場合によっては三〇〇メートル落ち込む崖淵の、広いところで幅が二メートルほどしかない隘路(あいろ)を進んで行った。道中ヴァヴィロフは、コムギ、ライムギ、豆類のまったく未知の品種を発見する。それらの多くは、うどん粉病に対する病害抵抗性を備えていた。また、彼が知るどんなコムギよりも早く実が熟する品種を発見する。生育期間が短く、なるべく多くの日数分、効率的に日照を活用できる能力がコムギに求められる、寒冷で乾燥したロシア北部で栽培するには、この品種は最適であった。当時パミール高原で高く評価されていた品種（今日でも高く評価されている）を手にした彼は、無事にモスクワに帰ることができれば、ロシア北部の農業を拡大し、多くの人命を救えるはずであった。*10

ペルシアからパミール高原へと至る大旅行（さらには、のちに行なったアフリカ、アメリカ大陸、アジアへの旅）を通じ、ヴァヴィロフはいくつかの興味深い品種を発見したが、自然や人間社会に関する包括的なルールやパターンも見出した。たとえば、個々の村で栽培されている豆類やコムギやトウモロコシの品種は比較的少なくても、村から村、地域から地域へと渡り歩いていると、数千の品種が見つかることがわかった。そのことは、気候（標高）のみならず、緯度や経度によっても（たとえば同じ谷の地形でも）植物の種類が変化する山岳地域に特に当てはまった。作物の多様性には予測可能な側面があるように思われた。彼は、作物の多様性の進化をめぐる謎を解明しているかのように感じていた。他にどれくらいの品種が、どこかの村でひっそりと植えられているのだろうか？　それは誰にもわからなかった。科学者に知られている品種でさえ、系統的に一箇所に集められたことはなかったのだ。

＊＊＊

十月革命が起こった一九一七年の春、ヴァヴィロフは大旅行から帰ってきた。三〇歳になったばかりで、まだ博士論文の口頭試問を受けていなかった（一九一八年に受けている）。だが、すでに一連の重要な発見を行なっており、その業績をもとにサラトフ大学農学部の教授に任命された。そしてそこで、応用植物学研究所サラトフ支所になる実験ステーションを開設する。サラトフ支所は当時、植物育種が活発に行なわれていた、ロシアでほぼ唯一の施設であった。戦争や革命が続いたにもかかわらず、ヴァヴィロフと学生は、その業績のゆえに世界最大の国の食糧の未来を担うことになったのである。そうなったのは、ロシアではその種の研究が他ではほとんど行なわれておらず、また、ヴァヴィロフの試みがきわめて野心的なものだったからだ。一九一八年、ヴァヴィロフの師ロバート・E・リーゲルは、「これまで多くの科学者が害虫や病原体に対する植物の病害抵抗性（彼は免疫性と記している）を研究してきたが、ヴァヴィロフほど広い視野で包括的にこの問題を研究した者はいない」とためらわずに書いている。[*11]

サラトフでヴァヴィロフが主導していた種子の収集と新品種の育種の仕事には、きわめて対照的な二つの側面があった。一方には、冒険的な側面があった。彼は各地を旅し、道中で農民に会うたびに、それがどこであろうと、相手が何語を話そうが、彼らから熱心に何かを学び取ろうとした。他方では、きわめて地味な側面があった。種子を保管し、育て、成長の詳細を記録し、コレクションを慎重に管理する仕事には、時間、忍耐、そして地道な努力が求められる。

研究の範囲が拡大すればするほど、ますます修道僧のような仕事が増えていく。それと同時に、探検の必要性も高まる。実際に研究の範囲は恐ろしく拡大する。一九二〇年、リーゲルがチフスで他界し、ヴァヴィロフは応用植物研究所の所長に就任する。[*12] そして二〇人の研究者をつれてペトログラードに移る。その年には、六〇人の研究者を抱えるようになった。一九二一年になると、すべてが軌道に乗り、ニューヨーク市のリバティ通り一三六番地に、アメリカ大陸で種子を見つけ買いつけるために応用植物研究所の支所を開設する。この支所だけでも、彼が仕事に着手する以前に保管されていた以上の品種を、ロシアの種子コレクションに加えることになる。彼はそれらの品種を育種に用いて、作物の多様性の進化を理解しようとした。彼を「植物学のメンデレーエフ」と呼ぶ者も現われる。[*13] しかしこのたとえには、やや妥当性を欠くところがある。メンデレーエフは元素を分類した。それに対しヴァヴィロフは、多様な植物を分類しようとしただけでなく、その結果に基づいて歴史的な観点から将来の農業を改善する方法を見出そうとしていた。

ヴァヴィロフは、ペルシアから持ち帰った種子と、北米で入手した種子だけでも、偉大な業績を残せたはずだ。しかしそれだけでは満足せず、種子を収集し続けた。だが、どこでか？　一九二〇年の時点では、ヴァヴィロフの研究の焦点は、コムギ、オオムギ、ライムギに置かれ、それを通じてこれらの穀物の多様性を記録し、分類上のあいまいさを払拭し、進化の歴史を理解しようとしていた。彼は、これらの穀物のストーリーを明らかにしようとしただけでなく、作物の栽培化の一般的な特徴や規則を識別しようとしたのである。そして、すでに栽培化されているさまざまな植物の詳細な研究によって得られた知見と組み合わせながらそれらの規則を適用し、[*14] それぞれの作物に関してどの地域を研究対象にすれば生産的な結果が得られるかを予測するようになった。このようにして彼は、数千年にわたり農耕民たちが、木製のすきや土製の道具や手を使って、自分たちが住む地域の気候や文化に完全に適合した圧倒的に多くの作物や品種を作り出したり、移したりした中心地を特定し、起源の中心地と呼ぶ。この言葉には、最大の多様性が認められる地域という意味だけでなく、そのような多様性が生じた地域という意味も含まれる。たとえば、コムギとオオムギの多様性は、小アジアでもっとも大きく、ゆえに多様性が生じたのは小アジアである可能性が高い。また、ジャガイモの品種の多様性はアンデス地方とチリでもっとも大きく、ゆえにこれらの地域がジャガイモの起源の中心地である。もう一つ例をあげると、チリトウガラシ、カカオ、トマトの多様性はメソアメリカでもっとも大きく、ゆえにこの地域が起源の中心地である。作物の育種には時間がかかる。新たな品種の育種に必要な時間をもっとも多く手にしているのは、その作物が最初に栽培された場所の近辺に住む農民である。ヴァヴィロフは、一九二六年の論文「栽培化された植物の起源の中心地」で、最初にこの理論を提唱した。[*15] とはいえ、それよりはるか以前から、芽生えようとしていたこの理論に基づいて作物の探索を行なっていた。

＊＊＊

ヴァヴィロフは、「起源の中心地」理論に基づいて、どの地域で新種の作物をもっとも多く発見できるかを予測することができた。またそれによって、運搬が簡単な作物の種子や、空腹を抱えた探険家の目にもっともうまそうに見える作物の種子ではなく、もっとも有用な作物の種子を収集するという基準を適用しつつ、コンキスタドールが着手した事業を完成させることができた。ヴァヴィロフは何度も、当時すでにソビエト連邦になっていた自国から、それらの地域に旅立っていった。どの旅行でも、何度も危険を冒し、旅行するたびにラクダやゾウやウマの背に、そして船に、集めた種子を満載して帰ってきた。こうして彼は、南極大陸以外のすべての大陸に出かけ、六四か国で調査旅行を敢行した。[*16] 旅行するごとに新たな種子を発見し、一九三〇年に植物栽培連合研究所（現在のN・I・ヴァヴィロフ植物遺伝資源研究所（VIR））と呼ばれるようになった彼の研究所は拡張し、より野心的なプロジェクトを遂行するようになる。[*17]

私たちは、現代人を多様性の破壊者と見なしている。人間は、害虫と病原体の暗黒世界に戦いを挑んでいるのだ。人類はマストドンやマンモスを殺し、それらがいなくなると今度はオオカミやクマを殺してきた。だが世界各地の村落に住む農民たちは、野生植物のなかから最適な形態の植物を慎重に選んで植え直すことで多様性の増大に貢献してきた。こうして、自然の恵みによるもの以外の多様性を生んできたのである。彼らは、数千種、いやおそらくは数十万種の有用な新品種を作り出してきた。世界各地で栽培されている作物のほとんどは、個々の文化、村落、場合によっては特定の家族に依存している。つまり、あなたが食べている作物、およびその品種のそれぞれには、時間の匿名性のなかに埋もれた、各地域、村落、農民の歴史が込められているのだ。ヴァヴィロフは、世界中が産業化され、各地域が互いに緊密に結びつくようになるにつれ、そして地域独自の知識や農法がグローバルなアプローチにとって代わられるにつれ、作物の多様性が失われるであろうことを予期していた。そのこともあって、到達困難な遠隔の地に何度も出かけたのである。簡単に行けるような地域では、彼の関心を強く引く品種は、ほとんど失われていた。

図８　主要作物の多様性の中心地。（Figure by Neil McCoy, Rob Dunn Lab.）

二〇世紀前半、ロシアや世界の人口が増加するにつれ、限られた農地でより多くの作物を生産する必要が生じる。政治家も飢えた人々もそのことに気づいていた。ヴァヴィロフ自身、何度か飢饉を生き延びてきた。ロシア中部に限っても、彼がサラトフにいた一九二〇年と、ペトログラードに移った一九二四年に干ばつが発生している。干ばつは一九三六年にも起こっている。全世界が同様な事態を経験するであろうことが容易に推測可能な状況に陥りつつあったのだ。

ヴァヴィロフの業績は、芸術家や学者や彼のような科学者に機会を与える社会について語るレーニンに称えられた。また、一般社会や他の科学者からも賞賛された。すぐにヴァヴィロフは、ロシア全域から科学者やスタッフを雇うようになる。レニングラード（かつてのペトログラード）でコア種子コレクションを管理するスタッフもいたが、多くはソビエト全土に散らばる三六の育種センターで働いていた。これらの施設で、ヴァヴィロフや彼が率いるチームは、さまざまな作物品種の育種を行なった。それから新品種のなかでもっとも有望なものを選び、一一五箇所で、ロシアのさまざまな気候に対する耐性をテストした。これらの箇所は、栽培可能な品種の数をできるだけ増やすために、ソビエトに見出されるあらゆる気候をカバーするべく選ばれていた。

一九二五年、三八歳になったヴァヴィロフは、ソビエト科学アカデミーの客員会員に選ばれ、五年後には最年少で正会員になる。彼は、種子や作物や食糧供給の今後の革新を可能にする科学の殿堂を築き上げるための第一歩を踏み出すことができたと感じていた。このプロジェクトに宗教的とも言える熱意を抱く彼は、植物の能力に対する自己の信念を共有するだけでなく、人類の文明に対して尋常ならざる貢献をなす決意を胸にした男女を集めた。彼はある記者に、「一〇〇年計画」について語っている。[*18] 実践的な計画も持ち、コムギ、オオムギ、オートムギから始めて、メロンやストロベリーの栽培にも関わった。

ヴァヴィロフは、人類が依存している作物を維持していくためには、いくつかの営為を実践する必要があるのを熟知していた。私たちは、世界各地の農民が保持している知識や、栽培している品種を救わなければならない。また、それらの品種と、それらを生産している人々の歴史を理解しなければならない。さらには、個々の問題に照らして作物品種を改良する科学者や農民を必要とする。もちろん品種改良には、長く農民が実践してきた新たな雑種の交配が含まれるが、その作業は遺伝学の知見によって補完される。それに加え、このプロセスをはかどらせるために、新たな技術（遺伝子工学と呼ぶ人もいるだろう）を必要とする。最後に私たちは、伝統的な作物品種やその祖先が進化してきた森林や草原の基本的な生物学を理解しなければならない。ヴァヴィロフは、これらすべてを指摘している。おそらく彼は、種子の収集を目的とする一〇〇年計画を成就したあと、それらの研究方針が、さらに遠大な計画、五〇〇〇年計画の一部として組み込まれることを望んでいたのだろう。

ヴァヴィロフとチームは、一九三五年までに一四万八〇〇〇種から一七万五〇〇〇種の、作物品種と近縁野生種を収集していた。[*19] おのおのの品種には、それを野生種の段階から、もしくは他の栽培化された品種の種子をもとに育種した人々の歴史が刻み込まれている。もちろんこれらの歴史は、新たな作物が作り出され、交換され、選好されることによって、彼が訪れた各地の農場で依然として続いていた。ヴァヴィロフらは、収集した品種コレクションをもとに、系統的な交配を行なって、作物畑で実践されている育種を補完することができた。もちろん彼は、最大限の努力はしたものの、各作物に関してすべての伝統的な知識を集められたわけではない。また、根が依存する微生物、花が依存するハチ、害虫をコントロールする捕食者など、各作物が依存している生物を収集したわけでもない。まして、これら生物間の関係を完全に把握していたわけでもない。しかし、種子の収集は第一歩であった。ところで、第二次世界大戦が勃発したとき、ヴァヴィロフは行方不明になっていた。そして彼の貴重なコレクションは、ドイツ軍の包囲網のなかに取り残されていた。

第9章　包囲戦

いかなる国でも、国家に寄与できる最大の奉仕は、有用な植物、とりわけパンのもとになる穀物をその文化に加えることである。

――トーマス・ジェファーソン「公共奉仕の概略」

人はパンだけで生きるものではない。

――マタイによる福音書四章四節

一九四一年六月二二日、ヒトラーの軍隊は国境を越えた。九月には、レニングラードのすぐ近くまで進撃してきた。かつて皇帝と王宮の都市だったレニングラードは、一九四一年には、ソビエト連邦の文化、音楽、芸術、科学の中心地になっていた。ドイツ軍は最初、この都市を占領しようとしたが、最後の最後で戦略を変えて包囲戦に持ち込むことにした。レニングラードが飢えるには、数週間、あるいは長くても数か月しかかからないと踏んだのだ。レニングラード攻略後に、ソビエト連邦の残りの領土を占領する予定だった。

九月後半になると、もっとも隔絶したルートと、冬季に凍結するラドガ湖を経てウラル山脈方面に通じるルートを除き、レニングラードから外部へ通じるすべてのルートが、ナチスの手で遮断される。燃料も食物も届かなくなり、ほとんど誰も市外に出られなくなる。若者はすでに前線に送られ、市内には子どもと戦闘能力のない高齢者、そして女性が残されていた。彼らは皆、集められるだけの物資を備蓄し始めていた。当時のレニングラードには数百万人が住んでおり、誰もが必死で何かを救おうとしていた。さまざまな悲劇のなかでも、ニコライ・ヴァヴィロフの種子コレクションを死守した人々のストーリーは際立つ。

ヒトラーは、レニングラード、およびソビエト全土に散在する研究センターからヴァヴィロフの種子コレクションを押収することだけを任務とするSS特殊部隊を編成し、ハインツ・ブリュッヒャーに指揮させた。[*1] SS長官ハインリッヒ・ヒムラーは当時、ソビエト西部とポーランドの多くの地域に自国民を移住させようとしていた。ブリュッヒャーは、かくして征服した、ドイツとは著しく異なる土地の生産力を上げるためには、ヴァヴィロフの種子コレクションの押収が必須だと考えていた。[*2] したがって、ヴァヴィロフの研究所を運営していたスタッフは、爆弾のみならずブリュッヒャーの部隊からもコレクションを守らなければならなかった。

もっとも差し迫った危険にさらされていた種子コレクションは、種子ではなくジャガイモであった。ヴァヴィロフは、六〇〇〇を超える品種の、数千キログラムにのぼるジャガイモをアンデス地方で収集していた。これらのジャガイモは、ロシア（さらには世界）にとって途方もない価値があった。だがジャガイモの種子は保存が悪く、種芋となると、アイルランドで植えられていたもののようにさらに悪い。だから当時の最善の選択は、ジャガイモを実際に植えて、新たに収穫し直すことであった。ヴァヴィロフと彼のチームは、かつて皇帝の住居があった、レニングラードの南東およそ三〇キロメートルの地点に設立されたパヴロフスクの実験所で、この作業を毎年繰り返していたのである。しかし包囲戦が始まった頃、ナチスはパヴロフスクを含むレニングラード市郊外を爆撃し始め、ジャガイモ畑も爆弾にさらされた。

種子コレクションを事実上統括していたアブラハム・Y・カメラッツとオルガ・A・ヴォスクレセンスカヤは急遽、畑に植えられていたジャガイモを、なるべくすべての品種が選ばれるよう留意しながら集め、箱に詰めた。春には数百の品種のチェリーやプラムやリンゴが開花し、その香りで充満する果樹園の木立の下を走り、砲弾が降り注ぐなか、冷たい地面からジャガイモを一つ一つ拾い上げては箱に詰めたのだ。それから彼らは、ジャガイモの価値を十分に認識していた赤軍の兵士に、箱の輸送を支援するよう依頼する。兵士は、箱を軍用トラックに積み、すでに種子コレクションが集められていたレニングラードの聖イサアク広場まで運んだ。ジャガイモや他のサンプルの輸送作業は、ナチスがパヴロフスクを占領するまで必死に続けられた。

聖イサアク広場に到着した種子とジャガイモは、ヘルツェン通り四四番地に立つ建物の暗い片隅に運び込まれた。コレクションとともに残った研究員は、もっとも貴重な品種のいくつかを複製し別の場所に保管することに決め、実際に迅速に複製を作ったが、別の問題が生じる。どうやって完全に包囲された市街から、多量の種子を避難させればよいのか？　彼らは、一〇万種を超えるサンプルと五トンの種子から成るコレクションを分割し、小さな箱につめて一つずつ運び出せばよいと考えた。そして凍結後の数百キロメートルにわたるラドガ湖を越えて、ウラル山脈方面へコレクションの一部を避難させる計画が立てられる。残った種子は、たった一つ残されているルートを通って人々が脱出する際に、ポケットやカバンに詰めて運び去ることもできた。ただし、この方法ではジャガイモは救えない。また、大量の種子の複製を二重枠の箱に詰めて貨車で運び去る予定であった。実際にサンプルは一端貨車に積み込まれたが、遅きに失した。貨車に詰まれたままの状態で、脱出のタイミングを見計らいながら半年間待機していたが、その好機はついに訪れず、積んでいた種子は下ろされて、もとの保管場所に戻された。結局、これらいくつかの方法で運び出された種子はあるにはあったが、多くはなかった。市街は完全に包囲され、厳しい冬が早くも到来しようとしていた。かくして種子バンクの科学者たちは、保管場所のヘルツェン通り四四番地で種子を救うしかなく、その任務のためだけにできる限り長くそこに詰めていた。

当初彼らは、ドイツ人と、包囲に協力するフィンランド人から種子を守っていた。しかし一九四二年の秋から冬にかけて食糧がますます乏しくなると、食べ物を求める同胞のロシア人からも種子を守らなければならなくなる。食糧の備蓄を三〇日分と見積もった市当局は、肉体労働者には一人につき一日二五〇グラムの、またコレクションを管理している科学者を含め、それ以外の人々には一二五グラムのパンと糠（ぬか）を配給することに決定する。数百万の市民はそれで暮らさねばならなかった。そして飢餓が襲ってくる。

飢餓の発生によって、種子コレクションは、厳寒や、それと同程度に危険な湿気などの物理環境のみならず、飢えて自暴自棄に陥ったレニングラード市民が、種子を奪って食べる可能性にも脅かされた。種子コレクションは作物の遺伝情報が詰まった貯蔵庫であったが、より単純に見れば食糧庫でもあった。ヘルツェン通り四四番地の建物には、何トンものコメやコムギの種子（要するにコメやコムギそのもの）、ジャガイモなどが蓄えられていたのである。飢えた人々が建物の内部に何が保管されているのかを察知すると、押し込み強盗が出現し始める。コレクションは、果物やベリーや穀物のにおいがした。人々は、壁の外からでさえうまそうなにおいをかぎつけることができたのだ。ならば当然、ネズミもかぎつけた。

ドイツ軍に包囲された最初の冬、レニングラードのネズミは、人間がネコを食べ始めたために増えたと言われた。人間同様、腹をすかせ寒さに凍えていたネズミも種子コレクションを見つけ、紙製や木製の容器の外枠をかじり始めた。できることといえば、種子のまわりの防御を固めることくらいであった。紙製や木製の容器に入っていた種子は、金属製の容器に移されて頑丈に密封された。一八の部屋に分散された種子は、人の手で一箱一箱管理された。窓は爆撃で吹き飛ばされ板張りされていたため、室内には光が射してこなかった。しかも電気が通じていなかったので、灯油ランプの光を頼りにあらゆる作業をこなさなければならなかった。研究員が部屋からネズミがいなくなったことを確信すると、その部屋は密閉され、毎日その状態が確認された。こうして、一日二四時間、三人から五人の研究員が建物で働いていた。やがて彼らは、バリケードを張って閉じこもり、建物への出入りはまったくなくなる。

建物の外では、すでに二月の時点で数十万のロシア人が餓死していた。配給されていた食糧はもはやパンではなく、麦芽粉、植物繊維(セルロース)、子牛の皮であった。それでは誰も生きていけない。九〇〇日にわたる包囲のあいだに、一五〇万のロシア人の命が失われている。飢餓に耐えた者も、寒さで死んだ（レニングラードの冬の気温はマイナス四〇度に達する）。市内には、暖房のための石炭もまきも残っていなかった。

研究員も、凍えかつ飢えていた。彼らの苦難を尋常ならざるものにしたのは、建物の外には食べ物がほとんど残っていなかったのに、内部にいる彼らはそれに取り囲まれていたことである。食べ物に満ちた部屋のなかで、彼らは栄養失調に陥っていた。危機から救い出され寒い室内で保管されていたジャガイモを保存するには、土壌に埋め直す必要があった。ジャガイモには、それまでにも特別な配慮が払われていた。それはパヴロフスクで救い出された。研究員やその家族が暖をとるために必要なまきが手に入らなくても、ジャガイモはストーブの弱い火で暖め続けられていた。凍結すると死ぬからだ（もちろん、研究員自身や家族にも同じことが言えるが）。研究員がジャガイモを食べていたとしても、歴史は彼らを許したことだろう。しかし、彼らは食べなかった。とはいえ、飢えがひどくなるにつれ、研究員たちは、コレクションが保管された部屋に一人で立ち入ってはならないというきまりを作った。誘惑に駆られないよう、つねに二人以上で入らなければならなかったのだ。

一方、ハインツ・ブリュッヒャーは、いくつかの実験ステーションからヴァヴィロフの種子コレクションを押収していた。レニングラードではまだコレクションが押収されていなかったのも、爆撃で破壊されていなかったのも、幸運に恵まれたからであった。爆弾がはずれるたびに、研究員は安堵の息をついていた。ドイツ軍はいずれ撤退し包囲は解かれるだろうという期待に反して、包囲は夏中続き、さらに一年、そして最終的には一九四四年の春まで続く。

一九四二年の冬になると、研究員のなかで健康な者は一人もいなくなる。最年長の一人ディミトリ・イヴァノフは、最悪の状態にあった。イヴァノフはヴァヴィロフからじかに訓練を受け、彼の助けを借りつつ、かつて存在した最大のコメの品種のコレクションを収集した経歴を持っていた。イヴァノフは、自分が収集したコメに囲まれて餓死寸前の状態にあったのだ。だが冬が深まっても、コメを食べなかった。やがて飢えがあまりにもひどくなり、やせこけた彼の身体はもはや耐えられなかった。一月初頭、彼はコメ袋に囲まれながら、タイプライターの前に突っ伏して死んでいた。

彼に続いて、他の研究員も死んでいく。ピーナッツの専門家アレクサンドル・スチューキンは机の前で死んだ。ヴァヴィロフのフィールドノートを管理していたグライベルという名の研究員も、ノートに囲まれて死ぬ。記録によれば、それからすぐに薬草担当のゲオルギー・クリルとオートムギの専門家リリヤ・ロディナが、さらにはA・マリジナ、A・コルズン、N・レオンチェフスキー、M・シチェグロフ、G・コヴァレフスキーが、次々と死んでいった。最終的には、包囲されたレニングラードに残ったVIRの研究員のうち、三〇人以上が死んでいる。自分の命とヴァヴィロフの偉大なコレクションのどちらを救うかという選択で、誰もが後者を選んだのである。未来の人々と偉大なプロジェクトのために、また、知識と植物の大聖堂が自分たちより長く生き続けることを望んで、彼らは死んでいったのである。

＊＊＊

一方、ヴァヴィロフ本人は、二年前の一九四〇年から杳（よう）として行方が知れなかった。ウクライナのカルパチアン山脈で植物採集をしていた八月六日、窓に着色ガラスをはめた黒い車が、彼の前に止まった。「車に乗れ。スターリンの命令だ！」と言われ、ヴァヴィロフはそれに従った。車はその場を走り去り、山を下った。それが、VIRの研究員が種子コレクションを守っていた一九四二年の冬に、ヴァヴィロフの姿を最後に見た彼の友人の証言であった。

ヴァヴィロフはそれまでにも何度か、植物採集をしている最中に逮捕されている。しかしそのたびに、彼の説明が聞き入れられ正義は貫徹された。しかし彼はもはや、理性に従って正義が貫徹される国には生きていなかった。ヨシフ・スターリンが支配するソビエト連邦で生きていたのだ。[*3] ヴァヴィロフは、ソビエトでもっとも影響力のある著名な科学者で、彼の業績は遺伝学と進化論の現代的な理解を基盤としていた。この事実は、科学に関するあらゆる決定において、スターリンの右腕の役割を果たしていた一人の科学者と対立する立場にヴァヴィロフを置いた。その科学者とは、トロフィム・ルイセンコのことだ。ルイセンコと対立することは、スターリンと対立することでもあった。残念ながら、スターリンと長く対立し続けることができた者は一人もいない。*4

ヴァヴィロフは拘束された直後、スパイ行為、ならびにグレゴール・メンデルとチャールズ・ダーウィンの提唱した「誤った」科学の支持を理由に、内務人民委員部〔NKVD。のちのKGB〕によって収監される。彼は事実上、生物学者が総合説と呼ぶもの（自然選択に関するダーウィンの洞察と、遺伝のルールに関するメンデルの洞察の統合）を擁護したために罪を問われたのである。ヴァヴィロフは革新的であった。事実彼の業績は、希少な作物、遺伝学、進化の研究を通じてなし遂げられた革命だったと言える。彼は国内でもっとも声高な科学の擁護者であり、彼の業績は世界中で賞賛されていた。弁解の余地が与えられていれば、彼は間違いなく、自分の業績がソビエト帝国にとってきわめて重要なものであることを時の権力者に納得させることができただろう。だが彼は、ソビエト、スターリン、そして農学者トロフィム・ルイセンコという、理性を重んじるとは限らない敵に直面していたのである。

ルイセンコは、寒さによってショックを与え、冬は過ぎたと種子に納得させることで、コムギの特定の品種の生産高を改善できることを示した農民であった。春化と呼ばれるこのアプローチは、早春に成長を開始できる種子の数を増加させるのに役立った。これは、コントロールされた状況下で、冬を模倣する方法の一つと見なせる。だがよく言われるように、新品のハンマーを手にすると、あらゆるものが釘のように見えてくる。一九三三年、ルイセンコはオデッサの選択遺伝研究所の共同監督官になり、そこで、彼が無用と見なす遺伝や自然選択の理論を考慮せずに作物の品質を改善する「裸足の科学者」を育成することを主旨とする提案を行なった。「裸足の科学者」は、種子を寒さにさらして寒さに強い作物を、暑さにさらして暑さに強い作物を作り出すことができるはずだった。ルイセンコは、このアプローチによってのみ、ソビエトの農業を改善できると主張した。植物育種、遺伝学、進化は無用の長物であり、遠く隔絶した地域で種子を収集する必要もなかった。正式な教育ではなく畑仕事を通して科学者になったという自家製ストーリーと、勤勉とインスピレーションだけで作物を改善できるという信念をもって、ルイセンコはソビエト農業の象徴になったのである。

国会議員が雪礫をかかげて気候変動は捏造だと叫ぶがごとく、ルイセンコは春化処理した種子をかかげて、遺伝学の終焉を宣言する。オデッサ研究所での地位という報酬を彼に与えることで、スターリンは明らかにソビエト農業が目指すべき方向を示したのだ。時が経つにつれ、スターリンはますますルイセンコを強く支援するようになる。

ヴァヴィロフも最初は、春化に関する初期のルイセンコの業績を評価し、彼を支援していた。しかし徐々に、ルイセンコの存在によってもたらされる脅威を認識し始めるが、まるで今日の科学者が、主導的な立場にある政治家たちのかかげる反科学的レトリックがもたらす脅威にうまく対処できないでいるのと同じように、それでもルイセンコが真の脅威になるとは考えていなかったらしい。ヴァヴィロフはスターリンと対峙して、自分の科学の説明を試み、遺伝学の価値とルイセンコのアプローチの問題点を指摘しようとした。だが、スターリンは激怒する。彼の海外旅行は資源の無駄遣いであり、そんなことをしているより、寒さで種子にショックを与えて収穫高を上げる「畑のショックワーカー」から学ぶべきだと、ヴァヴィロフを怒鳴りつける。その言葉に従わなくても、どの道ヴァヴィロフは、別の方法で従わされていたことだろう。ソビエト農業全体がそうであったように。それに対しルイセンコは、程度は変わっても、基本的にソビエト農業の未完のヒーローとして数十年にわたり君臨し続けた。誰も彼に反抗しようとはしなかった。ヴァヴィロフを除いては。

ヴァヴィロフが収監された日の夜、アレクサンドル・クヴァァットが監房にやって来た。クヴァァットはヴァヴィロフから、科学の名のもとに、ソビエト政府の敵であるイギリスの農業スパイになったという自白を引き出す任務を帯びていた。午後一一時三五分に監房を訪れたクヴァァットは、ただちに尋問を開始し、翌朝の二時三〇分まで続けた。ヴァヴィロフが罪状を認めなかったので、クヴァァットは翌日にもやって来た。そしてその次の日にも。こうしてクヴァァット、もしくは他の尋問者が、四〇〇回にわたり監房を訪れ、合計二〇〇〇時間近く尋問や拷問を行なった。何も悪いことをしていなかったヴァヴィロフには自白すべきことが何もなく、また少なくとも最初は、してもいないことをしたと認めたりはしなかった。だが病気になった彼は、もはや尋問に耐えられなくなる。足は腫れ、靴を脱いで倒れ込むように仰向けに寝転がるのにも同室の受刑者の手を借りなければならなかった。やがて彼は折れ、一九四〇年八月二四日、「右翼の反ソビエト組織農民労働党のメンバー」であるという虚偽の告白をする。[*5] 拷問を受けずに済むと考えて、架空の組織をでっち上げたのである。しかし拷問はさらに続く。同僚の科学者や友人が同じ組織のメンバーであることを告白するまで、拷問は終わらなかった。しかしレオニド・ゴヴォロフ、ゲオルギー・カルペチェンコらの友人の名前はあげても、科学に対する信念だけは捨てなかった。ヴァヴィロフは何時間もの尋問を通して、メンデル、ダーウィンらの現代の科学が誤りであるとする尋問者の主張を否定し続けたのだ。

尋問によって引き出された告白と、当局が犯罪の証拠と見なすいくつかの所持品をもとに、ヴァヴィロフはスパイ行為ならびに反ソビエト的行動という名目で有罪判決を受ける。刑の執行は一九四一年七月九日に定められた。所持品すべての没収と銃殺刑であった。当時五六歳だった彼には、妻と二人の息子と前妻がいた。彼はまた、史上最大、かつ世界でもっとも重要な種子コレクションと、それらの種子を用いて育種した作物品種を所持していた。彼の業績はどうなるのか？　種子の運命は？　家族は？　彼が雇っていた研究員は？

ヴァヴィロフは公式に恩赦を願い出るが拒否される。しかし処刑のためにブティルスカヤ刑務所に送られる前に、種子コレクションのほとんどが保管され、（同僚は知らなかったことだが）彼自身が監禁されていたレニングラードが、ドイツ軍に包囲される。モスクワも陥落の危機に瀕していた。そのため一〇月二四日、ヴァヴィロフと他の受刑者たちは、前線から遠ざけるために東方の諸都市に送られる。彼は、最初に教授職を得て自身の経歴を開始したサラトフ市のアストラカン通りにある第一刑務所に収監された。[*6]

刑務所で暮らしていたヴァヴィロフの意志力は、衰えてはいたが消滅してはいなかった。彼は、窓のない地下の監房に二人の受刑者とともに収監されていた。昼も夜も電燈がついていた。監房にはテーブルとベッドが一つずつあり、三人は交代でそれらを使った。ヴァヴィロフは二人に植物学を、二人は彼に自分の専門分野を教えた。また彼は一冊の本を書き、のちに刑務所で出会った若い女性に「世界の農業の歴史」について語っている。さらに植物の育種と病気に関する大きな著作を完成させた。それらは、彼の精神状態が衰えていなければ、農業や植物に関する史上もっとも重要な著作に仕上がっていたはずだ。どうやら、彼は紙と鉛筆を手に入れることができたらしい。

一方、ヴァヴィロフの妻エリナ・イヴァノヴナ・バルリナと息子のユーリは、彼の居場所を知らなかった。ヴァヴィロフのほうでも家族の居場所を知らなかった。さらに悲劇的なことに、ヴァヴィロフの妻と息子のユーリは、モスクワを脱出して、彼が収監されているまさにそのサラトフにたまたま移っていた。彼らは刑務所のそばを歩いている。

一九四三年一月二六日、苦難と赤痢で衰弱していたヴァヴィロフは、ほぼカーシャと塩漬けの魚だけで一年以上食いつないだあと、飢餓と壊血病のために死んだ。[*7] 作物の多様性のために史上もっとも果敢に闘い続けてきた一人の男が、その不足のために死んだのである。

彼の死のあとしばらくして、著名な科学者になってスターリンの核プロジェクトのために働いていた弟のセルゲイがレニングラードを訪問し、何年も前にスターリンの部下が家財を運び去ったニコライのアパートに立ち寄った。そこには、バレリーナのナタリア・ドジンスカヤが住んでおり、かつてはよくヴァヴィロフが種子を整理していた床の上でバレーの練習をしていた。セルゲイはまた、死のにおいとかびた穀物のにおいが漂う研究所も訪ねている。彼は、発芽する能力を残した種子を見渡して打ちひしがれ、なぜ種子だけでなく、人間の魂もよみがえらせることができないのかと考えていた。

レニングラードやヴァヴィロフは悲劇に見舞われたが、彼の種子は包囲戦を生き延びることができた。戦争が終わったとき、彼とチームが収集した作物品種のほとんどは、無事に残っていたのだ。それらの多くは、戦争直後のソビエトで植えられている。うまく成長すれば、種子は戦争中に起こった悲劇に、再生、そして英雄的な奮闘の記憶という大団円をもたらすことができた。だが、ほんとうにうまくいくのか？

課題は大きかった。戦争の影響で、ソビエトにおける農業研究は、経済学者で作家のゲイリー・ナバーンの言葉を借りれば、急停止していた。ヴァヴィロフが持ち帰った種子のほとんどは畑で試されておらず、その後も試されることはなかった。

遺伝学と進化生物学の知識に基づく育種は行なわれなくなっていた。ソビエトの教科書は、ルイセンコの見方を反映するべく改訂されていた。大学の講座も同様であった。ヴァヴィロフの死とともに、ソビエトにおける遺伝学と進化生物学の研究も死んだのである。その結果ソビエトの農業は、一九五三年にスターリンが死ぬまで後退し続けた。（ルイセンコは、一九七六年まで生きていた。その事実によっても、このストーリーがいかに最近のものであるかがわかるはずだ）。スターリンが死んでも、状況はすぐには好転しなかった。ソビエトの遺伝学は、とりわけ農業に関して三〇年遅れていた。一九七二年、ソビエト連邦は食糧の自給ができず、アメリカから四億ブッシェル〔一ブッシェルはおよそ三五リットル〕のコムギを買っている。これは、もとはロシアで栽培されていた硬質赤フユコムギであった。ルイセンコとスターリンの農業へのネガティブな影響は、ソビエト共産主義崩壊の最大の要因であると主張する者さえいる。*8

しかし次の数十年間、一度ならず危険なできごとはあったが、献身的な科学者とスタッフのおかげで、ヴァヴィロフの種子は少なくとも生き残ることができた。かろうじて生き残れたことも何度かあった。彼らの努力によって、ロシアの、とりわけ北部の農業は進歩した。北部におけるトウモロコシ、綿花、コメ、ダイズ、ソルガム、茶、豆類の流通量は、ヴァヴィロフのコレクションに基づいた研究のおかげで増大した。研究ステーションで新種の作物が植えられ、それから特定の地域内で農場から農場へと拡大していったのだ。ヴァヴィロフの任務を継承する人々の努力のおかげで、さまざまな成果があがるようになった。現在のロシアでは、彼が収集もしくは育種した四〇〇を超える品種が栽培されている。ロシアの耕地の五分の四（つまりほとんど）は、ヴァヴィロフ自身か研究所によって収集された種子が蒔かれている。[*9] その恩恵は地域によって異なるが、おそらく、収穫高が年々変わって予測しにくく農民の暮らしが非常に苦しい地域で最大の効果が得られていると考えられる。コムギを例にとると、ヴァヴィロフがロシアに持ち帰った品種のおかげで、彼が死んだ頃に比べて、年間生産高が八〇パーセント増加したと見積もられている。

しかしヴァヴィロフの任務は、ロシアに限定されず国際的であった。また、世界各地から種子を収集したことで、研究所の責任も国際的なものになっていた。しかし、世界に対する彼の貢献を具体的に見積もった研究者はいない。未来のために種子を救った人々は、自分たちの貢献度をよく理解していないことが多い。彼らは、惜しげもなく種子を配布する。未知の人々のために、今後も誰かが同じ作業を続け、数年ではなく数千年にわたって受け継がれていくと想定しながら、「種子に傾倒する」のである。彼らは、子孫のために自分の仕事を営々と続ける。それゆえ、現時点で種子コレクションの価値を正当に評価し、何が重要なのかを知ることはむずかしい。コレクション全体としてどれくらいの価値があるのか？　ロシアの人々や経済に対するヴァヴィロフのコレクションの価値はいかばかりか？　年間どの程度の資金をつぎ込むべきなのか？　これらの見積もりは必須であるにもかかわらず、これまでなされてこなかった。種子を収集する人々の観点からすると、それには自分の死に値するほど途轍もない価値がある。だがまさにこの計算不可能性のゆえに、政府はそれに資金を投下することを差し控えてきたのだ。しかもそれは、ロシアに限った話ではなく、万国共通して見られる傾向なのである。

ヴァヴィロフの業績の真価を評価することは、彼の手を経て他者の手に渡った個々の種子のストーリーを知る必要があるだけに、余計にむずかしい。一例をあげよう。彼の手で収集されたジャガイモのある品種は、イシュトヴァン・シャルヴァールの手でハンガリーに持ち込まれた。シャルヴァールはそれを用いて、ジャガイモ疫病や種々のウイルスに対する病害抵抗性を持つジャガイモの新品種を交配した。かれの努力は実り、かけ合わせたいくつかの品種はそれらに対する病害抵抗性を備えていた。そのうちのいくつかはルーマニアで栽培されるようになった。一九九二年、それを目にしたスコットランドの科学者が、シャルヴァールの家族と取引している。その結果現在では、イギリスや他の国でもこのジャガイモが栽培され、サルポジャガイモという名で売られている。この一連の経緯は、ヴァヴィロフの業績と、レニングラードが包囲されていたときにジャガイモを救った人々の努力があったからこそ可能になったのだ。このような連鎖は、他にどれくらいあるのだろうか?

しかも、コレクションそれ自体（およびそれをもとに世界各地の農民が行なった努力）とそれを用いた育種は、ヴァヴィロフの世界への貢献の一部にすぎない。そもそも当初の意図と得られた結果は、異なるのかもしれない。彼の場合、意図よりインスピレーションが結果を左右したのだろう。彼が収集したコレクションは、種子コレクションとして最初のものではないが、最大のものであり、また、作物が栽培化された主要な地域で収集された品種を保存し、それを用いて有用な新品種を作り出そうとする明確な意図を持った試みとしては最初のものであった。のちのコレクションの多くは、直接的に彼のアプローチに従っている。たとえば彼は、偉大な植物学者ジョン・ホークスを説得して、いくつかのジャガイモをイングランドに持ち帰らせた。ホークス自身は、ペルーの国際ジャガイモセンターとそのコレクションの管理において中心的な役割を果たすカルロス・オチョアを訓練している。

ヴァヴィロフが登場する以前にすでに収集されていたコレクションは、彼の業績の影響でその機能や展望が変わってきた。一八六二年、エイブラハム・リンカーンは、種子を収集し農民に配布することを主目的とするアメリカ合衆国農務省（ＵＳＤＡ）を設立した。一八九八年には、ＵＳＤＡに外来の種子や植物の導入を監督する事務所が設けられている。この事務所は、世界各地から種子を集め、年間数百万箱を発送して農民に配布する事業をさらに徹底して行なった。しかしかくして収集されたコレクションが、大規模な種子バンクや、種子バンクが保管する種子を実際に栽培し、他品種の種子とかけ合わせる試験を遂行する実験農場に関連づけられるようになったのは、ヴァヴィロフの死後のことにすぎない。コロラド州フォートコリンズに、ナショナル・スモール・グレインズ・コレクションともども米国立遺伝資源保存センターが設立されたのも、彼の死後のことである。他の地域でも、ヴァヴィロフの遺産は同様な経緯をたどった。このように、彼の業績は世界中のほぼすべての主要な種子コレクションの構築や拡張をもたらしたのである。

ヴァヴィロフからじかに影響を受けた研究者の一人に、ハリー・ハーランがいる。アメリカ合衆国農務省に勤務するあいだ、ハーランは作物品種、とりわけ彼の専門であったオオムギの新品種を求めて世界各地を旅していた。彼がヴァヴィロフと親交を結んだのは、この調査の途上においてであった。ヴァヴィロフが北米で調査を行なったときには、彼を歓待し、作業を手助けしている。二人はハーランの自宅の居間にすわって、夜が更けるまで話し込んだ。二人が会話をしている最中、世界中を旅した話や、種子を救った人々にまつわるストーリーを部屋の片隅で熱心に聞いていたのは、ハリー・ハーランの息子ジャックだった。ジャックは、あたかも空気を吸うかのごとくヴァヴィロフの夢を反芻しながら成長していった。だから一五歳になったジャックが、ヴァヴィロフと働きたいと言い出したとき、ハリーは特に驚かなかった。ジャックはなるべく早くロシアに行くつもりだった。それは単なる一過性の望みではなかった。ジョージワシントン大学に入学した頃、ジャック・ハーランは、以前にもましてロシアに行きたいと思い始め、ロシア語を学びながら、ロシア訪問を実現するために科学の学士号を取得することを目指した。しかし準備が整い始めた頃には、ロシアにいるヴァヴィロフの境遇はすでに悪化の一途をたどっていた。一九三二年に最後にアメリカを訪ねたおり、ヴァヴィロフは、ジャックの訪問が安全かどうかを報せる暗号を送るとハリーに伝えている。手紙の最初の文句が「私の親愛なるハーラン博士」なら危険を、「親愛なるハーラン博士」なら安全を意味すると取り決めたのである。ジャックは一九三七年の春に、訪問したい旨を伝える手紙をヴァヴィロフに送っているが、それに対する返事の最初の文句は「私の親愛なるハーラン博士」であった。どうやらロシアは、訪問するには危険な場所と化していたようだ。

結局ジャック・ハーランはロシアには行かなかったが、イリノイ大学で作物の進化の研究を続けた。ヴァヴィロフに啓発された彼は、無用に思えるものも含め、できるだけ多くの種子を収集した。たとえばトルコ東部のコムギ畑を訪れたとき、彼とトルコ人の同僚オスマン・トサンは、特に目立った特徴のない「いかにも貧弱そうに見える、背が高く茎が細いコムギ」を見つけた。[*10] このコムギは風で折れていた。さらには、葉さび病にも、寒さにも弱そうだった。うまいパンが焼けそうにも見えなかった。それでもハーランは、このコムギを収集し、彼の遺伝資源種子コレクションに加えた。

一九六三年、黄さび病がアメリカ北西部のコムギを殺し始め、育種家はそれに対する病害抵抗性を持つ品種を探していた。彼らはさまざまな品種を試してみた。そのなかにはハーランがトルコで収集した種子ＰＩ１７８３８３が含まれていた。幸いにも、ＰＩ１７８３８３は、黄さび病に加え、他の四つの病原体の多くの変種に耐え得ることが判明する。かの「いかにも貧弱そうに見えるコムギ」ＰＩ１７８３８３の遺伝子は、アメリカ北西部太平洋沿岸地域でもっともよく栽培されているコムギに組み入れられ、それによって農民は、数百万ドルの損失を抑えることができた。しかし、ジャック・ハーランの遺産はそれよりもっと大きい。ヴァヴィロフの「起源の中心地」の概念を再考し発展させたのはハーランであった。またハーランは、誰にもましてヴァヴィロフの未来像の堅実な擁護者になった。ヴァヴィロフは、作物品種の多様性が失われつつあることに気づいていたが、種子の多様性の救済が単に有益であるばかりでなく、手遅れになる前に遂行しなければならない責務であるとする警鐘を鳴らしたのはハーランであった。

今日の地理学者や人類学者は、原住民の持つ伝統的な知識について語ることが多い。「伝統的な知識」という用語が使われるようになるよりはるか以前に、ヴァヴィロフはその価値を十分に認識していた。彼がさまざまな言語を習得できたのは、単に能力があったからというだけでなく、世界各地の原住民が持つ作物やその栽培方法に関する知識を学ぶために必要だと考えていたからこそである。

現在に至るまでの一万二〇〇〇年の歴史を通じて、農業は途方もなく多様な作物を生み出してきた。しかしその発展は緩慢で、しかも偶然に依拠するところが大きかった。新バージョンの遺伝子は突然変異によって生まれ、交配によってそれらの新バージョンが混ぜ合わされていった。それ以前の数十億年の生物の進化と同様、突然変異と交配が組み合わさってさまざまな品種が生まれたのである。農民の役割は、品種を選択し、ふるい落とし、選好し、かくして選ばれたものを共有することであった。総合説は、偶然に頼るのではなく戦略的に作物をかけ合わせることで、この過程をはかどらせる手段を与えてくれた。ヴァヴィロフは、伝統的な品種の移植、ならびにそれを作り出す方法の保存とともに、この新たなアプローチが、未来の農業を形成していくだろうと考えていた。つまり彼は、昔ながらのやり方を置き換えたのではなく、それに新たなやり方をつけ加えたのだ。

しかし、伝統的な作物品種を用いて新たな品種を作り出す試みがもっとも根づいていたのは、アメリカにおいてであった。そのやり方は、いかにもアメリカ的ではあったが。アメリカの科学者は、いかなる条件のもとでも育つ新品種を作り出そうとするより、どんな場所でも可能な限り同じ条件が得られるよう殺虫剤、化学肥料、除草剤、灌漑を駆使したうえで、その条件にもっとも適合した品種を作り出そうとしたのである。このアプローチは、圧倒的に一人の人物に依拠していた。この人物は、ヴァヴィロフの遺産に頼りながら、ジャック・ハーランの指摘によれば、その破壊の種を蒔いた。

第10章　緑の革命

私たちは、さらなる適応のために、多様性がかつてないほど求められるようになったまさに今この瞬間、農業における大量絶滅の危機に瀕している。

――キャリー・ファウラー、エイミー・ゴールドマン著『家宝のトマト（*The Heirloom Tomato*）』への序文

ノーマン・ボーローグは、アイオワ州北東部の町クレスコの農場で育った。ノルウェーの地方出身の父母は、勤勉に働いた。ノーマンも勤勉に働いた。ノーマンは、他の資質はともかく、とにかく生まれつき勤勉だった。大恐慌の時代を生き、厳しい経験を通してさまざまな教訓を得た。一〇代の頃、ミネソタ大学に進学することを決めるが、入学試験に失敗し、初年度はいわゆるジェネラルカレッジでリメディアル教育を受けた〔ジェネラルカレッジは、ミネソタ大学のカレッジの一つだが、二年制でミネソタ大学を落ちた者も受け入れ、リメディアル教育を施している〕。それでも何人かのアドバイザーは、彼が四年制の大学に編入できるかどうかを危ぶんだ。しかし最終的には、通常のクラスに通うことを許された。彼はまた、レスリングをやっていた。彼が所属していたチームは非常に強く、チームに帯同してアメリカ中西部を回っていた。ボーローグは、チームでもっとも賢いレスラーではなかった。もっとも才能あるレスラーでもなければ、もっとも運動能力に秀でた最強のレスラーでもなかった。だが彼は、国内大会の優勝経験者が何人かいるチームでも、もっとも忍耐強く勤勉なレスラーであった。レスリングでも、クラスで

も、人生においても、疲れを知らないことで勝利を手中に収めていったのだ。

学部を卒業しレスリングをやめたあと、ボーローグは大学院に進学し、一九四〇年に植物病理学の修士号を、一九四二年に博士号を取得している。それから彼は、小麦さび病の克復に全精力を傾けるエルヴィン・チャールズ・スタックマン、およびコムギの育種のリーダーを務めていたハーバート・ケンドール・ヘイズと共同研究を始める。[*1]スタックマン、ヘイズと行なったボーローグの博士研究は、すぐれてはいたが特に卓越したものではなかった。だがそれによって彼は、デュポン社で、殺虫剤、抗生物質、殺菌剤、防腐剤の開発に関連する実入りのよい職を手にすることができた。彼と家族にとっては、これは一種の成功物語であった。しかし、やがて第二次世界大戦が勃発する。ヴァヴィロフ同様、ボーローグは志願しながら入隊を拒否されている。デュポン社での仕事は、戦争の遂行に非常に重要な意義を持っていたのだ。害虫のコントロールにせよ、レーヨンなどの軍需品の素材として必要な合成繊維の開発にせよ、石油化学製品で世界を救うことが、彼には義務づけられていたのである。

その頃、メキシコで危機が出来していた。メキシコでは、トウモロコシやダイズなどの主要作物の生産が、人口増加に追いついていなかった。加えて、コンキスタドールのエルナン・コルテスによって導入されたコムギの品種が、スタックマンが研究していたさび病の一つ黒さび病（*Puccinia graminis tritici*）による被害を受けていた。メキシコのコムギは、一九三九年、四〇年、四一年に黒さび病によって破壊されている。しかも黒さび病は、メキシコで猛威を振るったときには、アメリカにも拡大した。[*2]それに対処するためにスタックマンが呼び出されたのである。[*3]スタックマンはまず、新品種の育種に焦点を置くプロジェクトを推進するために、かつての学生ジョージ・ハラーを呼ぶ。次に、ボーローグに接触する。

一九四二年、スタックマンはボーローグに、デュポン社を退職してメキシコに赴くよう要請する。ボーローグは、最初は渋っていたものの最終的に同意する。ロックフェラー財団の援助を受けたこのプロジェクトは、メキシコ農業プログラムと呼ばれるようになる。それは、アメリカの慈善事業によって当時実現した数多くの農業プログラムの一つであった。

ボーローグは、一九四四年一〇月にメキシコに赴任し、そこでジョージ・ハラーのもとで働き始める。最初はトウモロコシの研究を行なっていたが、すぐにさび病に対する病害抵抗性を持つコムギの育種に研究の焦点を移した。それにあたり、彼は再びリメディアル教育を受けなければならなかった。というのも、コムギの研究をしたことは一度もなく、合衆国から足を踏み出したこともなく、スペイン語を話すこともできなかったからである。彼のアプローチはなまくらで強引なものであった。*4

ボーローグのコムギの研究は、メキシコ中部の山腹にあるエルバヒオに基盤を置いていた。小さな農村で実践されている伝統的な栽培方法では、コムギの新種は、一年に一世代ずつ主として偶然に頼りながらさまざまな品種をかけ合わせ、その結果土壌と気候にもっとも適合したものを選別することで作り出されていた。農業の歴史のほとんどの期間を通じ、作物は地域特有の土壌や気候、あるいは害虫や病原体の種類に適応するよう育種されてきた。それに対してボーローグの計画は、進化を自分の手で実現することにあった。*5 選んだ品種を自分の手でひとつひとつかけ合わせ、望みの特徴を備えた子孫が出現するまでそれを続けた。それから、かくして得られた子孫を互いにかけ合わせ、すべてが同一に（あるいはそれに近く）なり、必要な病害抵抗性を持つようになるまで交配を続けたのである。問題は、それには時間がかかることだ。交配を一回行なうごとに半年待って結果を確認し、それに基づいて翌年も同じことを繰り返さなければならない。彼は半年も待ちたくなかった。だから、この作業をはかどらせる方法を考案する必要があった。

ボーローグは大きく出る。彼が来る前にハラーがしていたように、メキシコですでに栽培されている少数の品種のあいだでかけ合わせるより、USDAの貯蔵庫に保管されているものを含めて世界中の種子コレクションを調査することにしたのである。そしてそのなかから有望な種子を選び出し、AとB、BとC、AとCなどといった具合に、あらゆる組み合わせですべての品種を交配し始める。[*6] ヴァヴィロフの種子コレクションから選ばれた品種もあった。シリア産のものや日本産のものもあった。最初の年、彼は二〇〇〇とおり以上の、二年目にはさらにそれ以上の交配を行なった。そうすることで、成長が速くさび病に対する病害抵抗性を持つ個体が生まれることを期待したのである。彼は、菌類に強く、殺虫剤を撒いても問題がなく、与えられた水分や栄養分は何でも吸い上げ、水と肥料と殺虫剤とトラクターがありさえすればいかなる場所でも育ち、数百万エーカーにわたって栽培できるコムギの品種を求めていた。

このように、ボーローグはコムギに多くを求めていた。特に意外なことではないが、彼が行なったほぼ五〇〇〇とおりの交配のうち、病害抵抗性を持つ個体を生み出したのは二とおりしかなかった。しかもそれらも、彼が求めていた属性のすべてを備えているわけではなかった。別の品種が必要だった。これら二つの品種を別の品種とかけ合わせれば、望みの品種が生み出せるかもしれなかったからだ。とはいえ、その可能性は低かった。病害抵抗性を持つ品種と、生産性が高い品種のかけ合わせがうまくいくかどうかを確認するためには、さらに一年待たねばならなかった。フラストレーションに駆られた彼は、あるアイデアを思いつく。

ボーローグは、メキシコにはコムギの栽培地域が他にもあることを知っていた。その地域とは、およそ一六〇〇キロメートル北方にあるソノラ砂漠のヤキ谷で、標高は秋や冬も成長期間に含められるほど低い。ソノラ砂漠のシーズンは、エルバヒオのシーズンより遅く、したがって理論的には、エルバヒオで栽培されているコムギの種子を収穫して（五月〜一〇月）、ソノラ砂漠の灌漑された農地に植え、同年度に二回目の収穫（一一月〜四月）を得ることができるはずだった。だが、このアプローチの実施は簡単ではない。ヤキ谷に至る道はひどく、そもそも存在すらしない箇所もあった。だから、まっすぐには行けなかった。いったんアメリカのアリゾナ州に入り、合計およそ三二〇〇キロメートルの道のりを経てヤキ谷にたどり着く必要があったのだ。

ボーローグの計画は、「フユコムギや他の多くの作物の種子は発芽前にしばらく休眠状態に置かなければならない。作物には冬の期間が必要である」とする、種子生物学の基本的なルールに反していた。また、日の長い（短い）地域で収穫された種子は、日の短い（長い）地域では発芽しないという考えにも反していた。それは、それまで蓄積されてきた知識にも、（計画の失敗を見越して資金の投入を躊躇した）*7 ハラーやスタックマンの助言にも反していた。そのうえ、ソノラ砂漠の労働環境は恐ろしく悪かった。ボーローグは納屋の屋根裏に寝泊りしていた。トラクターは借りていたが、状況がとりわけ悪化していたときに、動物の代わりに自分ですきを引いて畑を耕している彼の姿が目撃されたこともある。事実ボーローグは、頑固なラバと何ら変わるところがなかった。

だが結局すべてはうまくいく。ボーローグは、一年間に二世代のコムギを育てることができたのだ。

また、黒さび病に対する病害抵抗性を備えたコムギの品種を育種することに何とか成功した。しかもボーナスとして、地理的強化を受けたこの品種は、条件さえ合えば日の長さに関係なく育ち（専門用語では「光周期感受性を持たない（photoperiod insensitive）」と呼ばれている）、休眠期は不要であった。さらには、非常に強靭で、肥料、殺虫剤、灌漑の恩恵を受ければ、ほぼ無際限に成長した。*8 一九五〇年には、八つのコムギの新品種をメキシコの農民に配布し、一九五六年には、これらの品種の種子は国内の至るところで植えられ、メキシコは一九四五年の四倍の収穫高をあげることができた。ボーローグはコムギの新品種を生んだだけでなく、必要なだけの土地を灌漑し、化学肥料を施し、殺虫剤を散布しつつ成長の速い品種を栽培するという、まったく新たな農業アプローチを考案したのである。こうして、重要な作物であればあるほど、シャトル育種と呼ばれる彼のアプローチが頻繁に採用されるようになった。彼は世界の農業を加速したのだ。

ボーローグは、この育種アプローチを世界に拡大した。メキシコの二つの地域のあいだのみならず、国から国へと種子を動かすことで、一年に六世代を確保することができた。この国際的なシャトル育種によって、さらにさび病に強いコムギの品種が作り出され、それには現在の欧米の食卓にのぼっている品種も含まれる。見方によっては、数千年間に起こったコムギの品種の変化を、彼は五年で達成したとも言える。しかし数千年間のコムギの変化が多様性をもたらしたのに対し、ボーローグは、たった一つの完全な形態という単純性を生み出した。それのどこが悪いのか？　宇宙船や人工心臓を製造するには、一つの完璧な方法がある。コムギにも同じことが言えるのではないだろうか？

ここには真の成功があったが、問題が一つあった。成功しすぎたことの代償だと言えるのかもしれないが、事情はそれより少し複雑である。新たな農業の一環として化学肥料が投与されたコムギは伸びすぎ、茎が種子を支えられなくなって自然に倒れた。倒伏と呼ばれるこの現象は、農民がこやしやグアノを大量に投与したときなどにも見られたが、生産性の高いボーローグの品種でははるかにひどかった。一般的には次のような問いを立てることができる。大量の栄養を与えられたコムギは、なぜ種子だけをより多く生産するようにならないのか？　必要がないのに、どうして茎の伸長にエネルギーを割くのか？　自然選択は、子孫をもっとも多く残せる生物を選好するのではなかったのか？

これらの問いに答えるためには、次のことを思い出す必要がある。コムギは、他の多くの植物や、同じコムギの他の個体と競争しなければならない、肥沃な三日月地帯の草原地帯で進化してきたのであって、平和な環境で進化してきたわけではない。競争はつねに、同じ種のあいだでもっとも激化する。領土をめぐる人間同士の争いは、そのもっとも典型的な例だと言えよう。要するにコムギは、日光と土壌の養分をめぐる競争に勝つために、多大なエネルギーを費やさねばならない畑で進化を遂げてきたのである。この争いでは、植物は、たとえ母子であっても太陽、水、養分を求めて互いに競い合わなければならない。

森林は、この競争によって生まれたものだ。おのおのの木が太陽にもっとも近い位置を占めようと互いに競争することで、森林は形成される。森林の高さは、利用可能な水と、土壌の養分の量と、なるべく高く成長しようとする木々の競争のバランスによって決まる。レッドウッドが育つカリフォルニア北部の地域など、水と土壌の養分が豊富な場所では、木の高さは一〇〇メートルに達し、隣接する木より少しでも高くなろうとしてぼう大な量のエネルギーを浪費する。類似の気候と土壌を有するオーストラリア、日本、ニュージーランドでも、事情は変わらない。私たちは太古の森に立つ背の高い木を荘厳であると思う。だが実のところ、それらの木は植物の世界におけるマッチョな下衆野郎といったところだ。他の木々と日光を共有することを認めさえすれば、高さを加えることに浪費しているエネルギーを節約して、胴回りに投下することもできるのに、とにかく日光を独り占めしようとして上へ上へと伸びようとしているのだから。同様な競争は、野生の草原でも起こるが、草原では頻繁に野火が発生するので、そのあいだにもっとも迅速に高く成長できる個体がいちばん有利になる。人間の手で野火の発生がコントロールされるようになると、ほとんどの草原は森林にとって代わられる。

　コムギは、野火が発生しやすい草原で進化してきた。そのため、すばやい成長と結実を可能にする遺伝子を進化させた。コムギの一本一本は、他の個体より高く伸びようとするが、畑ではそれとは別のことが望まれる。私たちは、茎の成長に費やされるエネルギーを最小に、種子のそれを最大にすることを望む。農業では、これはつねに大きな挑戦であった。だから農民たちは、祖先の品種より丈が短く、種子の大きな品種を育種しようとしてきた。たとえば、野生のカカオの木は比較的背が高いが、栽培化されたカカオの木は、背の高い潅木と言うほうがふさわしい。テオシント（野生のトウモロコシ）は、小さな実を結ぶのに対し、栽培化されたトウモロコシは穀粒（コーンカーネル）を結ぶ。しかしボーローグが成長の速い作物を選好すると、茎は短くなって欲しかったにもかかわらず、一定の期間内により高く成長する作物を選ぶ結果になった。さらに悪いことに、十分に灌漑された土地で肥料を多量に与えられると、他の植物が受ける日光を遮断しようとして、コムギの成長は余計に速くなった。したがって、なるべく多くの実を結び茎が短くなるよう、コムギが互いに競い合わないようにする必要があった。彼はＵＳＤＡによってコロラド州フォートコリンズに設立された農業研究事業団のナショナル・スモール・グレインズ・コレクションのなかに、より背の低いコムギの品種を探したが、結局適正なものは何も見つからなかった。

ボーローグは、地球の裏側に位置する日本の農学者、稲塚権次郎（一八九七〜一九八八）が、何年も前にその種のコムギの研究に着手していたことを知らなかった。稲塚は、現在は岩手県農業研究センターと呼ばれている施設で、日本の農業のために背の低いコムギの開発を目指していたのだ。実が多く、茎が短くて倒伏することのないコムギの品種は、日本にとっても、メキシコで研究していたボーローグにとっても貴重であった。国土が狭く当時急速に人口が増えつつあった島国の日本にとっては、単位面積あたりの収穫高を増やすことが必須の要件であった。日本の食糧を確保するための他の選択肢は、台湾や韓国を植民地化することだった（実際にそうした）。背が低く実りのよいコムギの開発に成功すれば、食糧供給の問題を解決できるばかりでなく、同じ耕地で食糧をまかなえるので周辺地域の平和が保たれるはずであった。

一九三五年、稲塚はそのような品種、農林一〇号の開発に成功する。その意義は甚大であった。[*9] それから第二次世界大戦が始まり、稲塚の研究のペースは鈍る。一九四五年、アメリカは広島と長崎に原爆を落とし、日本は八月一五日に降伏する。ダグラス・マッカーサーが東京に入り、アメリカは一九四五年から五一年まで日本を占領する。

マッカーサーは日本復興を統括する責務を負っていた。それは、さまざまな意味でアメリカの理想に従って日本を再構築することだった。とりわけそのことは、農業システムに当てはまる。マッカーサーは占領軍に、農業の革新を通じて戦後の食糧不足を解決する任務を担う組織、天然資源局を設置する。

この措置は、表面的にはアメリカの農業の施策や技術を日本に適用することを意味した。しかし天然資源局は、アメリカが、日本が達成した農業の成功の恩恵を受けることをも可能にしたのである。コムギはその好例をなす。

天然資源局は、日本がコムギに関して援助を必要としていると考えていた。一九四五年一二月、ワシントンD．C．のUSDAでデスクワークを行なっていたセシル・サーモンという名の人物が呼び出され、日本のコムギの改良を支援する任務が与えられた。サーモンは、ボーローグと同じくミネソタ大学出身で、そこでE・C・スタックマンの薫陶を受けていた。サーモンはオフィスを出て再び畑に出られることを喜んだ。日本に赴任した彼は、コムギの全国研究ネットワークを築く手助けをする。そのためには、日本中の畑を駆け回る必要があった。彼は任務を遂行するあいだ、アメリカの農業の成功を日本に導入する機会のみならず、日本の農業の成功に基づいてアメリカの農業を改善する機会も得た。日本には、アメリカの育種家が作り出した品種には見られない特徴を持つ、多数の作物が存在していた。その一つが、稲塚の開発した背の低いコムギ、農林一〇号である。一九四六年の夏にアメリカに戻る際、サーモンは本州の研究所で見つけた農林一〇号を、他のコムギの品種とともにワシントンD．C．に持ち帰った。それから、農林一〇号はワシントン州立大学のオーヴィル・ヴォーゲルの手に渡る。サーモンは、ヴォーゲルが農林一〇号に興味を示すに違いないと考えたのである。ヴォーゲルはその価値を見抜き、二つのコムギの品種とかけ合わせた。こうして得られた品種の種子の送付を求めるボーローグに応じて、すぐにサンプルがメキシコに郵送された。

ボーローグにとって、日本で開発された背の低いコムギは一種の奇跡であった。彼はそれを、自分が作り出した生産性の高い品種とかけ合わせ、それによって穀粒が多く、さび病に対する病害抵抗性を持ち、しかも水と肥料を十分に与えても背が伸びすぎないコムギを作り出すことに成功する。収穫量は倍になった。ボーローグ、ハラー、スタックマン、ヴォーゲル（そして本人は意図していなかったにせよ稲塚）のおかげで、メキシコは一九六五年に、一九四五年と比べて一〇倍のコムギの収穫をあげることができた。彼らはメキシコを変えた。次なる仕事は、世界を変えることであった。

一九六五年のメキシコのコムギ生産高と、従来の生産高を比べることは有益であろう。肥沃な三日月地帯で採集されていたもののような背の高い野生種の収穫高は、一エーカーあたりせいぜい一〇分の一トン程度であったと考えられる。コムギが栽培化された紀元前一万年頃は、一エーカーあたり半トン程度であった。それから一万二〇〇〇年が経過し、科学が農業を革新するようになると、収穫量は一エーカーあたり二トンにまであがる。そして一九六五年までには、ボーローグや世界各地のコムギ育種家が、二トンから、野生種のおよそ六〇倍に相当する六トンに引き上げたのである。この業績により、ボーローグは一九七〇年にノーベル平和賞を受賞している。

＊＊＊

やがてボーローグは、ＣＩＭＭＹＴでコムギプログラムの責任者になり、インド、次いでパキスタンで働く。その頃には、ジョン・パーキンスの言葉を借りると、「聞く耳を持つ人々に豊かな実りについて説いて回る」十字軍戦士と呼ばれるようになっていた。[*10] インドとパキスタンは彼の話を聞いた。そして彼のアプローチによって、多くの変化がもたらされた。彼の最終的な成果には、コムギの新品種だけでなく、農業に対する新たなアプローチも含まれる。ボーローグは、彼を指導したスタックマンや同僚と同じように、世界各地で活躍し、結果にこだわり、政府にも企業にも友好的であった。この姿勢は、彼が作り出した種子のおのおのに反映されている。それらは、彼の集中的な研究の成果であり、実のところ業界のために業界とパートナーを組むことで、国際的に作り出されたのだ。大農場の運営にはトラクターが、トラクターを動かすにはガソリンが必要になる。殺虫剤、化学肥料、除草剤などの化学物質(ほぼすべてが石油から精製される)も、道路や鉄道も必要になる。新たな農業を実践するには、これらすべてが必要とされた。さらには、土地価格の高騰や、多くの場合人手の削減がともなった。新たな農業は農場の運営方法を変え、それによって人々の生活様式や住む場所も変わった。人々は小さな町から大都市に移住するようになったのだ。かくして新たな農業は、農業が始まって以来最大の社会的変化を引き起こす。ボーローグ、ハラー、スタックマンや同世代の農学者が農業、さらにはそれを通して日常生活に与えた影響は計り知れない。彼らの業績は、私たちがいかに暮らすか、どこに住むか、さらには世界がどれだけの人口を抱えられるのかを変えたのだから。

ボーローグがコムギの研究を続け、インドやパキスタンなどの国に豊かな実りという福音を説いて回るあいだ、ハラーは、フィリピンの国際稲研究所[*11]でコメの革新にとり掛かっていた。この研究も、ロックフェラー財団、さらにはフォード財団の援助を一九五九年に受けている。その額は七〇〇〇万ドルに達する(二〇一六年のドル換算では、五〇〇〇億ドルに相当する)。ハラーは、まず六〇か国に手紙を送り、コメの種子を共有してくれる国を探した。要するに、ヴァヴィロフのアプローチを外部委託し、自分で各国を回るより郵便制度に依存したのだ。このやり方は功を奏する。さまざまな地域で研究している科学者がコメの種子を送ってきたのである。彼は、彼とボーローグがメキシコのコムギを対象に用いたモデルに基づいて、受け取った種子を迅速にかけ合わせることができたが、出発点となったコメの品種の数はそれほど多くはなかった。ボーローグは数百、数千のコムギの品種を用いたが、ハラーは送られてきた一握りのコメの種子から始め、三八とおりの交配を行なったにすぎなかった。だが驚いたことに、この三八とおりの交配の結果から、倒伏しない程度に背が低く、主要な病原体に対する病害抵抗性を持ち、生産性の高い品種を作り出すことができた。

ボーローグ、ハラー、スタックマンが開発した作物はそれぞれ、栽培方法に根本的な革新をもたらした。これらの変化、および彼らが世界の農業にもたらした変化は、緑の革命と呼ばれるようになる。なお、「緑」は生産高にのみ言及し、サステナビリティは含意しない。緑の革命が起こると、わずか二、三品種のコムギやコメが至るところで栽培されるようになり、他の作物もそれに続く。

緑の革命が拡大すると、必要な化学物質を購入するだけの資力を持ち、道路や鉄道を整備することができるだけの政治的安定性を維持する国では、栽培品種のみならず、食事様式までが変わっていった。また、共産主義に転換するのではないかとアメリカ政府が懸念していた国でも、そのような変化が起こりつつあった。これらの国はすべて北半球か、(インドやメキシコなどの)温暖な熱帯地域の国であった。これらの地域では、作物の収穫高は上がり、価格は下がった。アメリカにおける一八三九年の穀物生産高は四億ブッシェルに満たなかったが、一九五八年にはその一〇〇〇倍に増加している。[*12] 何と、一〇〇〇倍である! 人口は一〇倍になったにすぎない。二〇一六年現在、コムギは全世界で消費されているカロリー量の二〇パーセントを占めている。コムギは、北米、ロシア、ヨーロッパのような「琥珀色の穀物の波」というイメージを喚起する地域のみならず、ウガンダなどの貧しい地域でも重要な作物になった。コムギとコメはそれぞれ、世界の穀物消費のおよそ四分の一ずつを占める。つまり、世界の植物由来のダイエットのおよそ半分は、ボーローグらが育種した二つのイネ科の食物によって占められる。同じイネ科の植物であるトウモロコシやサトウキビを含めずに、半分を占めているのだ。

ボーローグやハラーらが育種した作物が世界中に拡大するにつれ、必然的にいくつかの事態が生じた。一つは耕地の生産性の増大である。二つ目は、新たな作物が発見され、世界中に広がり、天敵から逃れられた時代と同様、地域の人口が増加したことである。三つ目は、土壌の侵食や、化学肥料や殺虫剤の使用による汚染が爆発的に増大したことだ。汚染とは、人間の生活によって生じた再使用されない廃棄物のことである。その意味では、いかなる農業システムも汚染を生んできた。しかし緑の革命によって導入された新たなシステムは、従来とはまったく異なる様態で汚染を生んだ。畑に散布された化学肥料は作物のみならず、川や湖、さらには海に生息する藻類にも養分を提供する。殺虫剤は作物を蝕む害虫ばかりでなく、害虫を食べる昆虫をも殺す。大量に投与すれば、動物も殺す。DDTは鳥類の卵の殻をもろくし、人間にも影響を及ぼした。除草剤も類似の影響を及ぼす。緑の革命が到来した場所では、これらすべての問題が砂塵のようにつきまとった。しかも、問題はそれらに留まらなかった。

緑の革命は経済を第一に考慮していた。そもそも結果において経済的であった（少なくとも数億人がその恩恵を受けた）。農業を、地域活動からグローバルな活動に変えた点でも経済的であった。農業のグローバル化は、たとえば古代ローマなどでも起こった。しかし緑の革命によって形成された市場の規模は、かつて存在したいかなる市場よりもはるかに大きい。緑の革命で育種された作物が栽培されるようになると、化学肥料を使わねばならなくなり、それを採用した農場の未来は緑の革命が提示するモデルにしばられる。また、たいていの場所では灌漑が必要になり、さらには殺虫剤や除草剤の使用が必須になる。要するに、これらの化合物によって緑の革命が生んだ作物の栽培が可能な環境が作られたのである。実のところ、緑の革命は新たな生物圏（バイオーム）を生んだとも言えよう。そこでは、気候、季節、土壌などの外的要因は、極端なケースでしか農業に影響を及ぼさない。依然として、作物によって暑すぎる場所や寒すぎる場所はあるが、降雨や害虫に関する問題のほとんどは、化学物質や灌漑によって取り除かれた。この新たな世界では、豊穣な収穫を約束する作物を、交配（やのちには遺伝子工学）によって作り出すことができるようになった。そしてもっとも生産性の高い一部の作物が、農民や市場によって、あるいは消費者がスーパーで安価な食品を買うことによって選ばれ、栽培され続けてきたのだ。

つまり緑の革命が生んだ作物は、アメリカ流の農業資本主義に埋め込まれた新たな生態系と経済圏を作り出したのである。[*13] この新たな農業に結びつけられた経済モデルは、すでに裕福な人々がさらに裕福になり、大量に食物を生産するというものであった。だが農民には、市販の種子、装備、化学肥料、殺虫剤を購入するための経済力が求められた。しかも、その必要性はますます増していくばかりだった。新たな技術を手にすることができた農民は、できなかった農民の犠牲（他の職業に転じることが多かった）のもとに繁栄し、ほとんどの農地には、遠方から取り寄せられた種子が蒔かれるようになった。この事実は、農民が減ったこととあいまって、その土地に適応した伝統品種が失われていくことを意味した。ボーローギアとも呼べるこの新たな生態系で種子を販売していれば、農業の要を握る農産企業は、農民から大量の金銭を吸い上げて大儲けすることができた。農民のあいだで交換されていた種子は、企業の大儲けのために販売されるようになったのである。

ボーローギアは、いつまで続くのだろうか？ ボーローグ自身が指摘しているように、彼が育種した作物は、いつまでも順調に栽培できるわけではない。彼自身の言によれば、三〇年が経過するまでには（一九九〇年代前半に相当する）、作物に組み込まれた病害抵抗性や、殺虫剤に対処する手段を身につけた害虫や病原体が出現するはずであった。それが正しければ、三〇年が経過するよりかなり前に、誰かが次世代の作物を育種し、新たな化学物質を開発する必要があった。しかし、伝統的な知識が失われつつあるなか、その誰かは、なおさら種子コレクションに依存しなければならなくなった。他の誰かの手で、適切な種子がすでに収集され保存されていることに期待するしかなくなったのである。しかもそれだけでは十分とは言えず、誰かが、微生物、昆虫、樹木などの野生生物を救わなければならなかった。

第11章　ヘンリー・フォードのジャングル

すべてを食い尽くすイナゴの大群のように、非人間的なゴム農園主のギャングどもが、押し合いへし合いしながら突き進んでいる。
――テオドール・コッホ＝グリュンベルク博士の言葉、リチャード・エヴァンズ・シュルテスの『ゴムの木の栽培化（*The Domestication of the Rubber Tree*）』での引用

自然は私たちを驚かせ挫折させる。誰も、どんな国も、いかなる文化も、この法則には逆らえない。かのヘンリー・フォードでさえも。

ヘンリー・フォードの遺産は、さまざまな意味で現代農業に関するストーリーの一部をなす。彼は都市を巨大な道路ネットワークで結ばれた郊外に変え、アメリカ中に張り巡らされたこのネットワークは、作物を栽培する方法や場所を決定した。フォードの自動車やトラクターは、緑の革命を可能にした。しかしその逆に、自動車は農業に依存する。その製造に必要なゴムは、農業によって生産されるのだから。自動車は石油と鉄鋼を必要とする。石油や鉄を確保するために、戦争が起こる。自動車にはゴムも必要だ。ゴムは簡単に調達できそうに思える。それはアマゾン川の南方の熱帯雨林地域を原産とするパラゴムノキ（*Hevea brasiliencis*）という木から採取される。パラゴムノキが生成するゴムは、草食動物に対するゴムノキの防御手段である。草食動物が葉や茎を噛むと、ゴムが滲み出て、樹皮の直下を流れるネバネバした毒素が口に付着する。このネバネバした物体は、アマゾン地方の文化のもとで、バッグやボー

ルなどの防水性の物品を作るのに使われていた。だがパラゴムノキは、食物として、より重要であった。種子は食用になる。[*1] この地域が植民されてから数百年間、ヨーロッパ人は種子を無視し、ゴムには何の価値も見出さなかった。しかし一七七〇年、（やがて酸素を発見する）進取の気質に富むイギリスの化学者ジョセフ・プリーストリーが、凝固したゴムの樹液（ラテックス）で鉛筆のなぐり書きを消せることに気づく。この発見は、ある程度の需要を生んだ。ブラジルでは、靴などゴム製の製品が作られていたが、品質は悪かった。こわれやすく真っ二つに割れた。また、猛暑のおりには靴が路面で溶けた。

しかし二つの発明によって、すべては変わる。一つはレインコートだ。チャールズ・マッキントッシュは、薄いゴムのあいだに繊維をサンドウイッチのようにはさむことで、防水性の布地や、のちにはコートを製造できるようにした（それゆえ「レインコート」は「マッキントッシュ」とも言われる）。もう一つは加硫法（*Vulcanization*）である。ヴァルカンは、ローマ神話の火の神であり、発明の火、勤勉、鍛冶屋の炎を意味する。加硫法は、貧困にあえぎながら大きな夢を抱いていたチャールズ・グッドイヤーによって一八三九年に考案された。彼は、ゴムの耐久性を向上させようと何年も苦心していた。ある日、ゴムと硫黄を混ぜ、ストーブの上に置いてみた。しばらくすると、混合物は沸騰する。それからストーブから下ろして冷ますと、ゴムがネバネバしなくなったことに気づく。しかも依然として強靭で、曲げることができた。グッドイヤーは、硫黄によって弾力性と抵抗力が加わり、ゴムがより安定したと理解した。加硫法の発明により、さまざまな製品に、やがてはタイヤにゴムを使えるようになったのだ。

ゴム市場はブームを迎え、シングー川、タパジョス川、マデイラ川などのアマゾン川の主要な支流では、パラゴムノキを探す人々や、ゴムを採取する人々を乗せた船が行き交うようになる。ゴムの採取は、木の下方に向かって斜めに切り込みを入れることで始まる。すると斜めの切り込みから、垂直に入れた別の切り込みに向かって樹液が流れ出る。垂直の切れ込みに入った樹液は、下に置かれたカップやバケツに注がれる。ゴムの採取は早朝から始まり、採取者(タッパー)は、気温が上昇して樹液の流れが遅くなる前に、数百本の木を巡回する。時間が経つと、切り込みは治癒する。治癒すると、より高い位置に切り込みが入れられる。アマゾン地方の多くの場所では、六メートルほどの高さまで切り込みが入った木が見られ、タッパーの苦労をうかがい知ることができる。不真面目な態度で働く者は、自分の指を切り落とすことがあった。

ゴムの需要は、数年間増大し続けた。価格は一八七〇年に至る一〇年間だけで二倍に高騰した。それにともなって、熱帯雨林の多くの地域であらゆるゴムノキに切り込みが入れられるまで狂騒が続く。そのあいだに、欧米人はゴムで大儲けした。

しかし、すぐにすべては変わる。一八七六年、キュー英国王立植物園は、それまで大した業績をあげていなかった探検家で企業家のヘンリー・ウィッカムに、アジアの植民地に植えるために必要なゴムノキの種子を収集するよう依頼した。ウィッカムは、タパジョス川がアマゾン川に合流する地点ボイム一箇所で、七万個にのぼるゴムノキの種子を収集し、*2 蒸気船でリバプールに送った。リバプールからは、鉄道でキューガーデンに運ばれた。当時の園長(でチャールズ・ダーウィンの同僚でもあった)ジョセフ・フッカーは、種子の到着を心配しながら待っていた。*3 荷物が到着したとき、七〇〇〇本の苗が生きていた。キューガーデンのスタッフはそれらの苗を育て続けた。かくして七〇〇〇本の苗のうち二八〇〇本が、テームズ川を艀(はしけ)で下り、インド行きの船に積めるまで十分に成長した。

苗がアジアに到着すると、熱心な農民は、木が互いに密接して育つよう、生き残った苗を密集して植えた。苗は、コーヒーさび病によってコーヒーの木の大部分が破壊された、オランダ領東インド（現在のインドネシア）とマレーシアで植えられた。[*4] これらの地域のコーヒー生産は、単一栽培されていたために衰退したにもかかわらず、歴史から学んだ者は誰もいなかったらしい。

ゴムノキは密集して育ち、アマゾン地方のプランテーションよりはるかに大きな利益があがった。[*5] 最初は、ほとんど誰もその理由を考えなかった。一種の奇跡と見なされたのだ。タイヤと自動車の生産量は急増した。のちに種子は、熱帯アジアのオランダ領、ならびにイギリス領植民地全体に分配された（ヴィクトリア女王はウィッカムにナイトの爵位を与えている）。その結果、今日の熱帯アジア全域に、ゴムノキの森が広がっているのだ。そこでは、幹があまりにも互いに近接しているために、木と木の樹冠が接して地面が日陰になっていた。

ウィッカムがもたらした最初の木から種子が選ばれ、それが育ってさらに多量のラテックスが生産されるようになる。自然林では、ゴムノキのラテックスは、ひとたび血液のように凝固し始めると流れ出さなくなる。イソプレンの小滴が融合して、樹液が流れ出す特殊な細胞を詰まらせるからである。しかしアジアのプランテーションでは、種子は世代ごとに、樹液が詰まりにくく、なるべく多くの樹液を生産し、樹脈が永久に開いたままの木から選ばれるようになった。すぐに世界のゴム生産の九〇パーセントは、（宿命的にも日本からそれほど遠くない）熱帯アジアで生産されるようになる。しかも、単位面積あたりの生産量は、アマゾン地方の誰も想像がつかないほど多かった。一九一二年の時点では、アジアのラテックスの生産量は八五〇〇トンであった。それが一九一四年には七万一〇〇〇トン、一九二一年には三七万トンに増大している。[*6] ヘンリー・フォードがゴムタイヤを使って自動車を製造し始めた頃には、世界のゴムのほぼすべてはアジアで、すなわちウィッカムがアジアに持ち込んだ一握りの苗の子孫から生産されていた。

＊＊＊

ヘンリー・フォードは、自動車の製造のために熱帯アジアに依存することを好まず、生産過程をコントロールしたかった。そのためには、自分でゴムを栽培する必要があった。だから、前代未聞の巨大なプランテーションの建設を決意する。このプランテーションは、労働者が協力し合いながら暮らし、豊かな食事をし、ジャングルの寄生虫や病原体、さらには犯罪とは無縁な生活を送ることができるユートピアになるはずであった。

フォードは、フォードランディアと呼ばれるようになるプランテーションを、ブラジルの熱帯雨林を切り開いて造成するよう指示し、それによって一〇〇万ヘクタールの土地が開墾された。敷地を横切るには車で一時間ほどかかった。数百軒の家屋が建設され、二〇万本の木を種子から育てるために二〇〇〇人以上の労働者が雇われた。プランテーションでの仕事はすべて誰にでもできると考えていたフォードは、ゴムのプランテーションであることを特に意識せず労働者を雇った。要するに、ミシガン州の自動車工場の組立ラインをモデルにフォードランディアを建設しようとしたのだ。一九一四年に、ジャーナリストのジュリアン・ストリートは、それについて次のように述べている。

車輪やベルトや奇妙な形をした鉄製の部品から成るジャングルを想像してみよう。そこでは労働者や機械が忙しく働いている。それにあらゆる種類の騒音をつけ加える。一〇〇万匹のリスの鳴き声、一〇〇万匹のサルがけんかをする叫び声、一〇〇万匹のライオンの咆哮、一〇〇万匹のブタの断末魔の叫び、鉄板の森のなかを一〇〇万匹のゾウが突進する音、一〇〇万人の少年が吹く指笛の音、無数の咳、地獄に落とされた一〇〇万の罪人のうめき声などだ。これらすべての音が、轟音を立てて未来永劫流れ落ちるナイアガラの滝のすぐそばで鳴り響いているところを想像してみるのである。そうすれば、フォードランディアがどんなところかがおぼろげながらわかるだろう。[*7]

＊＊＊

組立ラインはジャングルと同様、騒々しい。フォードはジャングルを、土壌から始まってゴムで終わる組立ラインに変えたかった。それに必要な機械は木であった。主要な課題は、ただ植えればよい木ではなく、労働に従事する雇用者の社会、すなわち人々を再発明することであった。フォードが雇った二〇〇〇人の労働者は、家屋やバラックで暮らしていた。プランテーションは、最終的に一万二〇〇〇人を抱える。コミュニティの健全性を保つために、飲酒や喫煙は禁じられ、未婚の男性は女性を自宅に連れてきてはならなかった。食事は無料で提供されたが、食糧はトウモロコシやダイズではなくコムギやジャガイモが、ブラジルではなくアメリカ中西部から調達された。余暇は、教会、レクリエーション施設、ゴルフコース、図書館で過ごすことができた。現地に一度も足を運ばなかったフォードは、雇用者のうちゴルフをする者は誰もおらず、ほとんどが名ばかりのキリスト教徒であり、多くの人が文盲であることを知らなかったらしい。どうやら、雇用者は皆、自分と同じだと考えていたようだ。グレッグ・グランディンが『フォードランディア（*Fordlandia*）』で述べるように、「目的の達成に向けた強い自信と、まったくありふれて見える世界に対する好奇心の欠如のために、フォードは故意に専門家の助言を無視して、自分の思いどおりにアマゾン地方をアメリカ中西部に仕立てようとしたのである」

フォードのプランテーションには、先見の明に富んだ部分もある。彼は、ミシガン州同様十分な賃金を払うことで、アマゾン地方でも困難な仕事（単調な労働、苛烈な騒音、退屈さ）を快いものにした。アマゾン地方では、フォードのプランテーションの賃金は比較的よかった。また、熱帯病を治療するための診療所が設けられた。当時、ブラジルのみならず熱帯地方では、一般にマラリアや寄生虫がはびこっていたが、彼のプランテーションからはほぼ完全に根絶された。この業績は、すぐれた医療のみならず、たとえば毎日一〇〇万ガロンの塩素処理された清潔な水をプランテーションに供給する水質浄化システムの構築など、公衆衛生への投資にも依拠していた。

白人の妄想的な野心をくじく熱帯雨林の条件や傾向を無視したフォードは、プランテーションの木がひとたび成熟すれば、自動車二〇〇万台分のタイヤを製造するのに十分なゴムが採取できると見積もっていた。当初ゴムノキは、順調に成長しているように見え、数年間は木からラテックスがあふれ出た。ゴムノキはアジアのプランテーションでは育っているのだから、アマゾン地方でも育たないはずはない。そう考えられた。人々をアマゾン地方に引きつけていたのは、ゴムノキの成長とそれがもたらす繁栄、およびフォードランディアの健全性であった。健全な家族と健康な木。フォードランディアでの健全な生活は、フォードのユートピアでは利用できなかった、ブラジル料理や飲み物、タバコ、ブラジル女性をそろえた一連のビジネスが、アマゾン川上流のとある島に開設されることで、労働者にとってより快適なものになった。近接するブラジルのコミュニティと比べれば、フォードランディアはほとんど桃源郷のようであった。

フォードは、何を心配すべきかがわかるほどゴムノキを熟知してはいなかった。また、植物病理学者、昆虫学者ではなく、エンジニアとビジネスマンを現地に送った。その結果彼は、プランテーションの最大の敵を正しく把握していなかった。しかし、科学者の多くは把握していた。彼らは、アマゾンでは、アジアのゴムノキが免れられている寄生虫に対処しなければならないことを知っていた。その一つは、南米葉枯病（はがれびょう）（*Pseudocercospora ulei*）と呼ばれる子嚢菌（しのうきん）である。[*8]ゴムノキは、昆虫の撃退には多くの資源を投下するが、進化の歴史と偶然のために、菌類に対する防備は甘い。農園労働者は、南米葉枯病について聞いてはいた。それは太古の怪物で、熱帯雨林の奥深くに潜む、説明不能なジャングルの悪魔であった。彼らは、それが恐るべき怪物だと信じていた。[*9]

一方のフォードはジャングルや、そこに生息する生物を恐れていなかった。また上級スタッフから、アマゾンの森林でゴムノキは健全に育っているという報告を受けていた。だがフォードは、アマゾン地方でゴム園を確立しようと試みた者は誰でも彼に伝えられたはずの教訓を見落としていた。その教訓とは、ゴムノキを蝕む最悪の病原体、葉枯病菌は木が成熟するまでは襲ってこないこと、また、濃密な木立ほど大きな被害を受けることであった。

＊＊＊

カカオ、マンゴー、アボカド、コーヒーなどの熱帯の樹木は、脊椎動物を引きつけて種子を別の場所に運ばせるために、果実を結ぶよう進化してきた。樹木は、たちの悪い、あるいは少なくともそばで生きるには都合の悪い母親になりやすい。母の木の直下に種子が落ちると、子の木は母の木と日照を奪い合わねばならなくなる。また、母の木が病原体を抱えていると、それが子の木に感染する可能性は十分にある。母の木のそばでは、子の木は日陰で成長することを強いられ、しかも病気を移されたり害虫の被害を受けたりしやすくなるのだ。そのため、ただ幹の直下に種子を落とすだけの木は絶滅しやすい。それに対し、風に飛ばされる種子や、他の生物を引きつけて運ばせることのできる果実を結ぶ木は繁栄する。母の木のもとを去ることの利点は、きわめて多様な害虫や病原体が生息する熱帯では、とりわけ際立つ。

ゴムノキの果実は、生物学者が射出散布と呼ぶ戦略を進化させた。ゴムノキの果実は乾燥すると、ねじれてはじける。それによって、種子は最大で一〇〇メートル先まで飛ばされる。川に落ちた種子は、さらに遠くまで数十キロメートルほど運ばれる。この距離は、一〇〇〇回果実がはじければ、飛ばされた種子のうち少なくとも一つは生き残って感染を避けられるほど十分に遠い。しかしフォードのプランテーションは、ゴムの母の木が何としてでも避けようとしているまさにそのことを、自然に逆らって実践していた。つまり母の木ではなかったとしても、兄弟姉妹の木のすぐそばに種子を蒔いていたのだ。その効果は、母の木のそばに植えた場合と何ら変わらない。隣接する木が病原体を抱えていれば、自らもそれに感染する可能性は高い。これは、南米の他のゴム園でも起こったことである。スリナムでは、一九一一年に四万本の木が植えられた。すると一九一八年に葉枯病が到来して木から木へと広がり、四万本すべてを切り倒さなければならなくなった。フォードはこの事例を知っていたのかもしれないが、そうであれば単に無視した。いずれにせよ、彼の木は一九三四年に至るまで健康な様子を呈していた。木々の樹冠は豊かに茂り、今にも隣の木に接触しそうになっていた。おそらくフォードは、自然の掟に挑戦していたのだろう。それだけの力を手にしていたということなのかもしれない。

しかし、自然には逆らえなかった。木々の樹冠が互いに接触しそうになってきたちょうどその頃、葉枯病が襲ってきたのである。葉枯病は一九三五年に巨大なプランテーションの一角に姿を現し、最初はラテックスの生産量がもっとも多い成熟した木に被害を及ぼした。緑の葉は黒ずんであばたのようになり、やがて腐って地面に落ちた。木々は丸裸になり、プランテーションはあたかも秋のミシガン州の森のような様相を呈し始める。木は再度成長しようにも、若枝の発育が阻害され、小さな葉をつけることができるだけだった。しかもその葉も、黒ずんでしおれた。葉枯病は古木から若木に、さらには苗木床の小さな木や苗にも拡大していく。こうして年内に、高い木はすべて葉が落ち、他の多くの木も同様な状態に陥った。アジアから取り寄せた、とりわけラテックス生産量の多い木を含め、いくつかのゴムノキの品種が栽培されていたが、このアジア産の木は何が何でも救いたかった。だがそれは、むなしい希望であった。葉枯病に対する病害抵抗性を備えていなかったのだから。事実それらの木は、あっという間に葉を失い、緑をまったく残さずに死んだ。ヘンリー・フォードの産業モデルは、工場内ではうまく機能した。自然に影響されず、人間をコントロールしさえすれば済ませられる場所では有効だった。だが、自然のもとではうまく機能しなかった。自然は規則に従う。しかしそれは、組立ラインの規則とは違う。

それにもかかわらず、ヘンリー・フォードを諫める者は誰もおらず、一年後の一九三六年、彼はプランテーションを別の場所に移す。熱帯雨林を伐採し、フォードランディアよりさらに広い敷地を確保したのである。場所は、ウィッカムが最初に種子を収集した町の近くであった。フォードは、新しいプランテーションをベルテラと呼んだ。ベルテラは、フォードランディアより土地が平坦で、朝霧の影響が小さかった。この条件は、葉枯病を手招きしているようなものだ。土壌は、フォードランディアより肥沃だった。フォードのチームは、さらにあからさまにミシガン州の町をモデルにベルテラを築いた。病院は、ミシガン州のヘンリー・フォード病院と類似していたばかりか、ある面ではさらに現代的であった。そして、フォードランディアよりさらに多くの木が植えられた。その数は苗木が五〇〇万本、生育した木が七〇〇万本に達した。木は以前にも増して迅速かつまっすぐに伸び、さらに多量のラテックスを生産した。そして再び災厄が起こる。今回は（少なくとも最初は）葉枯病ではなく、害虫の突発だった。グンバイムシ、アカムシ、コナジラミ、ヒメアリ、ゾウムシ、ヨコバイ、ツノゼミ、ガなどの害虫が襲ってきて、プランテーションの端から端までゴムノキを食い尽くしたのである。数千人が動員され、手で害虫をつまみ取った。魚類の毒素を成分とする新たな殺虫剤が撒かれた。すると今度は、モグラに似た動物が、根をかじり始める。その様子は、あたかもジャングルの神が、ゴムノキを呪って総攻撃を仕掛けてきたかのようであった。木々は何度も葉を失い、植え直され、守られ、救える木は保護された。一九三七年、当時現地で働いていたアメリカ人の一人ジェームズ・ウィアーに、害虫を撃退する能力と、舞い戻ってきた場合に備えて葉枯病に対する病害抵抗性を持つゴムの品種の種子を探すよう指令が下る。ウィアーは探すふりをしていたが、やがてアメリカ（ケープコッド）に逃げ帰る。そうこうしているうちに、葉枯病が舞い戻ってくる。再びゴムノキから葉が失われ、今回は二度と生えてくることがなかった。

フォードの試みは、数百万ドルを浪費したあとで挫折した。[*10] 彼は、ユートピアもプランテーションも築くことができなかった。自然は勝利した。ジャングルは組立ラインとは違う。受け入れなければならない現実だ。結局フォードと自動車産業は、彼がブラジルの熱帯雨林を伐採し始める以前と同様、ゴムの供給をマレーシア、シンガポールなどのアジア諸国に依存しなければならなくなった。それからわずか数年後の一九四二年、すなわちヒトラーの軍隊がレニングラードを包囲し、ノーマン・ボーローグがゴムギの育種に着手するためにメキシコに赴いた頃、日本の手で、アジアからアメリカに向かうゴムの補給線が遮断される。日常生活、そしておそらくはより重要なことに戦争を継続するためには、アメリカは多量のゴムを、何としてでも確保しなければならなかった。代替供給地はなかった。ベルテラは閉鎖され、アメリカ大陸には、いかなる規模にせよ他にゴムプランテーションは存在していなかったのである。大統領はゴムの確保を指令する。少しでもゴムが採取できるわずかな場所からは、徹底的に搾り取られた。幸いにもアメリカ政府は、完全な修羅場に陥らない程度には未来に対する展望を持っていた。合成ゴムの研究に資金を投下していたのだ。合成ゴムは、フォードの長年の友人トーマス・エジソンの夢でもあった。[*11] 政府はまた、タパジョス川や、アマゾン川の他の支流に沿ってゴムノキを探すために植物学者を派遣した。それは、ウィッカムがアジアに種子を持ち込む以前に人々が行なっていたことであり、また、ゴムの価格が低下してからも極貧の現地民が行なっていたことでもある。

エンジニアたちは、大量生産が可能なほど安価に製造でき、タイヤに使えるほど強靭な合成ゴムの開発を急ピッチで進めていた。当時のタイヤは、地面に接触する部分も、側面も天然ゴム製であった。やがて合成ゴムの生産が始まる。のみならず、合成ゴムを大量生産するために、一大産業が確立される。こうして、戦争に投入されるあらゆる航空機、トラック、自動車のタイヤに合成ゴムが使われるようになった。それは技術の勝利であった。技術はすんでのところで解決方法をあみ出してくれる。人類は、無限の発明の才に富む。その証拠の一つが合成ゴムだ。そう私たちは考える。しかし人類の発明の才には限界がある。ただし合成ゴムのケースでは、そのことはすぐにはわからなかった。合成ゴムがあったからこそ戦争に勝てたのだから。[*12] それがなければ、戦争に負けていただろう。戦前アメリカで使われていたゴムのほぼすべては、アジアで栽培されていたゴムノキから採取された天然ゴムだったが、戦後になると合成ゴムが主流になり、一九四五年にはアメリカで消費されるゴムの九〇パーセント以上が、国内で製造された合成ゴムで占められるようになった。

＊＊＊

ゴムノキのラテックスから生成される天然ゴムは複雑な物質だ。炭素と水素から成る巨大な分子の乳液(ジョン)であり、その基盤をなすのはイソプレン基である。パラゴムノキから採取されるラテックスの場合、個々の分子には数千のイソプレン基の連鎖が含まれる。この炭素と水素の長い連鎖は、ポリイソプレンと呼ばれる。この連鎖の長さと複雑さが、天然ゴムを強靭なものにしているのである。加硫処理された天然ゴムは、ポリイソプレンの複数の分子がさらに長い連鎖へと互いに結びつけられることでさらに強靭になる。加硫処理されたゴムを切断するには、ポリイソプレンを断ち切らなければならない。他方の合成ゴムは、天然ゴムよりはるかに短い分子で構成され、天然ゴムよりもろくすぐに断裂する。

長さと複雑さにおいて、天然ゴムのポリイソプレンに匹敵する合成ゴムを製造することは簡単に思われるかもしれない。だが、簡単ではない。だから、合成ゴムは天然ゴムに比べて弱く長持ちがしない。合成ゴムのタイヤはすぐにすり減る。天然ゴムのタイヤならカリフォルニアに往復できるが、合成ゴムならコロラドにたどりつくのがせいぜいだ。また、合成ゴムはもろすぎて、航空機のタイヤに使うには危険である（それでも第二次世界大戦中は使われていたが）。それにもかかわらず、合成ゴムの初期の成功は、もっと大きな成功を期待させた。質と使い勝手において天然ゴムに匹敵する合成ゴムは、すぐに開発されるはずであった。しかしそうは問屋が卸さなかった。

一つの問題は、一九七三年に産油国がアメリカに対して石油輸出禁止措置をとったために引き起こされた石油危機に起因する。天然ゴムも輸送や加工の工程で石油を必要とするが、合成ゴムの石油への依存度はそれとは次元が違う。だから石油危機が到来したとき、合成ゴムの価格は、絶対的にも天然ゴムと比較しても劇的に高騰したのである。そのときには、天然ゴムの使用量が増えている。産油国の石油輸出禁止措置が解除されれば、天然ゴムの使用量は減ってもおかしくはなかったが、そうはならなかった。理由はまったく意外なものであった。ラジアルタイヤの登場である。

それ以前の「バイアスプライ」タイヤが、ゴムの繊維組織（コード）がタイヤの進行方向に対してほぼ平行に組紐上に走っていたのに対し、ラジアルタイヤでは、進行方向に対して垂直に走るよう構成されている。ラジアルタイヤは二〇世紀初期にすでに発明されていたが、アメリカでは一九六〇年代後半になるまで、自動車産業にも消費者にもあまり知られていなかった。しかしその後市場を席巻し、現在では、バイアスプライタイヤはクラシックカーに使われているだけである。ラジアルタイヤにもう一つの重要な特徴がなければ、この話は車の歴史における些細なできごとの一つにすぎなかったであろう。その特徴とは、ラジアルタイヤは、車のタイヤの素材として十分な強度を確保するために、その側壁に天然ゴムを使用しなければならなかったことである。外へ出てあなたの車を蹴っ飛ばしてみよう。するとつま先が当たった部位は、アジアで栽培されているゴムノキから採取された天然ゴムでできているはずだ。ラジアルタイヤへの転換、および自動車需要の高まりによって、天然ゴムの消費量は一九七〇年代に飛躍的に上昇し、その傾向はここ四〇年間続いている。その結果、天然ゴムに対する二〇一六年の需要は、一九四〇年の一二倍に増大しており、二〇二五年にはさらに倍増すると予想されている。それにもかかわらず、天然ゴムのほとんどは熱帯アジアで栽培されている単一品種に依存しているのだ。

幸いにも、フォードが挫折したあとでも、研究者たちは、葉枯病に対してもっと強い病害抵抗性を持つ品種を見つけようと、もしくは育種しようと努力してきた。第二次世界大戦後、その中心的な役割を果たした人物は、リチャード・エヴァンズ・シュルテスであった。シュルテスは第二次世界大戦中、ゴムの採集のためにアマゾン地方に派遣された。何度か探検を行なってすぐに使えると思しき植物を採集したが、将来の利益を考えて当時は無価値に見えた植物も集めた。原住民と彼らが持つ知識に支援されたシュルテスは、パラゴムノキのさまざまな品種を見つけることができた。背の高い木もあれば、低い木もあり、ラテックスを多量に産出する木もあれば、あまり産出しない木もあった。特筆すべきは、葉枯病に対する病害抵抗性をまったく持たない木と、完全な抵抗性を持つ木があったことである。また、パラゴムノキ以外の九種の野生のゴムノキの種子を収集し、そのうちの二種は、ゴムの生産に使えるラテックスを産出した。[*13] 残りの七種は、凝固しにくく他の点でも劣るラテックスを産出した。だが、ラテックスを多量に産出する品種とかけ合わせれば有用であるかもしれなかった。彼はこれらの種やその変種を、保護区域内、もしくは遠隔地にあるために伐採も開墾もされていない森林で集めている。自分の手で人類の文明を救うつもりで収集していたのである。数百万個の種子を集めたシュルテスは、身の危険を冒しながら山を越え、船で川を下ったり遡行したりし、それから飛行機に乗り、育種プログラムのスタッフのもとに種子を届けた。育種プログラムは両アメリカ大陸に散在していたが、もっとも野心的な試みは、コスタリカのトゥリアルバで行なわれていた。

シュルテスが収集した種子はトゥリアルバに植えられ、世界でもっともすぐれた熱帯植物育種家の一人アーニー・イムレの手で育種された。[*14] シュルテスを冒険採集家と呼ぶなら、イムレは、自然の多様性をゆっくりと慎重に社会のニーズに合わせて加工していく庭の僧侶といったところだ。イムレと彼のチームは一〇年間にわたり、シュルテスが持ち込んだいくつかの品種を植え、それらのあいだで交配を繰り返した。樹木の交配は簡単ではない。創造性が求められる。イムレは、目下の仕事が緊急を要すると感じていた。彼の長期的な目標は、葉枯病に対する完全な病害抵抗性を持ち、多量のラテックスを産出する品種を作り出すことにあった。だが短期的には、代替案があった。彼は、葉枯病に対する病害抵抗性を持つゴムノキと、多量のラテックスを産出する木の幹を接ぎ木しようと考えたのである（葉枯病は葉だけを攻撃する）。接ぎ木は安価に行なうことができ、正しい組み合わせさえ見つけられれば、あとはうまくいくはずであった。

シュルテスの学生だったウェイド・デイヴィスの報告によれば、イムレはそのような接ぎ木を行なうことに成功した。これは画期的な業績だ。すべてを軌道に乗せるには、あと数年待てばよかった。接ぎ木された木は、予防手段としてアジアに導入することもできるし、すでに葉枯病の被害を受けている地域に植えることもできた。シュルテスとイムレは、病害抵抗性を持つと同時に生産性の高い木を作り出す系統的な試みにおいて、史上最高の成果をあげたとも言えよう。イムレの仕事は完了したわけではないが、いずれにせよ大きな業績を残したことに間違いはない。この成功には、イムレの仕事も、シュルテスの仕事も、さらにはシュルテスが遭遇した現地民の知識も、彼が旅した熱帯雨林も必要不可欠であった。

本書がフィクションなら、本章は「イムレのおかげで、葉枯病に対する病害抵抗性を持つゴムノキを栽培する新たなプランテーションが造成され、世界のゴムの供給を脅かす危機は過ぎ去った。めでたし、めでたし」で終わったことだろう。だが本書はフィクションではなく、科学、自然、農業、政策をめぐる実話を描くノンフィクションだ。ノンフィクションのストーリーは、ときに成功ではなく災厄で終わる。一九五三年、ワシントンでの政争のために、また、より緊急性が高い別の問題が生じたこともあって、アメリカのゴム育種プログラムに対する予算は丸ごと削られる。[*15] トゥリアルバで実施されていたプログラムも中止される。さらには、現地の資材はすべて破壊し破棄するよう通達され、国務省の役人がやって来て、育種プログラムの記録やデータを召し上げていった。人類が依存する他の作物のストーリーでは、すんでのところで誰かがやって来て作物を救った。だが、トゥリアルバの種子や木を救おうとする者はいなかった。種子も、その成長の記録も失われてしまった。また木そのものは、切り倒された。

その結果、シュルテスのコレクションはほとんど忘れられている。イムレの新品種は失われた。しかも今日ゴムノキを失う可能性は、第二次世界大戦中より高い。葉枯病の脅威は、以前と変わらず大きい。生物学的に新たな事態が生じたからではなく、単に最近五〇年間、葉枯病対策にほとんど何の進展も見られていないからだ。またこの五〇年間、天然ゴムに対する世界の需要は増大し続けており、さらに今後数十年間、その傾向が続くと見られている。熱帯アジア諸国から輸出されている天然ゴムは、年間八五〇〇万トン、金額にして二〇〇〇億ドルを超える。この額は、ラオスのGDPのおよそ二倍に相当する。*16

その意味では、ゴムのプランテーションは、危機に瀕した樹木の一大帝国とも言えるだろう。

第12章　野生はなぜ必要なのか

遺伝的資源の破壊は、おもに現代の植物育種プログラムの成功によって引き起された。
――ジャック・ハーラン「大災厄の遺伝学」

ヘンリー・フォードは樹木の栽培を、組立ラインや町や国の運営のようなものと考えていた。そして自然の法則に対する己の力を過信し、自然の必然性を理解していなかった。水が丘を流れ下るのと同じように、病原体は必然的に宿主を見つけるということを理解していなかったのだ。アマゾン地方で木を密集して植えることで、彼は害虫や病原体から逃れる手段を、ゴムノキから奪ってしまった。それまでゴムノキは、自らをまばらで見つかりにくくすることで、あるいは木と木の間隔を広くとることで逃れていた。現代の商業と交通の世界、すなわちフォード自身が緊密なネットワークの形成に手を貸した世界にあっては、距離は縮んでしまった。アジアはもはや、アマゾン地方からそれほど遠くはない。

アジアにもいつかは葉枯病（はがれびょう）が到来するだろう。それはいつか？　葉枯病菌の胞子は弱く、船舶などによる長旅には適していない。だが、航空機での移動になら耐えられる。その危険を考えて、マレーシア政府は、葉枯病がはびこるブラジルなどの国からの航空機の乗り入れを禁じている。しかし残念なことに、胞子は今では、はるばるアマゾン地方から運ばれる必要はない。航空機の乗り入れ禁止措置を迂回してやって来るかもしれない。すでにタイまで来ているといううわさもある。タイからマレーシアなら、多数の航空機が乗り入れている。さらに悪いことに、二〇一二年のある研究によれば、「この病原体は、感染したゴムの木から簡単に分離できる。（……）そして国境を越えて見つからずに運び込むことができる」[*1]。つまり、カカオと同様のやり方で、世界におけるゴムの供給の大部分を意図的に破壊することはいとも簡単にできるのである。いとも簡単に可能なのは、木が密集して植えられ、ほとんどのプランテーションが比較的近接して造成され、栽培されている木々が互いに遺伝的に似通っているからだ。またマレーシアのゴムノキは、病害抵抗性ではなく生産性を基準に選ばれている。プランテーション経営者は、ラテックス産出量の多い木を植え、長期的な安全性よりも短期的な利益を優先しているのだ。私たちは何度も何度も同じ間違いを繰り返している。国連が南米葉枯病を生物兵器に指定しているのには理由がある。

科学者は、テロリストがアジアに葉枯病菌をばら撒けるだけの技術力を持っているかどうかを案じている。テロリストは、菌類の胞子を運んで増殖させるために必要な専門知識、つまり世界のゴム供給を壊滅させるのに十分な専門知識を持っているのだろうか？　もちろん持っている。なぜなら、感染した葉をポケットに詰め込んで運ぶだけでよいのだから[*2]。それは来年にも起こり得る。あるいは一〇〇年以内かもしれない。一〇〇年以内なら、新たな品種を育種して育てることも可能であろう。だがこれまでの歴史に鑑みると、私たちがそれに手間をかけるとはとても思えない。もっともあり得るシナリオは、ゴムの木が壊滅し、世界がパニックに陥り、そしてそのあとで運がよければ何らかの解決策が見出されるといった展開になるだろう。

＊＊＊

葉枯病がアジアに到来したとき、ゴムの木を救う手立てを何も講じなくても、ゴムをリサイクルすることはできる。だが、それには限界がある。第二次世界大戦中、アメリカは戦時規制によって六五パーセントのゴムをリサイクルした。しかし一年以内に、それだけでは足りなくなった。ならば、暗澹(あんたん)たる未来の光景がすぐに思い浮んでくる。タイヤが擦り切れるまでは、航空機は離着陸できる。だがそれ以後は、航空会社は安全性に疑問符がつくタイヤを使うか、飛行機を飛ばさないかの選択を迫られるだろう。自動車は新たに製造されるだろうが、そのうちタイヤの側壁に使われる天然ゴムは価格が高騰する。やがて道路は静かになるだろう。誰かが奇跡の発明をするまでは。さもなければ戦争が起こるだろう。アメリカは、アジア産天然ゴムの最大の輸入国だ。二番手は中国である。アジアのゴムの生産が減り続ければ、

図9　国別の単位面積あたりのゴムの生産高（2005～2014年）。黒く塗りつぶされた国は、現在葉枯病が見つかっている国である。明るい色調の国は、現時点では見つかっていない国である。（Data source: FAOSTAT. Figure by Lauren Nichols, Rob Dunn Lab.）

中国はそれを独占しようとするだろう。おそらくアメリカは、それに介入しようとするはずだ。[*3]

＊＊＊

最悪のシナリオが現実になるのを防ぐ方法の一つは、誰かが葉枯病に対する病害抵抗性を持つゴムノキの新品種、もしくは遺伝子を探し、それをもとにラテックスを多量に産出し、葉枯病で死なない品種を作り出す方法を考案することだ。要するに、シュルテスやイムレがやろうとしていたことをもう一度繰り返すのである。この点においてゴムのストーリーは、農業の起源にまでさかのぼる、何度も繰り返される作物の不作の再現だと言える。だがコムギやカカオやジャガイモとは異なり、保護すべき種子や基盤となる知識を見出すことのできる「伝統的な」ゴム畑など存在しない。唯一の望みは、そもそも葉枯病が出現した場所たる野生の自然にある。私たちは社会の一員として、野生生物を保護すべき理由がどこにあるのかを問うこともあろう。この問いに対して、たとえば自然の美や、内在的な価値（「現にそこにあるんだから救わなければならない」「自然には存在する権利がある」など）と答えることもできよう。自然の生態的な機能をあげることもできる。たとえば、「人間が環境にばら撒いている過剰な炭素を吸収する手段として保護しなければならない」などといったように。しかし、もっとも重要な答えはごく単純なものだ。自然はバランスがとれているわけでもなければ、必ずしも人類に好意的なわけでもない。私たちを救いもすれば、脅かしもする。人類がどれほど自然を破壊しようと、害虫や病原体などの自然の危険な側面は、私たちを脅かすことができるのに対し、自然の恩恵は、野生生物が生息する原生地を救うことによってしか得られない。ところが私たちは、自分たちがもっとも必要としている生物がどこの原生地に生息しているのかを知らない。そのことは、ゴムに関してもそうだが作物一般にも当てはまる。私たちが知らない理由は、野生生物の研究を怠り、それらを理解しようとしてこなかったからである。

リチャード・シュルテスが訪れた森林の多くは、あるいはおそらくほとんどは失われている。独自の樹木の個体群もいくつか失われていることだろう。二〇一五年に行なわれた研究によれば、アマゾン地方に生息するゴムノキを始めとする樹木の種の半分は、森林の伐採と気候変動のやっかいな組み合わせのせいで絶滅の危機に瀕している。[*4] ゴムノキを含め、樹木の亜種や個体群は、それらが属する種よりも希少になりつつある。ゴムノキの個体群が現在どれだけ存在するのかは誰にもわからない。それどころか、種の数や生息地ですら正確にはわかっていない。ブラジルのロンドニア州の森林は、よそでは見られない種々のゴムノキが生息するホットスポットをなすが（なしていたというべきかもしれない）、「発展」という名目（ダイズの栽培という形態をとることが多い）のもと、ロンドニア州のあちこちで木が切り倒されている。しかもロンドニア州は、かつて広大であった熱帯雨林が、現在では断片しか残されていない地域の一つにすぎない。どれくらいの熱帯雨林が失われたのだろうか？　その答えは誰も知らない。

シュルテスが発見したゴムノキの個体群の多くが現在でも残され、収集され研究されるのを待っている可能性はある。数本の木がかろうじて残っている場所もあるかもしれないし、現在でも繁栄している場所もあるかもしれない。シュルテスのノートや論文を読み、彼の足跡を追って将来有望な種や個体群を見つけようと試みた者は誰もいない。冒険心に富む人には、それは刺激的で意義のある旅になるだろう。また、イムレの育種プログラムによって得られた知見を探究する者もいない。彼の接ぎ木は、彼自身が主張するように病害抵抗性を持ち、かつ生産性が高かったのだろうか？　種子を求めてアマゾン地方を探索する努力が何度かなされてきたが、問題の規模を考えると、それらは非常に地味な試みであると言わざるを得ない。

一九八一年、国際ゴム研究開発機構（ＩＲＲＤＢ）によって、ブラジルのアクレ州、マットグロッソ州、ロンドニア州で種子を収集するためのプロジェクトが組織された。およそ六万五〇〇〇個の種子が集められ、ブラジル、マレーシア、コートジボワールに植えられた（シュルテスやウィッカムが集めた種子の数より少ないが、相当な作業量であったことには変わりない）。しかしアジアとアフリカで植えられた種子はうまく育たず、ブラジルで植えられた種子はすべて死ぬか失われるかした。病害抵抗性を持ついくつかの株は現在でも活発に研究されているが（おそらくその一部はシュルテスが集めた種子に由来すると見られるが、確証はむずかしい）、資金が不十分で不定期にしか与えられていない。現在のところ、病害抵抗性を持つと同時に、アジアで栽培されているゴムノキほど生産性の高い品種は存在しない。[*5] 葉枯病に対する病害抵抗性を持つゴムノキを育種しようとしている人々が主張するように、危機が到来するまで、彼らの努力を誰も真剣に評価しようとしない。

ゴム産業を救おうとする他の数少ない試みの一つに、エリック・マートゥルがアリゾナ州の砂漠で行なっている仕事がある。マートゥルは、無数の温室を作り、そのなかにクロバエを始めとする生物を放った。温室のなかを飛び回るハエは彼の夢の一部だ。彼は、ゴムが抱える問題に対してまったく違ったアプローチをとっている。それについてはあとで説明するが、その前に、自然が長期的に作物に寄与する一般的なあり方についてまず考えてみよう。

＊＊＊

表面上、ゴムノキの栽培を含め農業は、野生の自然と対立する。フォードは森林を伐採してフォードランディアとベルテラを建設した。同様にブラジルのダイズ畑は、開墾される熱帯雨林と空間を競い合う。いかなる農地も、保護されていない土地だと言える。自然と対立する度合いは農業の形態によって異なるが、世界の人口が数十億にのぼる以上、自然に対して影響を及ぼさない農業など存在しない。また農業の影響は、農場の柵の内側に限られるわけではない。緑の革命の農業は、殺虫剤、化学肥料、除草剤の流出によって汚染をもたらし、広範に悪影響を及ぼす。しかし農業のサステナビリティ、すなわち今後も五〇年、一〇〇年、一〇〇〇年と農業を継続していく能力は、農場によって脅かされている森林の存在に依拠する。短期的には食糧需要（ゴムの場合には自動車需要）を満たせるだけの農地が必要である。とはいえ、遠い将来まで継続的に食糧需要を満たす能力が損なわれてはならない。自然は農業における創意を支える資源の宝庫だが、私たちはそのことを十分に理解していない。

農業に対する野生の自然の価値は、人間の無知の緩衝地帯として機能することだ。ときに私たちは作物の管理に失敗する。あるいは進化が私たちを驚かせることもある。そのようなときに私たちが頼るのは、野生の自然である。ゴムの例で言えば、ゴムノキには栽培化された伝統品種が存在しないため、野生の自然への依存はより直接的なものになる。そしてそれは、科学的な知識と、アマゾン地方の原住民が持つゴムノキに関する伝統的な知識によってのみ媒介される。問題の程度に関係なく、私たちは今後も野生の自然に頼らなければならない。他の作物に関して言えば、野生の自然への依存は、害虫、病原体、気候変動などの新たな脅威の出現によって生じるであろう。作物の伝統品種は、すべての問題を解決できるほど多様でないこともある。

農業はときに、偶然と交雑（セックス）によって野生の自然の恩恵を受ける。作物と近縁野生種の結びつきは、農業に新たな遺伝子を注ぎ込む。その種の結びつきのほとんどは、栽培化された親の作物に比べて有用性に劣る種子や植物を生むが、いくつかの有用な特徴を備えたまったく新たな品種を生むこともまれにある。農民は、作物の近縁野生種を用いることで恩恵を受けてきた。たとえばメキシコの高地に住む農民は、とりわけ気候のパターンが変わったり害虫が発生したりしたときに、新たな特徴を付与するために、野生種テオシントの近くにトウモロコシを植えるのだそうだ。*[6] 私たちは、作物の遺伝子に交雑の歴史を見出すことができる。たとえば、栽培化されたブドウの遺伝子の調査によって、ブドウは、ヨーロッパを西に向かって伝えられるあいだに、農民の手で野生のブドウとかけ合わされたことがわかっている。農民は、その結果できた果実を捨てずに植えたのである。ピノ・ノワールやトラミネールは、こうして生まれたのだ。*[7]

トウモロコシは、風に乗って運ばれてきたテオシントの花粉を受粉することができる。ブドウは、受粉に昆虫の働きを必要とする。カボチャは、スカッシュハチ（squash bee）と呼ばれる特定のハチを必要とする。*[8] また、ジャガイモはマルハナバチに、カカオはハエに依存する。しかし多くの種では、科学者が鳥やハチの代わりをしなければならない。

時代が経つにつれ、育種家は、作物の育種に近縁野生種を用いるのに長けてきた。そのような努力は巨大な恩恵をもたらす。コメを考えてみよう。緑の革命で育種されたコメの品種は、イネグラッシースタントウイルスなどの新たな病原体が出現するまで、一〇年間は順調に栽培されていた。このウイルスに対する病害抵抗性を持つ栽培化されたコメの品種は、数百、数千の品種が試されたにもかかわらず存在しなかった。だが、答えは野生種に見つかった。野性のコメ *Oryza nivara* はイネグラッシースタントウイルスに対する病害抵抗性を持ち、栽培化された生産性の高いコメの品種とかけ合わせて作り出されたコメも同様だった。現在消費されているコメのほとんどには、*Oryza nivara* の遺伝子が含まれているはずだ。[*9] 一九八〇年代に入ると、コメを蝕む別の病原体が出現するが、今回は細菌性の病原体であった。このケースでは、別の野生種 *Oryza longistaminata* がコメを救った。その遺伝子の一つは、スーパーで売られているコメに見つけることができるはずである。[*10]

このような例は他のほとんどの作物に見られる。ブドウの根を食べる昆虫ブドウネアブラムシ(*Daktulosphaira vitifoliae*)がヨーロッパに到来し、イングランドからアルバニアに至るブドウ園を破壊したとき、アメリカ産のブドウの野生種がその状況を救った。現在、世界のほぼすべてのワインは、野生のブドウの木の根に、栽培化されたブドウの木の幹を接ぎ木したブドウから生産されている。また、トウモロコシが葉枯病の脅威を受けたときには、それに対する病害抵抗性を持つメキシコの近縁野生種 *Tripsacum dactyloides* の遺伝子が、栽培化されたトウモロコシに組み込まれた。最近数十年間で、バナナ、オオムギ、ダイズ、キャッサバ、ヒヨコマメ、トウモロコシ、レタス、オートムギ、ジャガイモ、コムギ、ヒマワリ、トマト、そしてこれら以外の少なくとも一七の作物に、近縁野生種の持つ遺伝子が組み込まれてきた。

野生の自然はトウモロコシを救った。コメも救った。ありがたいことに、ワインも。ゴムも救ってくれるかもしれない。アメリカの農業に対する作物の近縁野生種の価値は、年間三億五〇〇〇万ドルと推定されている。世界の農業に対する価値は、年間おそらく一〇〇〇億ドルを超えると見られ、間違いなく一〇〇億ドルを下ることはない。[*11] 熱帯雨林や草原に生息する、栽培化された作物の無骨な近縁野生種は、毛深いパンダやサイより、全力で野生の土地を救うべき確たる理由を与える。それらの野生種の価値は、今後さらに高まっていくだろう。

気候変動の結果、世界が次第に温暖化し、さまざまな事象の予測が困難になるにつれ、農業はそのような事態への適応が必要になる。乾燥が激化する地域もあるだろうし、予測不可能な気候変化のパターンを頻繁に経験するようになる地域も出てくることだろう。灌漑はそれらの変化に対する救済手段として機能し得るが、そもそも水が利用できなければ話にならない。零細農家の多くは、降雨に依存しつつ作物を栽培している。[*12] したがって灌漑は、単に水だけでなく、新たな農業モデルをも必要とする。極端な気候のもとで栽培されている伝統品種には、農場で栽培される作物に組み込んで、栽培の継続を可能にする遺伝子を持つものが多数ある。作物の近縁野生種は、栽培化された品種に比べ、より気温が高く乾燥した地域で育つものが多い。したがって、より厳しくなる気候のもとで農業を続けていくのに役立つ遺伝子を持つ可能性が高い。たとえば、あるコメの野生種（*Oryza officinalis*）は、ほとんどの栽培化されたコメの品種よりも開花時期が早く、開花時間が遅い。そのため、一日の一番暑い時間に開花せずに済む。最近この野生種の遺伝子が栽培化されたコメの品種に組み込まれ、非常に暑い気候のもとでも高い生産性を保てるようになった。[*13] また将来、多くの地域で土壌の塩分濃度が高まると予測されているが、塩分に対する耐性の高いコメの品種を交配するのに使えそうなコメの野生種が見つかっている。

将来も作物の近縁野生種に依存しなければならないのなら、野生種が今後も存続し続けることが第一の条件になる。気候変動によるリスクを考慮に入れなくても、現在地球上に存在する植物の五分の一は絶滅の危機に瀕している。[*14] 作物の近縁野生種は、人間の手で長らく環境が変えられてきた地域に集中し、作物の収穫を必要とするまさにその人間によってじかに脅かされ、さらに大きなリスクに直面している。数々の問題が生じている現代世界において、アフガニスタンやトルコやイラクに生息する植物を保護するための資金援助は、他人の仕事であるかのように思われるかもしれないが、今後もパンを食べ、オオムギから醸造されるビールを飲み続けたいのなら、まさに今それを実行しなければならない。

保護の焦点を作物の近縁野生種に絞ることは、「もっとも有用な作物は、すでに長い農業の歴史を通じてすべて発見されており、私たちの課題はそれらを栽培し続けることだ」と仮定することである。しかし、すべての有用な作物が発見されたわけではない。人類にとって有用な植物や、作物にさえ、まだ栽培されていない種が存在する可能性はある。それゆえ、作物の近縁野生種のみならず、将来作物になり得る植物も保護する必要がある。もう一度ゴムについて考えてみよう。

＊＊＊

シュルテスの見積もりによれば、三万七〇〇〇種を超える植物が、何らかの形態のラテックスを産出する。また七〇〇〇種以上が、ゴムの原料に求められる基本的な要件を満たす。私たちは、たとえ保護すべき生物種の一覧が膨らもうと、これらの種を保護しなければならない。また、現在のところ栽培化されていない塊茎植物や、まだ誰も味わったことのない果物など、現在のニーズばかりでなく将来生じると考えられるニーズに合った種も保護する必要がある。

いくつかの研究グループによって、これら七〇〇〇種のうち数種を対象に実験が行なわれている。現在もっとも注目されている種の一つは、アメリカ南西部とメキシコで発見された砂漠の植物グアユール(*Parthenium argentatum*)である。グアユールは、小さな潅木で、太い幹を持つ。比較的大規模に栽培されており、パンアリダス社とユーレックス社によって販売されている。両社とも、グアユールによって他のゴムノキを置き換えられると、あるいは少なくともそれらと競合できると期待している。[*15] ユーレックス社の科学主幹エリック・マートゥルは、グアユールを用いて一二〇〇以上の雑種を作り出したと主張する。

ケイド・メッツによる『ワイアード』誌の記事によれば、マートゥルは、背は高く、肌は浅黒く、髪の毛は薄く、[*16] 大きな野心を胸に抱きながらグアユールの品種を温室でかけ合わせている。品種の選択は、次のように技術的なものである。彼はまず、最新の技術を用いて植物間の遺伝的差異を解読し、かけ合わせればもっとも有望な子孫が生まれる可能性が高そうな独自の遺伝子を持つ品種を選択する。彼は、ノーマン・ボーローグが夢に見るしかなかったようなツールを使っている。しかもツールは改善の一途をたどっている。たとえば、USDAはヌクレオチドごとに、グアユールのゲノムを解読しつつある。しかしグアユールの花はえり好みをする。したがって、授粉(ある花のおしべから別の花のめしべへの花粉の運搬)にクロバエを使うことが肝要になる。マートゥルは、このキラキラした青緑のハエが、地理的に遠く離れた場所に存在する、きわめて多様なグアユールの個体群のあいだで花粉を運んでいると考えている。グアユールは、二〇世紀に盛んに収穫されていたため、そのあいだに多くの個体群が失われた。

彼は、コレクションに保管されている古い種子のなかから、失われた個体群に属していたグアユールの種子を探そうとしている。もちろん、まったく失われてしまったものもある。

マートゥルが作り出した雑種のなかには、多量のゴムを産出するものもある。現在のところはまだ、アジアのプランテーションで栽培されているゴムの木ほどではないが、商業的に見合った量を収穫することができる。加えて、サイズが小さいために、収穫にトラクターを使うことができる。グアユールは、新たな希望である。マートゥルとユーレックス社の希望であり、パンアリダス社の希望でもある。また、クーパー・タイヤ・アンド・ラバー・カンパニー〔アメリカのタイヤメーカー〕などの他の企業もそれに期待している。これまでのところ、いくつかの製品にユーレックス社のゴムが使われているが、広く普及しているわけではない。たとえばパタゴニア社〔おもにアウトドア用品を販売しているアメリカの企業〕は、ネオプレン（合成ゴム）とグアユールゴムを併用したウエットスーツを製造している。ブリヂストン社は一部のタイヤを、グアユールを用いて製造している。ゴム製品にゴムノキ以外の植物を使おうとしたのは、グアユールに着目しているマートゥルらが最初ではない。[*17] しかし彼ら以外は失敗している。グアユールも骨折り損に終わる可能性はあるが、いずれにせよ、作物を救うためのアプローチを大幅に転換しなければ、私たちはいつまでも、その種の骨折り損の試みに依存し続けなければならないだろう。

＊＊＊

すべての作物の近縁野生種と、将来役立ちそうな植物の種子を収集して種子バンクに保管することは、理論的には可能であろう。そして、エリック・マートゥルのような、保存されている種子を巧みに利用できる人物の出現を待つのである。そのようなアプローチによって、周囲の生物を人間の手から守るという考えは古くからあった。ニコライ・ヴァヴィロフが、一八万七〇〇〇の作物品種に加え、作物の近縁野生種を主体に四万種の野生植物を収集した理由の一つもそこにあった。

しかし、野生種を根や種子のコレクションとして保存する試みは、作物の近縁野生種の完全な喪失を防ぐ一つの手段であるとはいえ、それだけですべての問題を解決できるわけではない。野生種の種子には、凍結しても保存が効かないものもある。また、保管場所から回収して植え直す必要が生じたときに、扱いがむずかしいものもある。加えて、近縁野生種ごとに一つずつというだけでなく、遺伝的変異も考慮して収集する必要がある。しかし最大の問題は、コレクションに追加されれば、進化が止まることだ。つまり、その植物が、新たな害虫に対する病害抵抗性を進化させる可能性はゼロになる。要するに、収穫された瞬間の状態で凍結されてしまうのである。だから保護すべき植物の有用性を担保するには、種子として保管することに加え、植物を野生の自然のもとで保護する必要がある。近縁野生種に、自然が投げかけてくる種々の困難を克服する能力を獲得させるには、野生の自然のもとで育てる以外にない。

栽培化された作物とは異なり、近縁野生種は、交雑と害虫のおかげで進化し続けている。[*18] 自然選択は、子孫を多く残せる遺伝子を持つ個体を各世代において選好する。それ以外の個体の系統は、絶滅という斧で切り落とされる。自然選択の最強の仲介者(エージェント)は、寄生虫、病原体、長期的な気候変動だ。交雑は、各世代が多様な個体で占められ、両親から子孫に新たな組み合わせの遺伝子が受け渡されることを保証する(それに加えてまれに突然変異が生じる)。交雑は多様性を生み、自然選択は結果として生じる形態を選り分ける。気候変動、害虫、病原体に強い新たな作物を育種し続けるためには、新たな害虫や病原体、あるいは気候の変化が、新たな近縁野生種を生じさせるような場所を救わなければならない。そして、近縁野生種やそれが依存する生物ばかりでなく、作物を攻撃する生物、すなわちその進化を促す害虫、病原体、寄生虫も救う必要がある。[*19]

農業が集約化されればされるほど、また気候が極端化すればするほど、さらには新たな病原体が多数出現すればするほど、作物の近縁野生種の役割はそれだけ重要になる。私たち自身の安全を確保するためには、広範に野生の自然を保護しなければならない。保全生物学者は、人類を救うために、どこでどの程度生物を救う必要があるのかを示す高度なモデルを考案してきた。しかし生物多様性の保護に生涯を捧げてきたE・O・ウィルソンは、より単純なモデルを提案する。彼によれば、半分の土地を保護する必要がある。場所によって土地の重要度に違いはあるとしても、半分の土地を保護する必要性の理解は、「将来与えてくれる有用性のために土地を保護することには、今すぐにできることや、今日明日のために栽培できる作物と同程度の価値がある」という単純な真実を認識することでもある。現在栽培されている作物は、今日生きている私たちのためのものだ。それに対し、将来のためにとっておくものは、子どもたちや、未来世代のためのもの、つまり彼らが採掘できる生物学的金鉱なのである。今日森林を保護すれば、将来コーヒーの木の受粉に役立つだろう。明日のために森林を保護すれば、コーヒーを絶滅から救えるだろう。

保全生物学者は、野生種を保護すべき理由をあれやこれやと述べ立てる。審美的価値を称揚する者もいれば(「それらは美しい」)、内在的価値を主張する者もいる(「それらは存在する権利を持っている」)。だが、たとえこれらの議論には納得できなかったとしても、人類を破滅から救うためには、野生の土地と野生種を保護しなければならないことは自明であろう。私たちが今後も、作物を食べ、ゴムタイヤの車を運転し、文明を維持するためには、それらを保護しなければならない。私たちは、野生の土地を無条件に救うべきだが、野生（野生のゴムノキ、カカオの木を受粉させるハチ、クロバエ、グアユールなど）が持つ本質的な美や価値に関心を持てないのなら、せめて私たち自身のために野生の土地を救うべきである。[*20]

第13章　赤の女王と果てしないレース

馴染みのないギアからクランクを見分けるのはむずかしいことがある。
——リー・ヴァン・ヴェーレン、『ニューヨークタイムズ』紙上でのヴァン・ヴェーレンの追悼記事でダグラス・マーティンが引用

ときに私は、生物学科の支離滅裂さをネタにした小説を書きたくなる。事実に近ければ近いほど、読者はそこに書かれている内容が信じられなくなるだろう。大学を舞台にしたドラマの一つに、「偉大な科学者」が、日常生活で起こる問題に対処できない、あるいは少なくとも社会が妥当と見なすやり方では対処できないことを題材にしたものがある。たとえば、トイレがすぐ近くにあるのに、効率性の名のもとに研究室のなかで瓶に小便をする教授などといったキャラクターが登場する。[*1] 専門化にまつわる問題もある。あまりにも専門化の度合いが激しいため、生物学者は同じ学部の他の教授の研究に関心がなかったり、悪くすると科学でないとさえ思っていたりする。しかも背景が奇抜だ。ホルマリン漬けの脳が入ったガラス瓶が陳列された部屋で、愛憎劇が繰り広げられたりするのだから。しかし生物学科をもっとも興味深い場所にしている要因は、エゴと失敗に満ちた妬み、嫉み、いやがらせの劇場で、タンバリンを打ち鳴らして拍子をとりながら、ド派手にキャンパス内を歩き回っている奇矯な教授でさえ、生物学的世界の真実や機能を明らかにしつつあることだ。

そんな教授の一人に、リー・ヴァン・ヴェーレンがいる。彼にはアイロンかけの才能がまるでなかっ

たらしい。[2] くしゃくしゃになったシャツをいつもズボンの両側に垂らしていたが、右と左で垂れ方が違っていた。というのも、右ポケットは、つねに縦五インチ横三インチ〔一インチは二・五四センチメートル〕の索引カードでいっぱいになっていたからだ。誰かがおもしろいことを口にすると、彼は小さな索引カードにメモし、誰もおもしろいことを言わなければ、自分の頭に浮かんできた妙案をメモしていた。神より少しばかり長く、チャールズ・ダーウィンよりやや短いあごひげをたくわえていたとも言われる。[3] 彼の研究室は書棚で迷路と化し、何万冊もの本がいまにも崩れそうに積み上げられていた。それは言葉とアイデアの宝庫で、そこで彼は恐竜の性生活に関する歌を作り、彼の賞賛の対象とキツネザルを比較していた（前者には不利であることがわかった）。[4] このように、彼は日ごろの奇矯な振舞いを学問の世界でも押し通していたのである。その一方で、彼は生命作用が依拠する基本的なルールを明らかにした。

リー・ヴァン・ヴェーレンは一九七〇年代、シカゴ大学で生態学と進化を専攻する教授を務めていた。[5] 進化のさまざまな側面を研究する進化生物学者だったのだ。[6] 他の研究者が時間を費やしている研究を避け、資金援助を受けられそうな研究は何であれ嫌っていた。科学に関して「従順は人を陳腐にする」と述べているが、それは科学以外にも当てはまる。[7] 一九六〇年代以後、彼は数学や科学理論を駆使して現実の世界が機能するあり方の予測を試みていた。とりわけ、人間であろうが作物であろうが、害虫や病原体や捕食者から逃れようとする宿主の苦闘に興味を抱いていた。

ヴァン・ヴェーレンは、寄生虫、捕食者、食物摂取の必要性から免れられる生物種など存在しないと述べる。だから、自然界のいかなる生物も完成することがない。いかなる生物も、つねに食物を求め、敵から逃れようとしている。そして捕食者から逃れられても、あるいは獲物を捕まえられても、それは一時的なものにすぎない。逃げようとしてあげた足は、捕食者や寄生虫がそれに適応すれば、結局は同じ場所に着地する。彼はこの考えを「赤の女王仮説」と呼んだ。もちろんこの名は、ルイス・キャロルの『鏡の国のアリス』から取ったものだ。アリスは赤の女王に、なぜいくら走っても同じところに留まっているのかと尋ねる。すると赤の女王は、前進するには二倍速く走らねばならないと答える。赤の女王は、人間の生存条件に言及しているのである。またヴァン・ヴェーレンは、赤の女王のストーリーによって、生命、とりわけ作物に関するありふれたシナリオが、たとえによって示されていることに気づいていた。

ヴァン・ヴェーレンは、自分の仮説がまったく新しく、かつ重要なものだと考えていた。だが同僚たちは、彼ほどの確信を持っていなかった。赤の女王仮説を提起する論文の掲載が何度も拒否されると、彼は自分で科学雑誌を創刊し、自ら編集者になった。当然ながら、彼の論文はこの雑誌にただちに受け入れられ、一九七三年に刊行された『Evolutionary Theory』誌第一巻の巻頭論文として掲載されている。*8 振り返ってみると、論文の定量的な側面は実にエレガントなものであった。しかし、この論文が生態学に与えた永続的な影響は、数学ではなく赤の女王のたとえによるものだった。彼は赤の女王に言及することで、容易に視覚化できるたとえの形態で生物の世界を考える機会を読者に提供したのである。すぐれたたとえは、それ自体一種の発見だと言えよう。

＊＊＊

農業の歴史は、一歩先に進もうとするたびに、結局もとの位置に留まっているのに気づくことの繰り返しとしてとらえることができる。農地における赤の女王レースは、最初は草原や森林のそれと似ていた。伝統的な自給農業を続けている、一種の脱出アーティストたる農民は、害虫や病原体に一歩先んじるためのさまざまな手段を持つ。彼らは、同時に複数の作物を、また同じ作物でも複数の品種を栽培して、それらの作物や品種のどれかが、やがて到来するかもしれない害虫や病原体に対する病害抵抗性を持つ可能性が高まるよう配慮する。またそのような混作には、一年ごとの気候変動などの不確実性の影響を緩和する利点もある。加えて、多様な作物を栽培することで、いかなる害虫や病原体も十分な養分を確保することができなくなり、したがってアウトブレイクが起こりにくくなる。伝統的な農地では、種々の作物品種が、さまざまな害虫や病原体から巧妙に逃げていると言えよう。手持ちの作物だけでは不十分な場合、農民は農業を続けていくために、品種を交換したり貸し借りし合ったりする。農家同士の交換や貸し借りは、赤の女王レースが、個々の村や農地ごとに個別に生じている限り有効だ。病害抵抗性を持つ品種が発見されれば、その品種は多数栽培されるようになり、対応する病原体は、新たな能力を獲得して再び勢力を盛り返すまで衰退する。かくして伝統的な農地は、いかなる場所でもつねに多様性を保つことで、害虫や病原体から逃れてきた。[*9] つまりそこでは、草原や森林で演じられているものと多くの点で似通った複雑で精妙なダンス、すなわちさまざまな生物が互いにパートナーを組む、死と生殖のタンゴが演じられているのだ。

ほとんどの作物では、これまで見てきたように、原産地から別の地域に移され害虫や病原体から逃れられたときに、赤の女王レースにおける最大の一歩が踏み出されている。しかし、やがて多くの害虫や病原体が追いついてきて、この恩恵はいずれ失われる。ぜいたくな猶予期間に繁栄する作物もあるが、

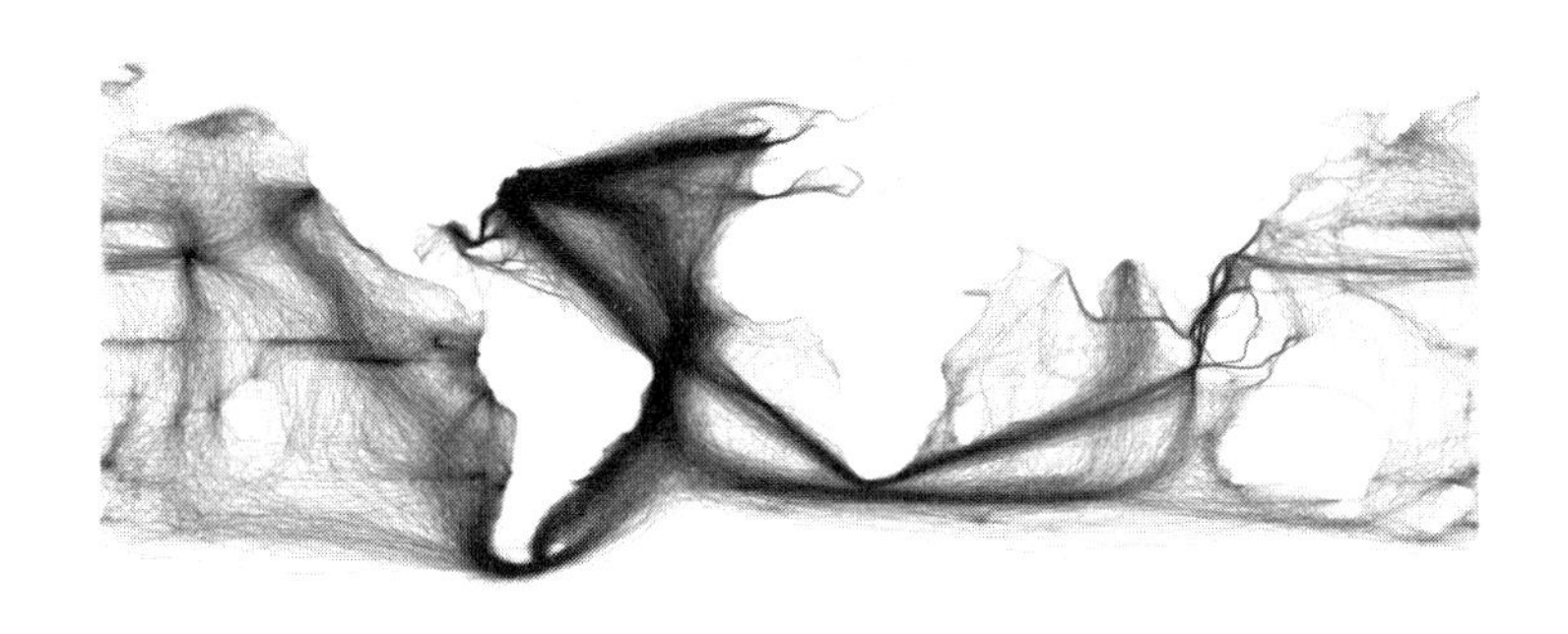

図10　世界の海運ルート。カナリア諸島が世界の海運の中枢をなしている点に着目されたい。すべてのルートの輸送量が等しいわけではないが、害虫や病原体は、地域から地域へと移動する機会をあまた有している。そして世界の海運の規模と頻度は、次第に増大している。（Image source: Benjamin Schmidt.）

その数は年々減っていく。

作物が移され、害虫や病原体が追いつき始めると（これは、ヨーロッパから北米など、特定の気候圏内での移動の頻度がもっとも高い温暖な地域で最初に起こりやすい）、病害抵抗性を持つ品種を育種する必要が生じる。緑の革命以前でさえ、病害抵抗性を持つ品種は迅速に北米、ヨーロッパ、アジアへと拡大していった。その結果、二〇〇三年の世界の食物供給は、一九六〇年に比べ一人あたり二〇パーセント増大している。その間、総人口は二倍以上に増え、[*10] しかも緑の革命は一握りの国々の農業に影響を与えたにすぎないにもかかわらず増えているのである。これらの新品種によって、農業は一時的に一歩先んじたのだと言えよう。また、最大の収穫は、温暖な地域に位置する、アメリカなどの富裕な国において集中して得られるようになった。しかしそこには落とし穴があった。赤の女王レースが加速したのだ。

＊＊＊

害虫や病原体に対する作物の病害抵抗性は、防御能力を付与するたった一つの遺伝子や形質に由来するケースが多い。だが、作物畑（悪くすると一つの大陸全体）に栽培されているあらゆる植物が同一の防御メカニズムを備えていれば、それを打破する能力を獲得した害虫や病原体は、栽培されている作物を丸ごと食い尽くすことができる。次に起こったのは、まさにそのような事態である。一九六八年にアイオワ州とイリノイ州で、トウモロコシごま葉枯病（はがれびょう）〔以下ごま葉枯病と訳す〕が発生した。この病気はトウモロコシの穂に「穂腐れ」を引き起こす。現在では *Bipolaris maydis* として知られているこの病原菌には、当時はまだ名前がなかった。一九六九年には広く知られるところとなったが、それでも重大な問題とは見なされていなかった。一九七〇年になると、ごま葉枯病はアメリカ全体に広がり、トウモロコシの被害総額は、当時のドル換算で一〇億ドルに達した。アメリカのトウモロコシの一五パーセントが壊滅したが、あとから考えてみるとそれだけの被害で済んだのが不思議に思える。

ごま葉枯病の拡大は、一九六八年から七〇年にかけて湿潤な気候が続いたことで引き起こされた。また、栽培されているトウモロコシの品種に多様性が欠けていたこともその要因の一つであった。さらには、いくつかの地域では複数のトウモロコシの品種が栽培されていたにもかかわらず、アメリカで栽培されているすべてのトウモロコシには、緑の革命のおかげで同一の弱点があった。その弱点とは次のようなものだ。おしべが機能不全に陥った雄性不稔のトウモロコシの品種が発見されていた。トウモロコシは「自家受粉」する能力を持つ。つまり、自分で自分を受粉させることができる。雑種を作り出そうとする育種家にとって、自家受粉は都合が悪い。伝統的に、トウモロコシの花のおしべを除去（雄穂除去）することで、自家受粉を回避してきた。しかし、この作業は人が手で行なわねばならない。雄性不稔トウモロコシは、かけ合わせる品種をコントロールすることができるので育種家にとって都合がよい。また、雄穂除去という重労働を行なわずに少ない労働力で収穫を増やせるので農民にとっても都合がよい。雄性不稔トウモロコシは、雄性不稔を引き起こす遺伝子を細胞質（各細胞内にある小さな海）中に持つという、たった一つの特徴のみを共有する複数の品種を育種するのに用いられていたので、問題はないはずであった。ところが、病原体が、この遺伝子、もしくはそれによって生成される物質を操作する能力を獲得すると、アメリカ中のほぼすべてのトウモロコシの穂が大きな危険にさらされるという問題があった。ごま葉枯病は、まさにそのような事態を引き起こしたのである。一〇年も経たないうちに、ごま葉枯病はトウモロコシ産業のアキレス腱を見つける。魔よけの銀の弾丸は、いまやアキレス腱と化していた。アメリカのトウモロコシ産業に壊滅的な打撃を与えたあと、ごま葉枯病はさらに、緑の革命で育種されたトウモロコシが栽培されている他の地域へと拡大する。おそらく、ごま葉枯病が流行しているあいだにアメリカから輸出された種子とともに運ばれたと考えられる（承知のうえでと主張する者もいる）。かくしてこの病気は、日本、フィリピン、アフリカの一部、ラテンアメリカに到来し、襲われたすべての地域でトウモロコシが不作に陥った。

緑の革命は、害虫や病原体に新たな恵みを与えたのだ。ひとたび防御網を突破した一匹の害虫は、作物品種間のわずかな違いや天敵にわずらわされずに、何マイルにもわたって作物をむさぼり続けることができた。この世にエデンの園が実在するなら、それは、緑の革命で作り出された作物の防御網を突破した害虫が遭遇した場所以外にはないだろう。そのような事態が起こることは容易に予測できるが、[*11]それに対処するのはきわめてむずかしい。ある作物品種を蝕む害虫が姿を見せたら、それに対処する方法の一つは、別の品種で置き換えることである。トウモロコシやサトウキビでは、その方法がとられた。サトウキビの場合、唯一の対策は、一〇年から一二年ごとに、病害抵抗性を持つ新品種を導入することである。作物品種は、害虫が追いつき新品種を導入しなければならなくなるまで、平均して三年から四年もつ（皮肉にもコメは、育種が盛んな作物のなかでそのスピードがもっとも速い。コメの新品種は、在来品種に比べて収穫量が増えるのが一般的であるため、稲作農民には、新たな害虫が到来もしくは進化した場合でも、収穫量が増えた場合でも、新たな品種に乗り換える傾向がある）。

作物の新品種と、害虫や病原菌のあいだの競争のペースを落とすための一つの方法は、新たな殺虫剤、除草剤、殺菌剤の開発に投資することである。これらの化合物は、農業が一歩先んずることを可能にする。ちなみに、そのような投資は比較的少数の富める国に集中している。しかしいずれにせよ、富裕な国であろうがなかろうが、自然は化学物質に対する耐性を持つ害虫や病原体という形態ですぐに追いついてくる。

殺虫剤に対する耐性を持つ昆虫の記録は、毒性を有する重金属の混合によって殺虫剤が製造されていた一九世紀後半にまでさかのぼる。とはいえ初期の頃は、そのような記録はまれにしかなく、その影響も重大なものではなかった。殺虫剤に対する耐性の最初の記録は、強力な石灰硫黄合剤に対するものが一九一四年に報告されている。一九二八年には、コドリンガ（*Cydia pomonella*）が、砒酸鉛（ひさんなまり）に対する耐性を持つことが発見されている。それから三八年間は、他の昆虫も耐性を進化させているが、その数はきわめて少なく、殺虫剤を少し改良すれば農業を続けられたようだ。[*12]

しかし残念なことに、ノーマン・ボーローグの開発した新品種が普及し、殺虫剤が大量に散布されるようになるにつれ、耐性の進化の速度は上がる。DDTについて考えてみよう。DDTは一九四五年に最初に使用されているが、それから七年も経たないうちに、それに対する耐性を持つ生物が発見されている。一九五四年まで、毎年数種の昆虫がDDTに対する耐性を進化させた。一九八〇年には、一〇六種の作物害虫において、少なくとも一つの個体群が耐性を持つようになっていた。作物の栽培面積が拡大し、殺虫剤が大量投与されるようになると、ますます進化の速度は上がる。最初のヒ素系の殺虫剤は、耐性が獲得されるまで六〇年以上もった。ディルドリンは三年、エンドリンは二年、カルバリルは四年、アジンホスメチルは五年もった。それから事態はさらに悪化する。一九七三年から一九七九年にかけて開発された殺虫剤はすべて、三年以上はもたなかった。それが新たな標準になり、一歩先んじるというより、かろうじて追いつかれずに済んでいるような状態に陥った。悪循環は、危機が生じるたびに繰り返している。何しろ、作物畑の多様性を保つことで害虫や病原体が耐性や有害性を進化させるのを遅らせるのではなく、耐性が進化したら新たな殺虫剤を開発するというのが新しいモデルなのだ。また、作物のほうが病害抵抗性を持つ場合には、害虫が対応する遺伝子の作用を回避できるようになってから、新品種の育種にとりかかっている。まったく懲りないモデルである。私たちの食卓のうえにダモクレスの剣〔迫りくる危機を教え諭す事象〕が吊るされているようなものだ。作物品種の病害抵抗性、除草剤、殺虫剤に対する耐性を獲得した害虫や病原体の出現の繰り返しは、農民を種子、除草剤、殺虫剤、化学肥料を販売する企業にさらに強く結びつける。

このように、病害抵抗性を持つ作物品種の育種や新たな殺虫剤の開発に対する依存度が高まると、次第に農民は、赤の女王レースの蚊帳の外に置かれるようになる。その結果、世界の農民の多くが、害虫や病原体の侵入を阻止するために、一握りの企業、大学、施設に依存するようになった。つまり、害虫や病原体による被害から作物を守る役割は、多数の農民から、少数の科学者の手に移ったのである。これらの科学者は、自らの創意に頼って手探りで研究しているが、それには伝統作物や野生種を手がかりにして得られる知識が必要とされることをしばしば忘れている。それだけではない。緑の革命は、大学や、ボーローグが勤めていたメキシコの研究所のような施設で行なわれた研究をもとに始まっているが、その成功と、グローバル・ガバナンス〔国境を超えて処々の問題に対処するための枠組み〕の変化によって、富める国々の政府や大学は自国内での、また国際的な開発機関は発展途上国での農業研究に、資金をあまり投下しなくなった。[*13] さらに言えば、作物栽培を維持する責任は、日ごとに公共機関から私企業へと移っていった。この状況は、やがて農業に誰も予期していなかった甚大な影響を及ぼす。

理論的には、緑の革命は作物畑の多様性を保ちつつ、生態学と進化の知識を動員して作物の収穫高を向上させるというものでもあり得ただろう。研究によれば、多様な品種が栽培される現代の集約的な稲田は、品種の数が少ない稲田に比べ、病害が少なく、生産性が高い。[*14] 特定の病原体に弱い品種は、その病原体に対する病害抵抗性を持つ品種に囲まれていると被害が減少する。ただし多様な品種が植えられた畑は、種まきがむずかしい。というのも、種子の大きさが不均一になりがちで、標準的な種まき機が使いにくくなるからである。また、高さが不ぞろいになったり、実りの時期がまちまちになったりするため収穫もむずかしい。これらの問題は克服できたはずだが、とりわけ第二次世界大戦後に農業の機械化が進んだ先進諸国では、克服の試みがなされなかった。その代わり緑の革命が起こり、技術と農産業に依存して一箇所で必死に走り続ける道を選んだのだ。

＊＊＊

他の地域では、害虫や病原体から永久に免れる手段を提供する、農業に対する別のアプローチが誕生しつつあった。それはガで始まった。台所でも見つかるスジコナマダラメイガ（*Ephestia kuehniella*）は、多くの生物と同様、有益な微生物の宿主にも、[＊15]病原体の宿主にもなり得る。後者には、バシラス属のとりわけ破壊的な種が含まれる。この種は、発見されたドイツのチューリンゲン州の名をとって*Bacillus thuringiensis*（Ｂｔ）と呼ばれている。やがてＢｔは、日本で絹糸の生産に使われているカイコを攻撃する細菌の系統に属することが判明する。[＊16]

台所では、Ｂｔは小麦粉につくガを抑制している。しかし二〇世紀前半の日本では、Ｂｔは製糸業にとって大きな問題であった。Ｂｔが生成するタンパク質結晶は、カイコが摂取すると、アルカリ性の消化管内で酵素によって分解される。すると、このタンパク質は結晶化から解放されて活性化され、消化管に付着したタンパク質に、錠前に差し込まれるカギのごとく結合し、かくして開いた小さな穴を通って、Ｂｔや他の細菌が侵入してくる。ホラー映画のような話だが、カイコを飼育する人にとっては、これは致命的な問題である。しかし、このＢｔが生成するタンパク質を大量に生産できれば、昆虫の幼虫を殺す殺虫剤として使えることがすぐに判明する。Ｂｔを畑に撒けば、カイコの場合と同様、世界各地で作物に被害を与えている害虫の幼虫を殺すことができるはずだ。

一九三〇年代に行なわれた最初のテストでは、ＢｔはアワノメイガをB殺した。[*17]　一九三八年には、Ｂｔをベースにした製品がフランスで市販される。商業化に向けてのさらなる開発努力が重ねられたあと、一九七〇年代になると、Ｂｔは巨大な培養槽で育てられるようになる。培養槽のなかで、ＢｔはＢｔタンパク質結晶（Ｂｔ毒素とも呼ばれる）を生成したのである。またＢｔ自体も、殺虫剤として用いられた。

この殺虫剤は細菌によって自然に生成されるので、有機栽培で用いることができる。さらに都合のよいことに、科学者が自然のもとで探し始めると、Ｂｔは、さまざまな昆虫に影響を及ぼす、（互いに関連する）数百種のタンパク質結晶を生成する変種として至るところに存在することがわかった。それらのほとんどは毛虫に効果があるが、たとえば *Bacillus thuringiensis israelensis* のように蚊に有効な変種もある。また奇跡的にも、コロラドハムシの幼虫を殺す変種も存在する。化学殺虫剤の開発は「ヒット率」がきわめて低いのに対し（およそ二万分の一）、Ｂｔ毒素のヒット率は一〇〇〇分の一に達する。さらに言えば、Ｂｔ毒素は昆虫と戦う細菌によって自然に生成されるため、とりわけ異なるタンパク質が組み合わされ複合されると、それに対する耐性を昆虫が獲得するのはむずかしくなる。こうして、Ｂｔ毒素は殺虫剤として機能し、それによって有機農業は繁栄した。これは、「自然は最初から存在している」という事実に基づく、自然に即した繁栄であった。

科学者や企業は、突然これらの細菌を探し始める。それらは穀物サイロや土壌によく見出されたが、至るところに存在していた。また、土壌のタイプによって独自の変種が生息しているらしかった。農業でよく用いられている微生物ほど、未知の、もしくはほとんど研究されていない野生種に由来する高い価値を有していた。細菌を保護しようと考えた人などいないが、このケースでは、農業は偶然に救われた細菌の恩恵を受けることができた。これらの細菌は、ニシアメリカフクロウにせよ、クロアシイタチにせよ、レッドウッドにしろ、野生生物を守るために森林や他の土地が保護されるのに付随して救われたのである。ここにも、半分の土地を保護すべき理由がある。つまり、私たちの生活や農業のあり方を変える能力を持つ未発見の細菌を救うためである。

＊＊＊

アグリビジネス企業は、害虫や病原体の被害を恒久的に回避するための手段として、これらの細菌に好機を見出すようになるだろう。それは、農業の歴史に最終的な勝利をもたらすことだろう。その瞬間、文明は野生に対して決定的な勝利を収めるのだ（それを可能にした生物は、まさにその自然に由来するとは言わないでおこう）。これは、何が何でも必要とされるステップである。なぜなら、真の革新なくしては、害虫や病原体との赤の女王レースから抜けられないからだ。しかもこのレースでは、人口増加や、概して農業の営みを困難にする気候変動のために、私たちは不利な戦いを強いられている。一九七三年にスタンリー・コーエンとハーバート・ボイヤーによって開発されたアプローチ、遺伝子接合を応用して、Bt毒素の生成に関与している遺伝子を分離できたとしたらどうだろう？　それが可能なら、育種家は害虫にとって致命的ないかなる植物をも作り出せるはずだ。世界でもっとも生産性の高い作物を選び、害虫に対する病害抵抗性を持つように作り直せばよい。そうすれば、殺虫剤を撒く必要もなくなる。

作物への細菌の遺伝子の導入は、植物の育種の歴史において大きな飛躍をもたらすだろう。聡明な科学者たちは、未来への扉を開くことだろう。[*18] 農業の歴史を通じ、植物は互いにかけ合わせることができる限りにおいて育種が可能であった。農民は交配に創意を凝らすことはできたが、花粉と子房（めしべの一部）という生物物理学的現実にしばられざるを得なかった。自然界では、ときに例外が生じる。たとえばサツマイモのゲノムには、自然にその種の飛躍を果たした細菌の遺伝子が含まれる（そして、サツマイモはその恩恵を受けた）。[*19] しかしそのようなことが起こるのはまれであり、人間の手でコントロールできるものではない。だが遺伝子接合の技術を用いれば、サツマイモと細菌の例のように、互いにかけ合わせることのできない二種の生物のあいだで遺伝子を交換することができる。しかも、結果の予測は比較的容易だ。Ｂｔを例にとると、理論的には、昆虫に対する毒性を生む遺伝子を植物に導入することができる。その植物がＢｔ毒素を生成するようになれば、葉や茎を食べた毛虫は毒素を取り込む。そうなれば殺虫剤は不要になるか、使用量を大幅に減らすことができる。農業の歴史における遺伝子接合の革新性は、ある生物の遺伝子を他の生物のゲノムに加えるプロセスを人為的にコントロールし、そのスピードを速められるという点にある。それによってまったく異なる生物同士で遺伝子を共有させることが可能であり、この技術を用いて、クラゲであろうが、細菌であろうが、リスであろうが、地球上に存在するあらゆる生物を農業に役立てられるようになる。このように遺伝子接合は、野生の自然を農業にとってさらに価値あるものにする。また、ビジネスの面では、いかなる企業も、作物の栽培に必要な生物学的要件と化学的要件の両方を、種子というパッケージを販売することで同時に満たせるようになる。そう考えられるようになったのである。

事実、遺伝子接合による植物へのＢｔ毒素の導入は、多大な資金が投下され何年も試行錯誤が繰り返されたのち成功する。それは、遺伝子操作によって実験室で作物が作り出された最初の例になるはずであった。[20] 農業化学企業モンサント社の科学者は、大学に所属する科学者が行なった発見をもとに研究を続けていた。ミズーリ州セントルイスに本社を置くモンサント社は当時、緑の革命の成功を背景に成功を収めていた。遺伝子接合による作物へのBt毒素の導入という形態で、化学と農業の融合は、豊かな実りをもたらそうとしていた。モンサント社は今や、種子を売ることで化学も売ることができた。この場合、化学とはBt毒素のことである。要するにモンサント社は、工業型農業の成果の肝を一粒の種子によって提供できるようになったのである。あとはトラクター、灌漑、化学肥料、除草剤を追加すればよかった。

モンサント社は、最初に農民が栽培化した作物の種子を集め、現代遺伝学の知見を動員して加工した。加工された種子は、大部分は依然としてもとの種子と同じであったが、必要不可欠なスーパーパワーが加わるよう少しばかりいじられていた。モンサント社のあとに、他の企業が続いた（バイエル、シンジェンタ、ダウなど、そのほとんどはかつて化学企業や製薬企業であった）。その過程でこれらの企業は、世界中の主要な種子販売会社を次々に買収していった。種子の販売と農業用化学物質の販売は、もはや別々の商売ではなくなったのである。それらが再び分離するとは、ほとんど考えられない。これらの種子と化学物質は、害虫や病原体に一歩を先んじ、もしかすると優位を保ち続けることを可能にする手段を提供してくれた。状況が悪化することなど、はたしてあり得るのか？

第14章　ファウラーの箱舟

近い将来、人類は自然のもとでは絶対に存在し得ない形態の生物を合成できるようになるだろう。

——ニコライ・ヴァヴィロフ『作物の起源と地理（*Origin and Geography of Cultivated Plants*）』

核戦争によってであろうが、もっとありきたりのできごとによってであろうが、文明の薄い皮膜が破裂すれば、人類は再び、種子を求めて地球上をさまよい歩かなければならなくなるだろう。

小さな種子バンクは、おそらく全滅するだろう。電力供給が絶たれるとともに、種子は腐るか、ネズミに食べられるかするからだ（ディストピア小説の著者と科学者の意見が一致する点の一つは、破局後にネズミがわが世の春を謳歌することだ）。コロラド州フォートコリンズにある、世界最大の国営種子バンクは、しばらくは種子を保てるだろう。しかし、それも電力次第である。とはいえ、確実に生き残りそうな種子バンクが世界に一つだけ存在する。それは、スヴァールバル諸島のスピッツベルゲン島（ノルウェー）にある。この種子バンク、スヴァールバル世界種子貯蔵庫に本土からたどり着くためには、最寄りの海岸にボートを漕ぎつけ、そこから山を登り廃坑になった炭鉱を越えて行かなければならない。丘から突き出す灰色をした四角い縦長の入口は、未来の文明にとっての、この施設の意義がすぐにわかるようデザインされている。地中に掘られた長いトンネルに続く施設の内部は、電力がなくてもツンドラの永久凍土によって冷やされている。そこでは、破局が到来したあとでも、生き残った数人の植物学者が種子の世話をしていることだろう。それをもとに、作物と文明を一から再度築き上げるのだ。このシナリオは妄想であるかのように思われるかもしれないが、スヴァールバル世界種子貯蔵庫の創設者が想定していたのは、まさにその種の状況であった。彼らは、他のあらゆるものが失われたときのために、この施設を設立したのである。

＊＊＊

「ドゥームズデイ貯蔵庫」の夢は、一九七一年、二二歳のキャリー・ファウラーが、病院で醜いガウン以外何も身にまとっていない自分を発見したときに始まる。がんを診断されたのだ。しかもあっという間に広がりつつあった。医師はがん細胞を切除しようとしたが、すべてを除去することはできなかった。医師は六か月の命であることを宣告し、生命保険に加入しているか否かをファウラーに尋ねた。残された日々をどう過ごすかを思案していたファウラーは、短い人生のなかで自分が何一つまともなことをしてこなかったことに気づき、強い衝撃を受ける。*1

それから、まったく予期していなかった事態が起こる。がんはいつのまにか消え、ファウラーは生きながらえたのだ。医師の説明によれば、彼の免疫系は、健康な細胞とがん細胞を区別し、後者と戦えるだけの能力を残していたとのことだった。こうして彼は、何の業績も残さずにがんと直面することの何たるかを若くして知ったのである。二度と無力感を感じたくなかった彼は、何か大きなことをしようと思い立つ。しかし何をどうやって行なえばよいのか？

ファウラーは、『サザン・エクスポージャー・マガジン』誌に寄稿して作家として身を立てようと試みる。南部における農場の消滅を題材にするストーリーを書いた。アメリカ南部では、緑の革命によって生まれた大農場が、小さな農場を買収していた。この移行によって、一つの生活様式が終焉を迎えつつあった。雑誌に寄稿した作品が評価されて、彼は、『食糧第一――食糧危機神話の虚構性を衝く』という本の執筆を手伝うようフランシス・ムーア・ラッペに依頼される。[*2] それからニューヨーク州ウエストチェスター郡ヘイスティングス＝オン＝ハドソンに家を借り、当時すでに『小さな惑星の緑の食卓――現代人のライフ・スタイルをかえる新食物読本』を著して、ベストセラー作家としての地位を確立していたラッペと、共著者ジョセフ・コリンズのそばで仕事を始める。

『食糧第一』は、工業型農業と農業の単純化を否定し、地元で栽培されている食物を消費し、菜食を続け、量より味覚を重視することで得られる豊かな生活を称揚する。本の執筆を手伝うあいだ、ファウラーはジャック・ハーランの論文を読み、種子に興味を抱き始める。

＊＊＊

当時イリノイ大学で遺伝学の教授を務めていたジャック・ハーランは、伝統作物品種（およびその近縁野生種）の研究にそれまでの生涯を捧げていた。ファウラーはハーランの著書のなかに、恐るべき記述を見出す。彼は死を恐れなかった。何の業績も残せないこと、そしてハーランが書くように、人類が伝統作物品種を失うことを恐れたのである。

ファウラーが『サザン・エクスポージャー・マガジン』誌に寄稿した記事に書いたように、現代の工業型農業は、小さな町の生活と零細農業のさまざまな側面を脅かしていた。しかし彼がハーランの著書に見て取ったのは、とりわけ伝統作物品種とその種子に対する恒久的な脅威であった。[*3] ファウラーの身体に巣くうがん細胞が健康な細胞と争っていたのと同じように、緑の革命によって誕生した産業化された作物は、世界中に広がって各地の伝統作物と争っているかのように思われた。しかも伝統作物が多様であるのに対し、緑の革命の作物は画一的で、多様な野生の生命を犠牲にしつつ、がん細胞のごとく急速に成長することができた。

ハーランの著作は、リー・ヴァン・ヴェーレンが強調しそうな視点にいくつか触れていた。それには、私がハーランのラチェット〔歯車が一方向にしか回転しないようにする仕組み〕と呼ぶ仮説が含まれる。それによれば、伝統的な育種は作物の多様性を高めるが、商業目的の育種はそれとは逆に作用し、次第に作物の多様性が失われていく。

現代農業の本質は単純性にある。作物は、種子が均一化し互いにほぼ同一になるまで〔いわゆる純粋系統になるまで〕近親交配が続けられる。新たな形態は、既存の純粋系統から作り出される。ハーランは一九七二年に、世代ごとに「在来品種の遺伝子のほとんどは捨てられる」と記している。[*4] これは主要作物のみならず、味覚、土壌に対する適合性、気候などの条件より生産性が重視され大規模に栽培される限り、それほど集約的ではない方法で栽培されている作物にも当てはまる。一九〇三年から一九八三年にかけて、容易に見つかるキャベツの品種の数は五四四から二八に、ニンジンは二〇八から二一に、カリフラワーは一五八から九に減った。遺伝子工学はこの傾向を加速している。トウモロコシを考えてみればわかるように、たいていたった一つの品種に新たな特徴をつけ加えようとしているからだ。遺伝子工学の適用は高くつくので、企業はほぼ例外なく、収穫量の多い品種以外には手をつけようとしなくなるのである。

だがファウラーは、ハーランのラチェットによって、伝統作物品種の多様性が次第に失われることを理解していた。[*5] ここに工業型農業の大きな皮肉がある。緑の革命によって誕生した作物は、多数の伝統品種をかけ合わせることで作り出された。しかしそれが広く栽培されるようになると、まさにその伝統品種を破壊し、農業の継続のために将来必要になるはずの作物品種の貯蔵庫を枯渇させ始めたのである。

一九七八年、ファウラーは、ノースカロライナ州ローリーの西およそ三二キロメートルに位置するピッツボロにある（国立シェアクロッパー基金の関連組織）農業振興基金（ＲＡＦ）に就職した。ＲＡＦは、綿摘みに従事する労働者が機械化のために職を失い始めた頃に、アメリカの黒人小作人を支援する目的で設立された組織である。大農場や地方自治体に対する抗議などの市民活動を計画し、農民を支援する活動を組織化した。やがて移民労働者に関するものなど、社会正義に関する地域問題にも手を染めるようになった。エレノア・ルーズベルトは、この問題をめぐってＲＡＦと協力し合うようになった。だがＲＡＦは、種子にも、国外の問題にも関心を持っていなかった。そこへファウラーがやって来たのだ。

ファウラーはＲＡＦで、自身の活動を通じて状況を変えたいという自分の思いを共有する人々に出会う。しかしＲＡＦの焦点はアメリカ国内に置かれていたのに対し、彼の視線は世界に向けられていた。彼はＲＡＦの指針に応じて自分の視点を変えるのではなく、ＲＡＦを変える決心をする。そして、ＲＡＦは世界中の貧農を支援すべきだと、またそれにあたり、伝統作物の種子を巧みに利用する彼らの能力を保護すべきだと説いて回る。こうしてファウラーは、ＲＡＦの任務を、彼自身の目標が反映される方向に変えていく。

北米や西ヨーロッパで栽培化された作物品種は比較的少ない。これらの地域の農業は、（肥沃な三日月地帯から数千年前に西方に持ち帰られた種子に加え、）熱帯や亜熱帯で作り出され、コンキスタドールや探検家が北方に持ち帰った作物に依存している。ここ二世紀間の、ヨーロッパとアメリカの経済的成功を促進したのは、この作物の移動であると主張する歴史家さえいる。[*6] ヴァヴィロフのストーリーでさえ、その一部としてとらえることが可能である。彼の種子コレクションは、彼が種子を集めた地域にそれらの種子が与えた恩恵よりはるかに大きな恩恵をロシアに与えた。

ファウラーが最優先したのは、多様性の中心地で暮らす貧農たちであった。そもそも彼らが栽培する作物の種子が、現代のヨーロッパや北米における農業の成功の原動力になったのだ。世界各地の農民が生産する種子を救うもっとも簡単な方法は、一箇所に種子を集め、それから地域の種子バンクの設立と、農民を援助するプログラムの開発を支援することであった。その実施が容易に可能だった時代もあったのかもしれないが、一九七〇年、アメリカは植物変種保護法を発布し、交配によって、すなわち伝統的な育種によって作り出された植物の特許の取得を可能にした。それには、緑の革命によって育種された植物も含まれた。ファウラーがＲＡＦに就職した二年後の一九八〇年、この法に基づいて最高裁で出された判決は、遺伝子操作によって実験室で開発されたものなど、交配以外の手段で新たに作り出された細菌や植物に対して、特許の取得を可能にした。これらの法には利点がある。（ほぼ同一の子孫を毎年生む自家受粉能力を持つ植物など）一度だけ種子を購入すればその後は新たに購入する必要がない植物でも、育種家が自分の手で作り出した新品種から利益を得られる枠組みを提供するからだ。しかしこれらの法は、育種家が素材として用いた種子を生産した農民が、最大の利益を得られないばかりでなく、場合によっては祖先が作り出した種子に対して使用料を支払わねばならなくなることを意味した。その結果、熱帯の貧しい地域の国や農民にとっては、かえって種子を共有しにくくなってしまったのである。

自分たちの種子の特許をとられた国や農民を守るために、ファウラーはRAFを代表して、国連食糧農業機関（FAO）の年次総会に出席することを決意する。そこで彼はFAO参加国と話し合い、作物が最初に栽培化された国々の利益になるような形態で、種子の救済と共有を可能にする枠組みの構築を提案した。しかし一九八一年、彼は再びがんを診断される。今度は前回の罹患とは無関係な精巣腫瘍で、急速に身体全体に広がりつつあった。担当医師は、類似の疾病を過去に二度治療したことがあった。だが残念ながら、二人とも死亡していた。ファウラーは再び、「十分な仕事ができただろうか？」と思いあぐね始める。何らかの業績を達成していたとしても、それはまだ具体化していなかった。

幸いにも、治療がうまくいったらしく、今回もがんから回復することができた。再び生まれ変わった彼は、さらに大胆になり、FAOのあらゆる会合に参加して熱弁を振るい続けた。やがてファウラーの業績は認められ、一九八五年、（友人で協力者の）パトリック・ムーニーとともにライト・ライブリフッド賞を授与される。世界の種子の遺産を救い、農業に対するより公正な枠組みを発案したことが認められたのである。授賞式での二人のスピーチは、自分たちが抱く懸念を述べる機会になったばかりでなく、これからやろうとしている具体的な計画を提案する機会にもなった。

彼らの計画には主要な要件が二点あった。国際的な種子バンクは、世界各地から集められた種子を安全に保管し、世界の誰もが利用できるようにするために、国連の旗のもとで創設される必要があった。この種子バンクは多数の地域に分散して設立しても構わなかったが、すでに成功を収めている種子バンクを拡張することも考えられた。たとえば、ファウラーが博士研究を行なったスウェーデンには、北欧のすべての国によって利用されている種子バンクがあった。国連の旗のもとでは、あらゆる国がこの種子バンクを利用できるようになる。また、他の地域で栽培化された作物の種子を使って利益をあげた国は、研究と改良のために種子の遺産を利用した見返りに、それらの地域に資金援助すべきとした。要するに、富める国々は、自分たちの成功が依拠する遺産の保護を支援しなければならないということだ。ファウラーの免疫系は、どの細胞をいかに養うべきかを律する一連のルールに従ってがんを撃退した。それと同様、健全な農業を維持するカギは、ルールを設定することにあると、彼は考えたのだ。

そのような案を提起したファウラーは当初、過激な秩序の破壊者、パーティーには何としても招待したくないいやな奴のように扱われた。彼はアグリビジネス企業のわき腹にささったとげであったが、グローバルな種子の遺産をめぐって何も行動を起こしていないと批判された国連にとっても、やっかいな存在であった。国連の誰かが行動を起こさなければならない、と彼は嘆願した。ファウラーとムーニーが、批判と独自の考えを提起した一九九〇年になると、彼の声を無視することは困難になる。[*7] ファウラーが繰り返し「誰かが行動を起こさなければならない」と主張したあと、一九九三年になってようやく、国連は彼に自分の案を実行に移すよう依頼した。[*8] 彼は、種子の収集と国際的な共有を実現する計画の策定を手伝うためにＦＡＯに雇われる。そして二〇〇一年、国連は彼が策定に協力した提案を採用する。種子を共有する計画と、予備を保管するグローバル種子バンクを設立する必要性を述べた声明を含むこの提案は、食料・農業植物遺伝資源条約のひな型になった。

この条約のもとでは、農民、育種家、科学者は誰も、得られた利益のうち適正な割合を原産国に還元する限りにおいて、伝統的な手段で生み出された作物の種子を利用することができた。「適正な割合(*equitable share*)」というくだりが具体的に何を指すのかは定かでなく、また、それに従わなかった国や企業の処分も明確ではない。とはいえこの条約は、六四種類の食用もしくは飼料用の主要作物を対象とする。その選択にはやや恣意的な(あるいは少なくとも政治的な)側面はあるが、とりわけそれに含まれている一〇種程度の作物が、人類の食糧源のほとんどを占めている点を考えれば、対象となる作物の種類は少ないわけではない。またこの条約は、種子の特許取得を考慮に入れている。いずれにせよ、関係者全員が満足するような条約を提起するのは土台無理であった。

食料・農業植物遺伝資源条約は、何年もの論争を経たあとで、ファウラーのもう一つの計画であるグローバル種子バンクを実現する道を開いた。こうして彼の計画は、ようやくスタート地点に立ったのである。しかし、種子バンクの設立を求めるのとそれを実際に設立するのとでは、話が大きく異なる。彼はそれを実現する方法を見出そうと努めた。ファウラーはそれまでの生涯で多くの成果をあげてきたが(記事を書き、本を執筆し、条約の締結を実現した)、それらはいずれも言葉に基づくものだった。今やそれらを、具体的な実行に移す必要があった。人類が恩恵を引き出すことのできる施設を実際に建設しなければならなかったのだ。この仕事は、それまでの仕事とはまったくタイプが異なる。彼はつねに、何らかのアイデアを持っていたが、今回は、アイデア以上のものが必要とされた。もちろん資金も。

＊＊＊

ファウラーは、自分が健康なうちに、そして世界の零細農業のあらかたが消え去る前に種子バンクを設立しなければならないと感じていた。一方、種子販売会社の買収に着手したアグリビジネス企業は、めまぐるしいスピードで突き進んでいた。彼らは、公共の種子バンクに保存されている種子を所有することはできなかったし、自分たちが保有する（あるいは作り出した）種子の特許を思い通りに取得して保護することもできなかった。とはいえ、非常に広い範囲で種子を支配することができた。たとえばモンサント社は、ホールデンズ、アスグロウ、デラウター、カーニア、モンソイ、セミニス他数十社を買収、もしくは他の手段によって支配するようになった。

アグリビジネス企業の販売する新しい種子、とりわけモンサント社の遺伝子組み換え種子は、広く普及した。害虫を殺すためにＢｔ毒素を導入した最初の作物はタバコであったが、ＢｔタバコはЗ商品化されなかった。次にＢｔジャガイモ、トウモロコシ、綿花が作り出され、これらは商品化された。Ｂｔ作物は、大規模農場の経営者には受けがよかった。また、除草剤に対する耐性を持つ種子が作り出された。グリフォセート〔モンサント社が開発した除草剤ラウンドアップに含まれる成分〕を吹きつけても死ななかったのだ。それによって栽培コストが低下したわけでもなければ、除草剤の使用量が減ったわけでもなく、ただ雑草の駆除に手間がかからなくなっただけのことである。さらには害虫に対する病害抵抗性と除草剤に対する耐性の両方を備えた種子が作り出される。やがてアメリカで栽培されているダイズ、綿花、トウモロコシのほぼすべては、有機毒素を生成する能力か、除草剤に対する耐性のどちらか一方、もしくは両方を持つべく遺伝子操作されたものになった。アメリカはかつて、トウモロコシから得られるカロリーを世界でもっとも必要としない国だったはずだ。ところが、他のどの国にもまして遺伝子組み換え作物の栽培に至る道を突っ走ったのである。遺伝子組み換えトウモロコシ、ダイズ、綿花の使用率は、

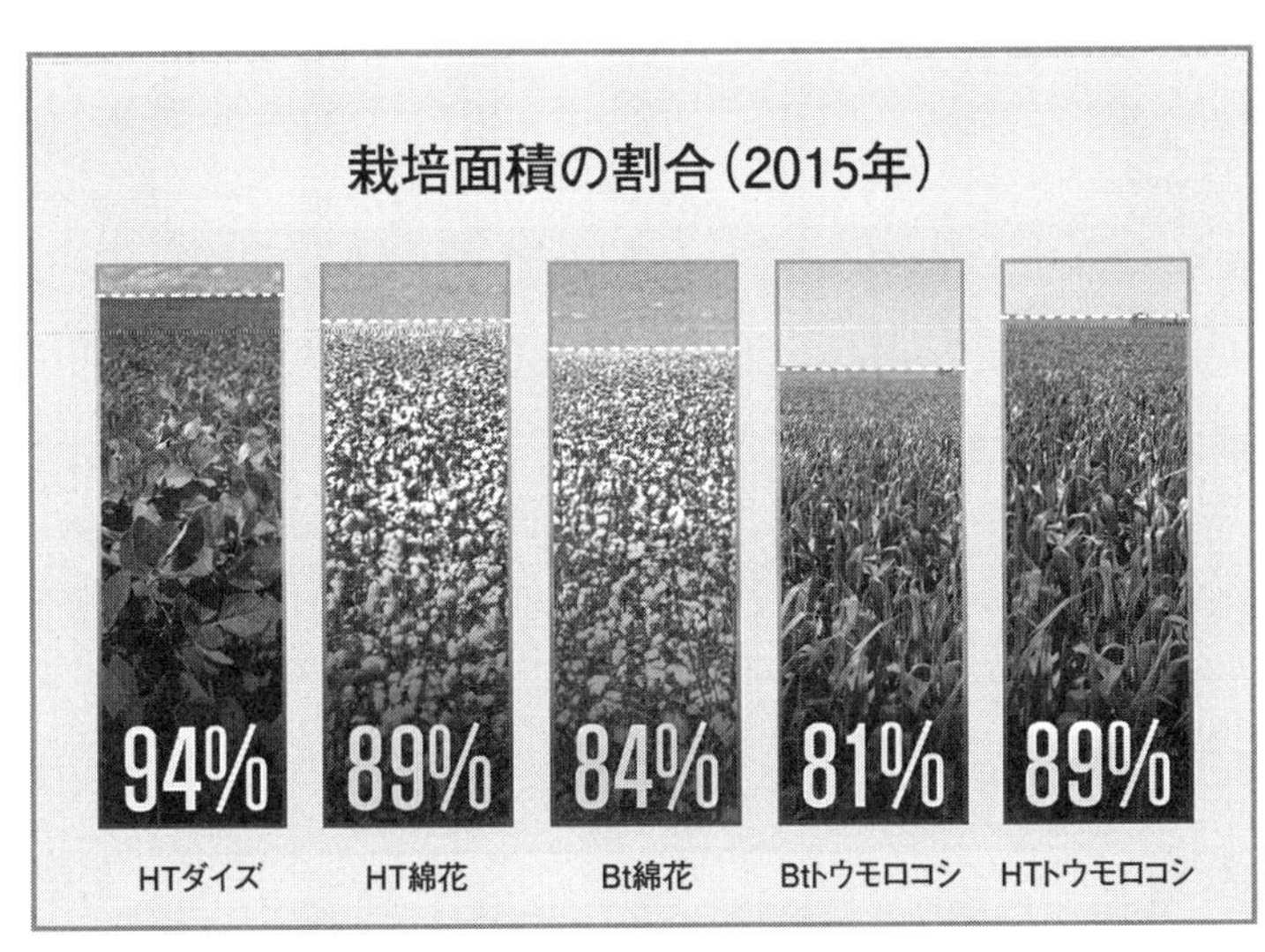

図11　アメリカで栽培されているトウモロコシ、ダイズ、綿花のうち、殺虫剤として機能する遺伝子（Ｂｔ）、もしくは除草剤に対する耐性を付与する遺伝子を持つものの割合。それらの両方を持つ品種は多い。（Data are drawn from the USDA Economic Research Service.）

アメリカでは「飽和」して、横ばいになったとよく言われる。この見方は正しい。ただしそれは、遺伝子組み換え作物が栽培される畑の割合が、一〇〇パーセントに近づいてきたことに由来するのである。

＊＊＊

これらの新たな作物（最初はＢｔ毒素や除草剤に対する耐性を備えたトウモロコシ、ダイズ、綿花）はおそらく、同様な規模で栽培されてきたいかなる作物より遺伝的に均質である。またＢｔ作物（トウモロコシ、綿花）は、たった一つの毒素、もしくはのちのバージョンでは二、三の関連する毒素によって守られているだけである。トウモロコシの害虫が、もっとも一般的に用いられているＢｔ毒素に対する耐性を進化させれば、その害虫は、地域から地域へと移動する能力、あるいは異なる気候に適応する能力の有無に応じて、世界のトウモロコシの多くを食い尽くすことができるだろう。雑草には、たった一種類の除草剤が大量に散布されている。雑草がこの除草剤に対する耐性を進化させれば、その雑草はトウモロコシ、ダイズ、綿花などの作物畑にはびこり（カノーラ〔菜種の変種〕、ビート、アルファルファも、のちに除草剤に対する耐性を獲得する）、太陽神崇拝者の手のごとく太陽に向かってまっすぐに伸びていくことが予想された。幸いにもBt作物に関しては、対策が練られるようになった。どうやら科学者は、緑の革命の置きみやげからいくばくか教訓を得たらしい。

科学者は進化生物学を武器に、Bt作物に対する耐性が進化するのを遅らせる、避難栽培（refuge planting）と呼ばれるアプローチを開発した。たとえば、BtトウモロコシがBtを生成しない作物とともに栽培されると、後者は、Btに弱い害虫が繁栄する一種の避難場所をなす。もちろんそれでも、Btに対する耐性を持つ害虫がときに進化する。しかしそのケースでも、進化したその害虫は、避難作物に大挙してとまっている耐性のない害虫と交尾する確率が高い。そのような両親から遺伝子を受け継いだ子孫は、Bt作物を摂取できるほど十分な耐性を持たない。[*9] Bt作物に対する避難作物の栽培面積の最適な割合は、進化の基本ルールを考慮する数学モデルに基づいて計算することができる。また、必要なBt毒素の量も計算できる。この戦略は、実際にうまくいく。アメリカとオーストラリアのBt作物の畑では、この戦略の採用が必須になっている。他の地域でも、避難栽培が強く要請されるようになった。[*10] ここにも、未来に資する、進化生物学の応用の成功例を見ることができる。

Bt作物は、それに対する耐性の進化を阻止できるのなら無敵になるだろう。Bt作物やその他の遺伝的に操作された作物は、世界を支配し、文明という赤の女王は再び一歩先んじるはずだ。実践的な観点から言えば、Ｂｔ作物の利点、すなわち殺虫剤の使用量を低下させ害虫を抑制する能力は、収穫高と農民の利益の増大によって報われると考えられた。[*11] さらに言えば、害虫は、作物畑のみならずその近辺でもあまり見られなくなった。生物学的コントロールに用いられる生物の一覧表に記載されているような、甲虫や捕食寄生者などの害虫の天敵は、新品種に散布される殺虫剤の投与量が減ると以前よりも繁栄し始めた。[*12] つまり、害虫の活動が抑制される生態系が作り出されたのである。ヴァン・ヴェーレンの仮説には限界があったようだ。ついに私たちは、自らの運命を自分で決め、人類の絶滅を延期することができるようになった。必要なのは、Ｂｔ作物を栽培する人々が、Ｂｔに対する耐性を進化させないようルールを守ることだけである。要するに、使用上の注意をよく読みさえすればよい。そう考えられるようになったのである。

だが、これまで繰り返し学んできたように、敵は、いつかは必ず追いついてくる。耐性を持つ害虫が出現し始めたのだ。まずアメリカで、Ｂｔに対する耐性を持つ、綿花のさやを蝕む毛虫が相次いで出現し、それからすぐに三つの大陸で耐性を持つ害虫の出現が報告された。Ｂｔ作物に対する耐性を持つ害虫は、現在までに五種知られており、さらに増えつつある。ヴァン・ヴェーレンのような主流をはずれた聡明な理論家にとっては、これらの害虫の出現は、赤の女王レースの執拗さを確証するばかりでなく、それ以外の理論的予測を満たすものでもあった。耐性の進化の速度は、Ｂｔ作物の栽培面積が拡大すればするほど、つまりＢｔ作物にさらされる害虫の種の数が増えれば増えるほど高まっていった。また、避難作物を栽培していない、あるいは栽培する余裕のない地域では、害虫はより迅速に耐性を進化させた。この事実は、進化生物学者が赤の女王レースの本質をしっかりと理解していたことをみごとに示している。

だが、数億エーカーの畑が危機にさらされている状況をみごとと言うわけにはいかない。ある昆虫がどこかで耐性を獲得すると、その昆虫は、どこへ行っても好みの作物にありつくことができる。拡大し続けるこの問題は、依然として解決の糸口が見つかっていない。一つの解決方法は、一種類ではなく二種類以上の毒素を生成するBt作物を開発することだ。しかしこの方法は、耐性を持つ害虫が出現する前のほうがより有効に機能する。というのも、ある毒素に対する耐性の獲得は、別の毒素に対する耐性が生じる可能性を高めると考えられるからだ。耐性が進化する可能性を低下させるべく作物の最適な管理を行なうには、現在のところ限られた国々でしか可能でない、集中化された農業計画や予測が必要になる。その一方、他の遺伝子組み換え作物は言うに及ばずBt作物は、ますます広く普及しつつある。二〇一五年の時点で、Bt作物の栽培面積はフランスの国土のおよそ一・五倍に達しており、現在も拡大し続けている。このように一国を超える面積に栽培されているBt作物は、正しく管理されれば長く害虫の被害を受けずに済ませられるだろう。しかしBt作物が正しく管理されなければ、または耐性の進化を遅らせることのできない害虫が出現すれば、害虫は二年程度で耐性を進化させるだろう。二年という期間は、殺虫剤に対する耐性を害虫が進化させるのに必要な期間より短い。

長期的な解決手段があるとすれば（恒久的な解決手段が存在すると考えている人はもはやいない）、それには人間の行動と昆虫の進化を考慮に入れつつ耐性の進化を予測するためのすぐれた手段が必要とされる。一つのモデルとして、政府が報奨制度を通じて、より広い面積に避難作物を栽培するよう奨励することがあげられる。ただしこのモデルは、特定の作物を栽培するすべての国が、あるいは少なくとも一つの地域に属するすべての国が、類似のアプローチを採用した場合に最大の効果を発揮する。[*13] というのも、害虫の抑制に失敗する国が一つでも出ると、他のすべての国もその脅威を受ける結果になるからである。

しかし耐性の進化という点に関して言えば、ますます巨大化しつつあるアグリビジネス企業が、いかに振舞い、互いにいかなる関係を結ぶかも大きな問題になる。アグリビジネス企業のリーダー（新しい農業の皇帝）と専属の科学者は、世界の食糧供給に対して途方もない権力を行使できる。彼らがニューヨークやワシントンD．C．やミズーリ州の会議室に集まると、作物栽培をめぐる世界の最高権力者が勢ぞろいすることになる。彼らは新しい母なる地球だ。その決定は、彼らが支配する史上最大の帝国で栽培される作物の種類に影響を及ぼす。彼ら皇帝たちは互いに敵同士でありながら、類似の作物を栽培している以上（Ｂｔ遺伝子のバージョンは少なく、また除草剤に対する耐性を獲得する方法はさらに少ない）、一人に対する脅威は全員の脅威になる。だから彼らは、害虫による耐性の進化と戦うために協力し合わなければならないのだ。これは一種の共謀だが、協力し合わないよりはし合うほうが、耐性を持つ害虫や雑草から容易に作物を守ることができる。だがこのような共謀は、いかなる企業も、独自の最新テクノロジーを手にしていない限りにおいてうまく機能する。Ｂｔ作物とはまったく異なる方法で害虫を殺す能力を持つ新たな遺伝子組み換え作物の開発に成功すれば、その企業の方針は劇的に変化するだろう。しかもその企業は、Ｂｔに対する耐性を持つ害虫がより早く出現したほうが、それだけ多くの利益を手にすることができる。[*14] なぜなら、それによって新たな作物に対する需要が増大するからだ。そのような企業には、耐性の進化を管理しようとする動機はほとんど生まれないだろう。もちろんそのような企業が耐性を進化させた害虫を故意にばら撒くのは違法だが、そこまでやらなければほぼどんなことでも合法であり、合法といえども、世界中の農民や消費者にとっては大きな災厄になるだろう。

赤の女王レースで少しばかり先んじた企業が他の企業の破滅をもくろむというこのシナリオは、しばらく現実にはならないだろう。だがその理由は、単純に、最悪の害虫がBt作物に対する耐性を獲得した場合の対策を考案した企業が、まだ存在しないからにすぎない。では、実際にそのような事態が生じたらどうだろう？　一〇年ほど前にはほとんど誰も考えすらしなかったこのシナリオは、現在では遺伝子組み換え作物の関係者が、会議室で密かに話し合っているトピックでもある。一つの地域で栽培されているあらゆるBt作物に対する耐性を持つ破壊的な害虫が出現したにもかかわらず、特許を与えられ配布の準備が整った新品種が一つも存在しなかったら何が起こるのか？　その答えは、どこかの地域ですぐに得られるかもしれない。新たな遺伝子組み換え作物が開発される限り、恒久的な壊滅は免れられるだろうが、ほとんどの畑でBt作物が栽培されている国では、長期にわたって生活に困難をきたすだろう。たった今すべてのBt作物が不作になれば、それらに取って代わり得る遺伝子組み換え作物は、一つも認可の準備が整っていないようだ。ならば農民は、ただちに緑の革命の作物を再び栽培し、殺虫剤を大量に散布するか、伝統的な種子に立ち返って（そのような種子を保管していればだが）、経済的な崩壊を回避するための何らかの方策をすみやかに考え出さねばならなくなるだろう。

＊＊＊

キャリー・ファウラーは、種子条約の締結に向けて苦闘していた数年間、遺伝子組み換え作物が普及し始め、緑の革命の作物が依然として拡大し続けているのを見て、ますます大きな懸念を抱くようになった。彼は、ハーランのラチェットがカチッ、カチッと音を立てながら、人類の未来をアグリビジネスに結びつけるボルトを徐々に締めつけているかのように感じていたのだろう。破滅に至る最短の道は、アグリビジネスが、害虫や病原体の進化や、気候変動に追いつけなくなることだと思い始めていた。彼には、それを止めることはできなかったが、他のことならできた。そう、最悪の事態が発生したときに利用できる、ドゥームズデイ種子バンクを設立することなら。

ファウラーは当初、いつでも誰にでも利用できる種子バンクを構想していた。それが実現困難であることがわかると、予備として、たとえて言えば人類のもっとも美しい創造物を蓄積する外付けハードディスクとして誰にでも利用できる種子バンクの設立を考えた。

既存の種子バンクは、国家間や、育種家間での種子の共有を可能にし、短期的なニーズを満たすことができた。それに対しグローバル種子バンクは、一〇年後、一〇〇年後にいかなる事態が出来しようとも、一〇〇〇年後、一万年後、一〇万年後に誕生する私たちの子孫たちとあらゆる作物品種の種子を共有することを可能にする。

しかし、ファウラーの視点が未来のための種子バンクに置かれているだけに、種子バンクの生物学的現実は、なおさら強調されざるを得ない。種子は、美しく、能力を秘め、保存が効く。だがそれと同時に、病原体から、また、エネルギーを費消しようとするそれ自体の傾向から守らねばならない生きた細胞で構成される。だから保存するためには、一種の仮死状態に保つ必要がある。乾燥した環境下で保存するか、それ自体を乾燥させなければならない。水分によって、発芽や腐敗が引き起こされるからだ。また、代謝活動を開始させないよう低温環境下で保存しなければならない。さらに困難な要件として、おりに触れて発芽のテストをする必要がある。発芽に特殊な条件を必要とする種子もある。煙、低温、低温＋煙などといったように。発芽の状態が悪ければ、栽培し直さなければならない。[*15] アグリビジネス企業はこれらすべてを実施しなければならないはずだが、その手法、それにかかるコスト、あるいはそもそも実践しているか否かさえ公表していない。

ファウラーの構想する種子コレクションは、大規模でなければならなかった。というのもヴァヴィロフのコレクション同様、全人類のためのコレクションだからである。戦争、野蛮なリーダー、火災、洪水など、自然や人間が引き起こす、ありとあらゆる災厄を生き延びることが意図されていた。その成功のためには、常時種子の面倒を見なければならない。恒久的に種子を救おうとする計画の弱点は、農業の大聖堂で忙しく立ち働く僧侶たち、すなわち種子の面倒を見る人間にあった。

やがてファウラーは、種子条約にも後押しされて資金を手にする。というより、資金のほうが彼を見つけたと言ったほうが正しい。ビル＆メリンダ・ゲイツ財団が、五〇〇〇万ドルを有効に活用すれば種子を救えるかどうかを訊いてきたのである。ファウラーの返事はイエスであった。次に、彼は場所を見つけた。選ばれた場所は、地球上で最北端の居住地の一つがあり、民間航空便を使って行ける最北端の地でもある、ノルウェーのスヴァールバル諸島であった。スヴァールバル諸島は、スコットランドにほぼ匹敵する総面積を持つ荒涼たる群島である。樹木が茂るにも、たいていの人間が暮らすにも北方に位置しすぎているが、二三〇〇人ほどの少々変わったノルウェー人が、その地を故郷と呼んで暮らしている（またかつての条約のために何人かのロシア人もそこで暮らしている）。そこには、トナカイ、地衣類、そしてときたま姿を見せるホッキョクグマが織り成す世界が広がっている。この地が種子バンクに最適であると考えたのは、ファウラーが最初ではない。すでにそこには、ノルディック遺伝子バンクのコレクションの一部（およそ一万サンプル）が保管されていた。[*16] ノルディック遺伝子バンクはその場所で、ツンドラ地帯で一〇〇年間保存した場合、種子の発芽能力にいかなる影響が及ぶのかを調査している。また石油で儲けたノルウェー人が、施設の建設のために進んで資金を提供してくれた。こうして二〇〇四年までに、最終的な計画が完成し、二〇〇六年に最初の礎石が置かれた。

この種子貯蔵庫は、スヴァールバル世界種子貯蔵庫という、やや無味乾燥した名称で呼ばれるようになった。簡潔で劇的な表現を好む人は、「ドゥームズデイ貯蔵庫」と呼んだ。洪水ではなく工業型農業の海から種子を救い出すのがその目的だが、スペイン語では「ノアの箱舟」と呼ばれることもある。

貯蔵庫の建設は二〇〇七年に始まり、二〇〇八年二月に完了している。建設したというより、山に発破をかけて貯蔵庫を掘ったと言ったほうが適切かもしれない。炭鉱などの鉱山はたいてい、堆積した地層を掘り進めて燃料を採掘する。貯蔵庫は未来のための鉱山たるべきと、ファウラーは考えていた。この鉱山は、将来海面が上昇しても水没しない位置に設けられている。地震が発生しても十分に耐えられるよう強化されている。誰も口にしたくはないだろうが、死の灰が降ってきても生き残れる。貯蔵庫に保存されている種子は、数人の植物学者が残りさえすれば、ドゥームズデイが到来しても生き残れるはずだ。

ファウラーは現地で自ら作業を統括するつもりだった。財源は、ノルウェー政府、グローバル作物多様性トラスト、ノルディック遺伝資源センター三者間の協定に基づいて管理される予定であった。運営コストの一部は、ノルウェー農業食糧省が引き受けた。ゲイツ財団を始めとするドナーによって、さらなる種子の収集を支援するための資金が提供された。[*17] 彼らはまた、温暖化や干ばつに耐えられる作物品種の種子を探す、あるいは貯蔵庫に保管されている種子の属性の一覧を作成するなどといった、（USDAなどの）種子提供者との協業に必要な資金も提供した。しかし、貯蔵庫に蓄えられた種子は、緊急事態が起こらない限り利用されないというきまりを、ドナーは理解する必要があった。

ファウラー自身が草案の作成を手伝った、種子の所有権に関する指針に従って、種子は、提供した国や施設の別に基づいて分類された。つまり、当時の政治情勢を考慮に入れながら区分けされたのである。交戦中の国々から得られた種子は、並置はしても一緒にはしなかった。種子提供者が保管料を支払うことはなかった。コレクションの目的は、あらゆる作物品種の種子を集めて保管することにある。自身の言によれば、ファウラーは施設の建設中、ずっと神経質になっていたのだそうだ。世界の種子コレクションを渉猟し、自分たちのために苦労して集めた種子を他の人々と共有するよう説得する際にも神経質になった。開設から二年が経過した二〇一〇年、コレクションは五〇万品種に達する。そのときファウラーは、第一〇〇万品種目の種子が貯蔵庫に蓄えられるところを見届けられるだろうかと思っていた。見届けられなかった場合、自分がどこに行くかは決まっていた。貯蔵庫を建設したチームは、遺灰を納めることのできる小さな場所を壁の内部に用意していたのだ。あたかも彼の一生は、新たな未来を築くための捧げものであるかのごとく。

二〇一二年、ファウラーはグローバル作物多様性トラストのディレクターを辞し、現代表マリエ・ハーガの手にその職と種子コレクションを委ねた。コレクションは現在、ハガのリーダーシップのもとで拡大し続けている。二〇一五年五月一五日までに、八六万四〇〇〇品種の種子が集められた。ファウラーは、第一〇〇〇万品種目の種子が保管されるところを見届けられそうなので驚いている。現在はまだ一〇〇〇万に達していないが、それに近づきつつある。つまり今や、コムギやトウモロコシなどの主要作物のほとんどの品種を始めとして、一〇〇〇万に近い作物品種の種子が、絶滅から救われたのである。そしてファウラーは、満足こそしていないものの、達成感を胸に抱きつつ健康に暮らしている。

ヴァヴィロフが生きていれば、彼が提唱する起源の中心地のおのおのから、ほとんどの作物品種のサンプルがコレクションに加えられていることに満足するだろう。また、ペルーの国際ジャガイモセンターや、現在はレバノンに本部を置く国際乾燥地農業研究センター（メソポタミア地方の種子は特筆に値する）など、起源の中心地や他の地域にある、国際農業研究協議グループ（CGIAR）の施設に保管されている、ほぼすべての品種の種子が含まれる。残念ながら、ヴァヴィロフのコレクションを構成する種子のほとんどは含まれていない。ヴァヴィロフ研究所は、数十万の品種のなかからわ

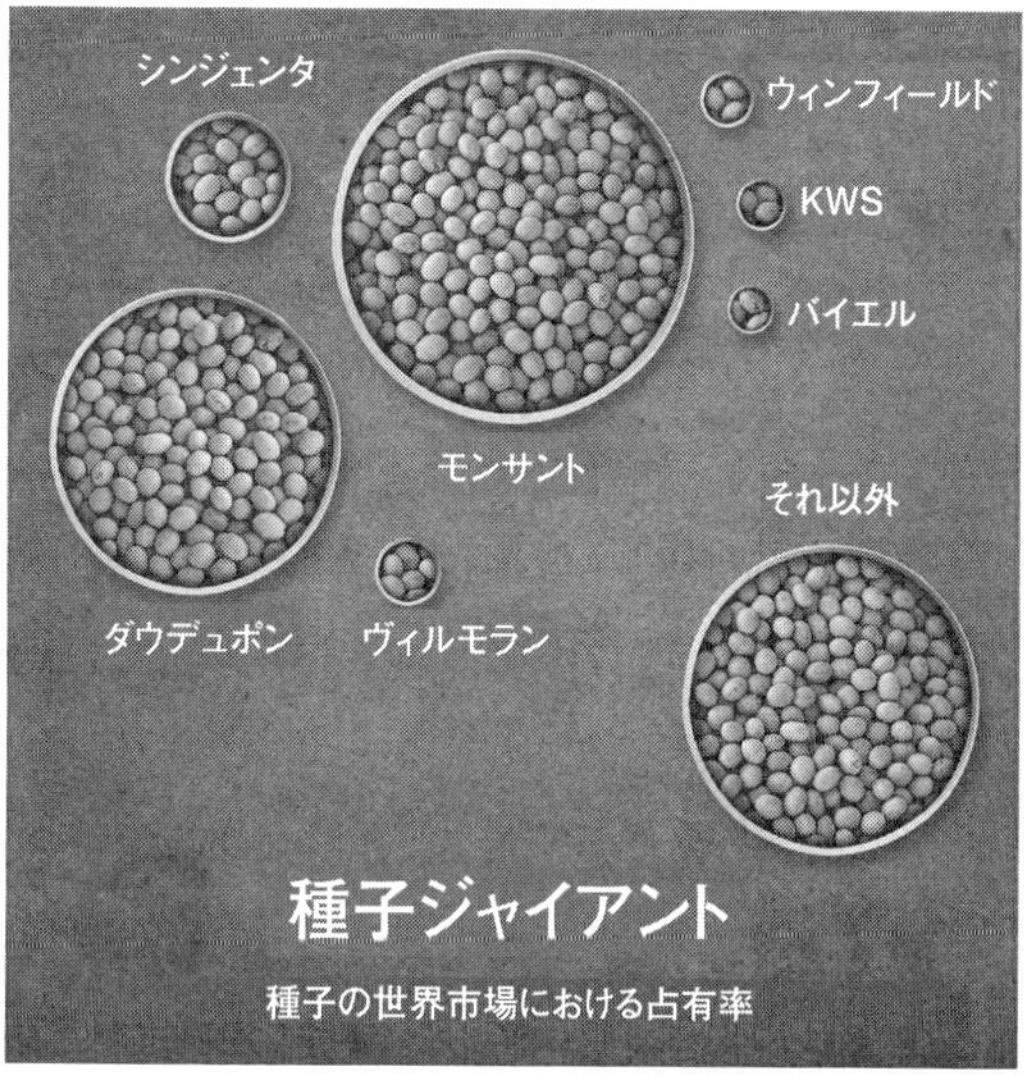

図12　2011年時点での、種子の販売におけるアグリビジネス企業と他の企業の市場占有率。世界の種子、とりわけ私たちの食卓にのぼる作物の種子のほとんどは、わずか3社によって供給されている。（Data Source: ETC Group.）

ずか一〇〇〇品種を提供しただけである。ただしヴァヴィロフが集めた種子のうち、現在でも発芽能力を持つものがどれくらいあるのかは、誰にもわからない。未来のために作物品種の種子を保護するという課題は、完了してはいない。救うべき品種は、まだたくさんある。一〇〇万はあるかもしれない。スヴァールバル世界種子貯蔵庫は、四〇〇万から四五〇万のサンプルを保管する能力を持つ。とりわけ温暖な地域が将来直面すると考えられる気候をたった今呈している地域から、もっと種子を集める必要がある。それらの地域では、これまで種子がほとんど集められてこなかった。というのも、種子コレクターでさえ、地形が険しく、気温が暑く乾燥している地域を避けようとするからである。また貯蔵庫には、遺伝子組み換え作物や、主要なアグリビジネス企業が作り出した作物は含まれていない。スヴァールバル世界種子貯蔵庫は、その種の企業から種子を集めることを禁じているわけではない（ただしノルウェー政府はそのような規制を実施している）。とはいえ、アグリビジネス企業が短期的な利益に焦点を絞っている限り（せいぜい一〇年までで、一万年先のことを考慮したりはしない）、自分たちが所有している種子を貯蔵庫に保管しようとはまずしないだろう。アグリビジネス企業が独自の国家を構成していると見なすなら、それは種子バンクに参加していない最大の国家になるだろう。

＊＊＊

アグリビジネス企業が種子バンクに参加しない理由の一つは、未来ではなく現在の結果を求めているからであり、それに際して公共的な種子バンクに保管されている種子に依存する必要がないからである。彼らは自分たちが購入した種子コレクションに依存し、とりわけトウモロコシやダイズなどの高収益作物を対象に、他の生物に由来するＤＮＡを結びつけることで遺伝子組み換え作物を開発している。種子条約が締結されたにもかかわらず、これらの種子は（そのほとんどは、もとは作物の多様性の中心地から得られたものである）、私有物として扱われ公開されていない。それに対し、大学や他の公共機関は、研究で作物を育種するにあたって種子バンクに依存している（また、最悪の事態が生じた場合の予備としてスヴァールバル世界種子貯蔵庫に依存している）。この状況に照らすと、未来の運命が透けて見える。この未来では、かつての緑の革命の作物と同様、遺伝子組み換え作物が大きな波となって世界中に押し寄せていることだろう（「大きな波」という言い回しに込められた皮肉の程度は、読む人の視点に依存するだろう）。私たちは、物理や生物学の法則が許す限り、ほぼ最大の収穫高を作物畑からあげているはずだ。遺伝子組み換え作物は、これまでの実績には議論の余地があるとしても、二〇五〇年までに食糧供給を倍加しなければならない状況において、収穫量を増やすための究極の手段であると主張する者もいる。また、つかの間の可能性ではあれ、殺虫剤の使用量は減ることだろう。

耐性の進化は別にして、遺伝子組み換え作物の圧倒的な進撃を遅らせる要因があるとすれば、それは消費者の反応である。ヨーロッパの多くの国では、遺伝子組み換え作物に対する消費者の抵抗によって、その使用や輸入が禁じられるようになった。そしてそれに従って、公共政策や、どこに何を栽培するかが決定されている。消費者が遺伝子組み換え作物に反対するのにはいくつかの理由がある。健康へのリスクはその一つであるが、現在のところ、既存の遺伝子組み換え作物に健康に対する有害な効果があることを示す証拠はほとんど得られていない。*18 環境へのリスクも反対理由の一つだ。しかしこの点に関しても、ポジティブなものにせよネガティブなものにせよ、遺伝子組み換え作物がそれ以外の作物と比べ、環境により大きな影響を及ぼすことを示す証拠はほとんど得られていない[*19]。新たなテクノロジーにはつきものだが、未知の問題に対する懸念の声もある[*20]。いずれにせよ、これらは遺伝子組み換え作物の最大の問題ではない。

アグリビジネス企業によって作り出された遺伝子組み換え作物の最大の問題は、健康に対するものでも、環境に対するものでもなく、害虫、病原菌、気候変動に随時対処する私たちの能力に関するものである。遺伝子組み換え作物はこれまで、農業の単純化を促進し、害虫や病原体が単純化された作物を蝕む能力を進化させるスピードを速めてきた。遺伝子組み換え作物が登場して以来、私たちはより少数の作物に依存し始め、しかもそれらの作物は、同じ遺伝子によって守られるようになりつつある。遺伝子組み換え作物を含めアグリビジネスによって作り出される作物に対する最大の懸念は、多様性の絶えざる低下にある。それらの作物への移行が徹底すればするほど、未来における農業の危機に対処する人類の能力が、それだけ強くアグリビジネス企業の対応能力に依存せざるを得なくなる点に、大きな危険が宿っているのだ。

農業において、少数の巨大なアグリビジネス企業によって作り出された作物（遺伝子組み換え作物であるか否かは問わない）の占める割合が増大すればするほど、新たな害虫や病原体の移動や進化、さらには気候変動に対応する役割は、これらの企業が担わなければならなくなる。ところがアグリビジネス企業は、作物を多様化しようとする動機を持たないばかりか、消費者の要求が単純である限り、遠い未来を見越して計画を立てようとする動機さえ持たない。他の産業でも事情は変わらないが、純粋に経済的な動機に突き動かされるアグリビジネス企業は、最大の利益をあげられる一握りの作物品種に資金を集中投下し、それらをいやというほど生産するまで、他の品種には見向きもしない。一世紀はおろか一〇年先のことすら考慮に入れず、今日明日のために季節や状況に関係なく同じ作物を大量に供給し続ける。彼らは私たちに、企業が提供し得る最大の危険を孕んだ商品を売る。消費者の単純な需要に応えて、私たちの欲望の具現たる、季節はずれが存在しない同一の食品を年がら年中スーパーで売っているのだ。私たちの舌と目の好みは、すばらしい新世界を生んできた。アグリビジネス企業は、何が作物畑で栽培され、輸出され、スーパーで売られるのかを決定づけ、その過程で世界の大部分を覆う生態系を形作ってきた。問題は、それによって未来が決定づけられ、私たちの運命がアグリビジネスの双肩にかかる世界と化す可能性が高まったことにある。

＊＊＊

アグリビジネスには、害虫や病原体、さらには気候変動への対処を期待できないのなら、代替案が必要になる。幸いにも現在ではドゥームズデイ貯蔵庫が存在するとはいえ、それは最後の手段であり、他のすべての対策が失敗に終わったときに頼るべきものだ。最後の手段より、すぐに利用可能な手段が必要とされる。これまでなら、公的な種子バンクに保管されている作物品種を対象に研究を行なっている、公的研究機関に所属する科学者に依存したことだろう。彼らは、新たな気候に適応できる品種や、害虫や病原体の被害を免れられる作物の育種を続けている。それらの作物はスーパーでは売られていないかもしれないが、状況が悪化すれば投入することができる。公的な研究機関に所属する科学者は、長期的な視野に立つ。単に現状に反応するのではなく未来を見越すことができる。未知の害虫や病原体、あるいは気候変動への対処は、たいがい公共機関の資金援助を受けた研究者によって行なわれてきた。これらの公共機関は、先進国では大学に、開発途上国では先進国の援助によって運営される機関に結びついている。これらの機関の多くは、ジャガイモ飢饉をきっかけとして設立され、資金援助を受けるようになった。ノーマン・ボーローグ、ハンス・ヘレン、ハリー・エバンスらは、その種の機関から給料を受け取っていたのである。未来においても、公共機関こそが私たちを救ってくれるだろう。

しかしこのシナリオの問題は、アグリビジネス企業の隆盛と、それに優位性を与える経済モデルによって、育種、植物病理学、昆虫学、および関連分野の研究に投下される資金が恒常的に減っていることだ。赤の女王レースを私たちにとって有利な方向に導ける人々に利用可能な資源は減少しつつある。減少の度合いは激しく[21]、二一世紀においては、伝統的な育種の進歩の遅滞にも結びついている。一九六〇年以前は、農民によるものを除き、公共機関に所属する研究者がほぼすべての育種を手がけていた。一九九〇年には、研究機関の二倍の育種家が農産業に所属するようになっていた[22]。輸出によって利益が得られない作物の状況は悪化の一途をたどっている。たとえばキャリー・ファウラーの見積もりでは、ヤムイモ、バナナ、プランテン〔料理用の果物の一種〕の育種家は、それぞれ世界に一〇人といない[23]。

公共機関による農業研究に多額の資金を注ぎ込んでいるアメリカでも、私企業の支出は、今では連邦政府や大学の支出をはるかに上回る。これは農業研究一般に当てはまるが、とりわけ作物の育種に関して言える。しかも、公共機関と私企業ではスタートラインが同じではなく、育種に成功した作物を私企業が共有しようとしない限り、大学の研究者は一からスタートしなければならない。企業が学術機関に知識を開示する場合、秘密保持契約を結ばせる。また、安価な労働力を獲得する手段として知識を共有するケースもある。企業は大学より高給を払う。したがって、モンサント社が新たなテクノロジーをテストする場合、それに必要な作業を自社の雇用者にやらせるより、比較的安月給の大学教授を使ったほうが安くつく。もちろん企業から資金を受けている教授の研究も、企業内の研究同様、短期間で高収益が得られる作物に圧倒的に焦点が置かれている。

アメリカとヨーロッパの研究機関が育種に利用できる資金は減少しつつあるが、国際的な支援に依存しながら作物研究を行なってきた熱帯や亜熱帯の国々では、この変化が極端な形で現われている。ノーマン・ボーローグがメキシコでシャトル育種プログラムを開始し、緑の革命を発進させて以来、世界中の農学者が、メキシコのテスココにある国際トウモロコシ・コムギ改良センター(CIMMYT)に年に一度集まっている。彼らはテスココからオブレゴンまで出かけ、一年間にできるだけ多くの世代を育てるためにボーローグがコムギを携えて行き来した二地点間の旅を再現している。この旅は、単なるノスタルジアではない。気候変動や害虫に強い品種の開発を目指すコムギの育種家たちが、ボーローグの足跡を追うことで、シャトル育種を続けているのだ。ただし二〇〇三年に、二五年目にして初めて、資金不足のためにシャトル育種は中止され、オブレゴンの作物畑の半分が休閑地(きゅうかんち)になった。[*24] 二〇〇四年からは再開しているが、資金不足で中断したという事実は、この試みが評価されていないことを如実に示している。

現在これら二地点での調査は、国際ジャガイモセンターと同じように、世界銀行と、ますます財布の紐が固くなってきたその供与国に資金援助されたCGIARによって調整されている。比較のためにあげておくと、モンサント社の研究予算は、CGIARが世界銀行から受けている額の二〇〇倍近くに達する。ＣＧＩＡＲはネパールからボリビアに至る世界各地で活動しており、その種のプログラムでは世界最大（率直に言えば世界で唯一）の試みであるにもかかわらず。気候変動の激化と食糧需要の増大のために、干ばつや害虫や病原体に強い作物品種を育種する必要性が高まっている今日の現実に照らすと、これは由々しき事態である。

作物研究に対する公的資金の援助が衰退している点に鑑みると、未来に向けての最大の懸念は遺伝子組み換え作物に対するものではない。また種子の保存は、少なくとも以前に比べれば大きな問題ではない。最大の懸念は、新たな困難に対処する私たちの能力が自然に衰退していく可能性にある。これは、ヴァヴィロフの悲劇の最悪のつめ跡である。ヴァヴィロフや、彼の構想を実現しようとした人々の死は悲劇であった。それでも、少なくとも種子は救われた。ところがそれ以来、かくして救われた種子の多くが、時の流れと、予算削減というよくある蛮行によって失われてきた。それらが現在でも脅威であることは、公的な作物研究の、そしてパヴロフスク研究センターの現状を考えてみれば明らかである。

現在のパヴロフスク研究所は、レニングラードが包囲されていたときに、ジャガイモが救い出されたヴァヴィロフの実験所と同じものである。北ヨーロッパ最大の果樹園を持つパヴロフスク研究所では、六〇〇〇品種のリンゴ、一〇〇〇品種のイチゴ、一〇〇〇品種のスグリ、さらには寒さに強い他の数百種の木の実や果物が栽培されている。一〇〇〇品種のイチゴを含め、これらの品種のおそらく九〇パーセント以上は、他のコレクションには見つからないはずだ。またその多くは、もはや農民も栽培していない。かくして少なくとももしばらくは、この果樹園の春の光景は訪問者を酔わせるだろう。[*25]

研究所とそこに保管されているコレクションにとっての難題は、裕福な人々の気ままさと気まぐれな法律から生じている。比較的新しいロシアの法律は、開発業者に「効率的に」使われていない土地の接収を認めている。開発業者の観点からすると、研究所の土地は非効率性の定義そのものだ。果物やベリーのなる草木類が、食用ではなく研究用に栽培されているのだから。石油で大儲けしたロシア人たちは、現在果樹園のある場所に別荘を建てたがっている。エカチェリーナ二世の宮殿の近くにある研究所は、たくさんの美しい樹木や花々に囲まれて牧歌的な雰囲気を醸し出している。現代ロシアのストーリーは、産業資本に立派な家屋敷と果樹園を奪われる一家を描いた、アントン・チェーホフの戯曲『桜の園』を思い起こさせる。この戯曲の最終幕では、家族の遺産の、桜の木が切り倒される。

二〇一一年前半、政府の役人が果樹園を訪れ、公式に無用の烙印が押される。住宅建設支援連邦基金の参事官アンドレイ・アニシモフは、「この地所は使用に供されていない」と宣言する。[*26] 二〇一一年八月一一日、モスクワの仲裁裁判所はそれに同意し、住宅建設のために果樹園を住宅建設支援連邦基金に譲渡すべしとする裁定を下し、政府は研究所のスタッフに、植物を移すよう言い渡す。[*27]

植物の移動はどれくらい困難なのか？　というより、そもそも不可能であろう。移動は、乏しい資金で続けてきた果樹園の運営自体よりはるかに困難である。ヴァヴィロフが属する世代の人々によって収集され、以後の世代の人々の手で栽培され続けてきた樹木は残ってはいたが、それらを取り巻く環境のすべてが荒れていた。研究所が抱える問題の根源は恒常的な資金不足にあり、そのため何十年も放置されていたのだ。植物の移動は研究所の終焉を意味する。おそらくは、そこに保管されている多くの品種の終焉をも意味するだろう。だが、それが果樹園の運命であるように思われた。再開発は、早くも九月に始まる予定であった。

しかし裁判所が裁定を下した二日後、猶予が与えられる。国際的な圧力を受けて、ロシア大統領ドミートリー・メドヴェージェフは、パヴロフスク研究所を脅かしている法律を再調査するとツイートし、それをきっかけとしてしばらく事態の進行が止まったのである。*[28] 木々は葉を落とし、冬を越す。春になると、数千種の植物の花が咲き、ハチが飛び交う。不確かな状況のまま、さらに一年が経過する。ブルドーザーは待機していた。そして二〇一二年四月一七日、遺伝的資源を救済するために果樹園の存続を認める連邦命令が下る。*[29] それは執行停止の指示であり、資金はもはや供与されない。放置がさらに進むことが約束されたようなものだ。このようなやり方は、ヴァヴィロフや彼に啓発された人々の死をさらに悲劇的な無駄死にする。

＊＊＊

キャリー・ファウラーは他の大勢の人々と同様、ヴァヴィロフの仕事が無駄にならないよう努力を続けている。とりわけ彼は、スヴァールバル種子コレクションという形態でヴァヴィロフの構想を追求し、ヴァヴィロフの果樹園を救う手伝いをした。スヴァールバル貯蔵庫に保管することで、ヴァヴィロフの種子を救おうとしたのだ。しかし、この試みは部分的な成功を収めたにすぎない。ロシアの科学者や政治家は、巻き込まれるのをいやがった。だからロシアに残されたヴァヴィロフの種子コレクションに何かが起これば、そこに保管されている貴重な作物品種のほとんどは、永久に失われるだろう。

一方、スヴァールバル貯蔵庫に保管された種子は、分類し研究されねばならない。しかしスヴァールバルの種子はあくまでも予備であるため、実際には他の種子バンクに保管されているものを研究しなければならない。ヴァヴィロフはつねに、このような状況を想定していた。彼はそれぞれの品種をいくつかの異なる条件のもとで育て、成長速度、風味、害虫や病原体に対する病害抵抗性などの属性や、条件の違いによってそれらの属性にどの程度の差異が生じるのかを観察した。種子バンクに保管されているほぼすべての品種は、その種の調査がまだ実施されていない。

加えて、品種の属性を有効活用するためには、各品種のゲノムと主要な遺伝子、さらにはさび病に耐える能力などの重要な形質に関連する変異を調査する必要がある。それを目標とするいくつかのプロジェクトが現在進行中だが、[*30] それらはおもにコメなどの特定の作物に焦点を絞っている。もちろん実際には、調査はあらゆる作物を対象に行なわれねばならない。いかに楽観的な農学者でも、目標を達成するにはほど遠い状況にあることを認めざるを得ないだろう。現在のペースでは、数世紀はかかってしまう。この目標の達成に向けて、技術的な問題は存在しない。ただ、少しばかり資金が必要なだけである。その一方、育種を行なっている公共機関で、予想されていた事態が起こりつつある。公共機関に所属する科学者が、伝統的な育種から離れて遺伝子工学に手を染めるようになってきたのだ。これは、そのほうが速いという単純な理由に基づく。また、資金援助があてにならない状況にあって、翌年、翌々年にも育種試験が続けられるか否かが不透明なら、遺伝子工学に切り替えたほうが進歩を見込める。事実、大学で育種を行なうために新たに雇われた数少ない研究者のほとんどは、遺伝子工学に焦点を絞っている。すでに二〇一四年の時点で、そのような状況にあったが、その後この傾向を劇的に加速するできごとが起こった。それはクリスパー（ＣＲＩＳＰＲ）の登場だ。

ＣＲＩＳＰＥＲ－Ｃａｓ（CRISPR は clustered regularly interspaced short palindromic repeats の、また Cas は CRSIPER associated protein の略だが、科学者には名前をつけさせないほうが無難かもしれない）〔以下クリスパーと訳す〕は、テクノロジーとして言及されることが多いが、それが持つ革新性は、科学者ではなく進化によって達成されたものだ。クリスパーは、細菌や古細菌に進化したシステムであり、自身を攻撃するウイルスからDNAを獲得することを可能にした。つまりこれらの細菌は、クリスパーシステムを用いて、かつての敵のライブラリーを築くことができるのである。細菌は敵が攻撃してくると、このシステムを使って、敵の情報とライブラリーに蓄えられている情報のマッチングを行ない、マッチした場合には攻撃者のDNAを切り取る。クリスパーは、精密な防衛システムだ。ひとたびこのシステムが発見されると、別の目的でそれを使えることが明らかになった。さまざまな生物のDNAを特定の場所で切断し、編集するために使うことができるのだ。このテクノロジーは、数年のあいだに急速に発展し、今や、ゲノムが決定されているほぼすべての生物のDNAを、これまでは考えられなかったような精度で編集することができるようになった。クリスパーの登場によって、科学者は生物のDNAのたった一つのヌクレオチドを、すなわち遺伝子コードのただ一文字を変えることができるようになったのである。

クリスパーを基盤とするテクノロジーは、作物の育種の歴史において劇的な一歩を踏み出す機会を与えてくれる。一万年前には、育種は植物間の自然な生殖に依存していた。やがて農民は、自然な生殖の結果生じた作物の子孫を選択するようになった。二〇〇年前になると、育種家は、どの品種とどの品種をかけ合わせるかを自ら選択し、望みの特徴を備えた子孫を意図的に作り出すようになった。一〇〇年前になると、育種家は、ある品種（場合によっては植物種）の特定の特徴を、生産性の高い別の品種に組み入れるために近親交配を行ない始める。ごく最近になると、遺伝子組み換えテクノロジーによって、生殖が可能でなければ交配することができないという限界が突破された。クリスパーは、これらのかつて起こったいかなる革新よりも大きな変化をもたらすかもしれない。何しろそれを使えば、科学者はある生物種から個々の遺伝子をコピーして、別の生物種に挿入することができるのだから。しかも、どの遺伝子をコピーするかのみならず、どこに挿入するのかも高い精度で決定することができる。またクリスパーを用いた育種は、比較的短期間で行なうことができる。従来の育種では、新品種を作り出すのに七年から一〇年かかる（樹木の場合はさらに時間がかかる）。また、従来の遺伝子工学のアプローチでは、五年から七年かかる。それに対し、クリスパーを用いると三年で済ませられ、その期間はさらに短くなりつつある。

重要な点を指摘しておくと、クリスパーは、遺伝子組み換えのアプローチとは異なり、適用した事実がわからないように、生物の遺伝子コードを変えることができる。従来の遺伝子組み換え作物がつねに外来の生物のDNAを一つ以上含むのに対し、クリスパーによって編集された作物は、必ずしもその限りではない。クリスパーを基盤とするテクノロジーは、既存のゲノムを編集する。これは、粘土板に新たな粘土を加える作業と、粘土板に切り込みを入れる作業の相違であるかのように感じられ、そこに大した差異はないように思われるかもしれない。しかし、実際にはいくつかの違いがある。遺伝子操作に関する既存の規制のほとんどは、（すでに存在するDNAの変更ではなく）DNAの挿入に焦点が絞られており、クリスパーによって編集された植物や他の生物には適用されないことが一つ。もう一点は、クリスパーによって編集された生物を対象とする新たな規制が作られたとしても、その遵守は、もっぱらアグリビジネス企業の誠実さに依存せざるを得ないことだ。誠実な自己報告に依存しなければならない政策は、とりわけ数十億ドルの利益がかかっているとなると、しっかり遵守されるとは思えない。

さらに言えば、クリスパーは（比較的）安価である。世界中の善良な人々が利用することもできれば、悪辣な人々も利用できる。北朝鮮は四苦八苦しながら核兵器を開発しているが、クリスパーを用いて農業テロの媒体を作り出すことはそれほど困難ではない。クリスパーによって新たな世界が切り開かれたのだ。この世界では、新品種を作り出す限界は、作物品種や野生種の利用可能性、何と何をかけ合わせるべきかに関する洞察、規制により規定された段階を経て新品種を市場に投入するのに必要な資金によって画される。皮肉にも、クリスパーや遺伝子組み換え技術によって作り出される作物に対する規制が厳しくなればなるほど、アグリビジネス企業の支配力はそれだけ増すことだろう。なぜなら、規制によって要請される種々の段階を経て新品種を市場に投入できるだけの資金力を持つのはアグリビジネス企業くらいだからだ。一つの可能性として、作物の開発が抗生物質の開発に似てくることが考えられる。つまり、開発にコストがかかりすぎて、その障害が科学の問題ではなく、科学知識を製品として市場に投入する際に経なければならないもろもろの実践的なステップの問題になるのである。あるいは、クリスパーのおかげで、新たな作物の開発がいとも簡単になることも考えられる。このケースでは、規制は事実上不可能になり、市場にはさまざまな作物品種があふれかえるようになるだろう。

よく言われることだが、ハンマーを手にすると、すべてが突き出た釘のように見えてくる。クリスパーは、生物学者が振るう史上もっとも革新的なハンマーである。それは先天性疾患の治療、作物の育種、さらには抗生物質の開発さえ変える可能性がある。その反面、これまでは想像すらできなかったような問題が起こるかもしれない。いずれにせよ現時点では、今後の見通しが不透明であり、人によって見解は異なる。一つ確実に言えるのは、育種にもっぱらクリスパーが用いられるようになったとしても、種子バンクに保管されている作物品種を救い、研究する必要がなくなるわけではないことだ。また、植物にしろ、動物にしろ、細菌にせよ（クリスパーの発見を導いたのも細菌である）、野生種を救う必要もなくならない。

クリスパーは、地球上に生息するいかなる生物の遺伝子をも価値あるものにする。それゆえ、クリスパーの登場とともに、私たちは突然、作物の近縁野生種のみならず、どれだけコレクションの数が増えようが、どこに生息していようが、他の野生種もすべて保護しなければならなくなったのだ。このように、アグリビジネス企業の支配によって、農業の未来は彼らの決定と革新に依存するようになり、さらにクリスパーの支配によって、まさにそのアグリビジネス企業の決定と革新は、野生種を救い理解する私たちの能力に依存するようになろうとしている。

＊＊＊

このような最近の展開のなかで、あなたにも活躍の場所はある。あなたは農業の未来をコントロールできるのだ。作物の育種に資金を投下することに一票を投じることができる。あなたが選んだ政治家に、公的な育種（とりわけ熱帯産の作物の育種）の資金援助を目的とする国際的なプロジェクトを支援するよう促すこともできる。あるいはキャリー・ファウラーがしたように、世界各地の農民のために何らかの活動をすることも可能だろう。しかし、購買力の行使というもっと単純な手段もある。購買力の行使を通じて農業に影響を及ぼすことができるという考えは目新しいものではないが（『食糧第一』でそれについて論じるようファウラーは著者に助言した)、だからと言ってその意義が薄れたわけではない。

あなたは地元でとれたさまざまな作物を買うことができる。地元で栽培されている作物に全面的に回帰するよう、また、単に畑に戻って作物を育てるだけでなく、農業生態学のアプローチを用いてさまざまな作物品種を栽培するよう都市の住民に訴えかける学者もいる。だが、さまざまな理由により、それほど大々的に農業の世界を変えられるとは思えない(変えるべきかどうかも定かではない)。幸いにも、私たちが普段食べている食物の生産方法を変えなくても、作物の多様性を高めることは可能である。私たちは周縁(マージン)に影響を及ぼすことができる。農業ではつねに多くがマージンに依存している。できるだけ地元で栽培されているさまざまな作物品種を買うようにすることで、多様な作物品種を栽培することへの、また、特異な作物品種を発見することへのインセンティブを農民に与えられる。さらに重要なことに、特異な作物品種を使った実験や、場合によって新たな作物品種の育種に対する農民の意欲を育むことができる。それによって得られる恩恵は、作物を多様化する農民の能力や、地元の作物の栽培に集中する能力が、(国や地方自治体の)政策によって支援されれば増大するだろう。これは夢物語のように聞こえるかもしれないが、北米やヨーロッパなどでは、スーパーや種子カタログが扱う作物品種の多様性がすでに高まっている地域も存在する。私たちが普段口にしている食物は画一化しているとはいえ、ここ一〇〇年で初めて、入手可能な作物品種の多様性が増大し始めているのだ。これらのアプローチは万能薬ではないが、方向としては正しい。そして私たちは、地元で栽培されている作物を買い消費することで、この動向をさらに促進することができる。私たちはできる限り、味覚の豊かさを育み、人々の生活を支えてくれる地元の多様な食文化を奨励していく必要がある。

味覚は食品産業、ひいては世界の形態を形作り、どこで何が栽培されるかを決定づけてきた。私たちの味覚芽は、どこでどのように栽培されているのかに関係なく、糖分や脂肪分をもっとも安価に提供してくれる作物を好むよう私たちを仕向けてきた。地元で生産される多様な食物を消費する文化を優先し培うことは、作物を救うことにつながり、それを通じて私たちは、飢饉や文明の崩壊を免れることができるだろう。

何を買い、何を食べるかを変えることで破局から救われ、スヴァールバルの種子バンクを使わずに済ませられるという主張は、大げさに聞こえるかもしれない。人々が、年がら年中似たようなものを食べている世界でも一向に構わない、と言う向きもあることだろう。今のところ、食物はいやというほど手に入る。たとえばアメリカでは、売れ残った多量の食物が捨てられている。また、家畜の飼育のために大量の穀物を無駄にしている。それらの穀物を自分たちで消費すれば、より効率的かつサステナブルなあり方で地球の資源を利用できるというのに。「裏庭など、作物を栽培できるのにしていない場所は多々ある」と主張する人もいるだろう。あるいは、皮肉屋は「食糧不足は、先進諸国では起こらない。起こるなら、中米、北アフリカ、中東などの地域においてだ」と言うかもしれない。だが、アイルランドのジャガイモ飢饉が教えてくれるように、ある地域における作物の損失は世界全体に影響を及ぼす。そのことがもっともよくわかるのは、シリア危機においてだ。

第15章　穀物、銃、砂漠化

都市が築かれて以来初めて、広大な農地に穀物がまったく実らなかった。川では魚がとれなかった。灌漑された果樹園では、シロップもワインも生産されなかった。雨は降らず、木々は成長しなかった。

――「アッカドの呪い」紀元前二一〇〇年頃

二〇〇三年のアメリカによるイラク侵攻後、考古学者はこの国の古代遺産を救おうとかけつけた。サダム・フセイン政権は崩壊しつつあり、それにともなって生じた無秩序によって、国の宝は危機に瀕していた。学者たちは、イラク国立考古学博物館から美術や古代遺産の多くを救い出した。彼らはその際、包囲下のレニングラードで、エルミタージュ美術館に所蔵されていた美術品を救おうとした人々に降りかかったものと同じ困難に直面しなければならなかった。ただしエルミタージュ美術館とは異なり、イラクの偉大な古代遺産の多くは、すでに失われるか、破壊されるかしていた。イラクのもっとも重要な宝の一つは種子であった。

イラクの種子は、メソポタミア地方の伝統農民が作り出した、科学と技術の結晶であった。種子のおのおの、遺伝子のおのおのには、古代の何千人もの人々の努力の跡が刻み込まれていた。イラクの種子は、西欧文明の基盤を形成した種子の直系の子孫であり、一万年にわたる栽培、選択、交換を通じて改良されてきたものだ。戦争が始まるまで、イラクは食糧を自給していた。再び自給できるようになるとするなら、それには古来の種子が必要になるだろう。まさにその種子が、戦争によって脅かされていたのだ。幸いにも、少なくとも一部は他のコレクションに複製が保管されていた。[*1] しかし、作物畑にも種子バンクにも、イラクにしか存在しない品種の種子が多数あった。作物畑で栽培されているものに関しては、種子も農民とともに悲惨な戦争に耐えなければならなかった。脆弱な種子は、同様にはかない男女の生死に結びつけられていたのだ。種子バンクの種子の生存も運次第だったが、場所を考えれば幸運に恵まれる可能性は薄かった。イラクの種子バンクはバグダードの西方にある（のちにアブグレイブ刑務所で有名になる）都市アブグレイブにあり、両陣営の攻撃を受けていた。幸いなことに、種子バンクのスタッフは、運に頼ってはいなかった。

アブグレイブにあった種子コレクションは二〇〇三年に集められた。ほとんど何の公示もなく、古代のメソポタミアで、人類史上初の真の文明の基盤を形成した種子の直系の子孫がダンボール箱に詰め込まれたのである。箱はテープで封印されたあと、シリアの国際乾燥地農業研究センター（ICARDA）に送られ、そこで保管庫の棚に収納された。かくしてメソポタミアの直系の遺産は、不吉な運命のもとに置かれる。イラクでは、それまで種子コレクションが保管されていた建物が、アメリカ軍やイギリス軍の爆撃を受けていた。つまり、種子はすんでのところで破壊を免れたのである。それらの種子は戦後[*2]状況が好転することがあれば、[*3] かつてメソポタミア文明が勃興したイラクの畑で再び蒔くことができるだろう。一方アメリカ政府は二〇〇四年、イラクの農業を復興させる試みの一環として、アメリカの企業に種子を配布させた。これは「琥珀色の波作戦（Operation Amber Waves）」の一部で、それにはイラク人に配布された種子の再使用を禁じる命令条項八一が含まれていた。[*4] したがってイラクの農民は、メソポタミア地方で栽培化された作物の種子を、アメリカの企業から毎年買わなければならなくなった。

＊＊＊

私たちは、メソポタミア地方やその周辺で一万年以上前に起こったできごとを、あたかも発明であるかのように記述してきた。私たちは、背の高い草が生い茂る草原で穀物を採集する人々の姿を思い浮かべる。カゴは、苦労して集めた穀物で満たされている。作業に疲れたこの採集者は、突然あることを思いつく。自分で栽培すればよい！　種子を植えて、自分の手で育てればよいのだ！

作物の栽培は、定期的に実践されるようになるはるか以前から、何らかの形態によって可能であることが理解されていたはずだ。採集者が、蓄えていた穀物のいくつかが発芽するところを見れば、外に出て植えてみたくなるのではないだろうか。ところがメソポタミアや、より広い範囲にわたる肥沃な三日月地帯における一〇〇万年の歴史のほとんどの期間、それを実行する者はいなかったらしい。

その後、状況は変わる。紀元前一万年頃から、人々は、メソポタミアの東方（現在のイラン）にあるザグロス山脈の小さな村に定住し、野生の穀物、ヒヨコマメ、レンズマメの収集を始めたのである。さらに時代が経過すると、これらの植物の種子が植えられるようになる。なぜ植えられるようになったのかは、まだ解明されていない。たぶん、より多くの食物が必要になったのだろう。種子は、おそらくは人口増加と気候変動の影響で食物が欠乏したときに、埋め合わせのために蒔かれるようになったと考えられる。[*5] いずれにしても、やがて穀物の種子が植えられるようになったことに間違いはない。ひとたび穀物が栽培されるようになると、農民は、年々栽培している作物のコントロールができるようになっていく。秋には、その年にもっともよく育った植物の種子、すなわち味がよく、軽く押しただけで種子が落ちたりせず、より大きな種子を結び、より早く実るなどといった条件にもっとも合った植物の種子が選ばれ、翌年のために取って置かれるようになったのだ。[*6] できの悪い品種は、焼かれたり引き抜かれたりした。このサイクルが何世代も繰り返されることで、野生種の栽培化が生じたのである。それぞれの作物品種には、独自の栽培化のストーリーがあるが、栽培化の一般的な特徴はどの作物でも同じである。

最初にコムギ、オオムギ、ヒヨコマメ、レンズマメの栽培化が達成されると、大規模な定住地が出現し始め、次いで（紀元前三五〇〇年頃）チグリス川とユーフラテス川にはさまれたメソポタミア地方で、ついに最初の文明が勃興する。メソポタミア文明は湿潤な南部の地域（現在のイラン）で誕生したが、やがて北に向かって（現在のシリアへと）広がっていった。最初に栽培化されたコムギは、私たちがパスタコムギと呼んでいるデュラムコムギ（*Triticum durum*）で、[*7] それに通常のコムギ、つまりパンコムギ（*Triticum aestivum*）が続いた。[*8] 紀元前二三五〇年頃には、同じ地域で文字による記録が始まる。メソポタミア地方では、アッカドのサルゴン王が南部と北部の諸都市を従属させたときに、帝国が誕生する。[*9]

この地域の現状を考えると、欧米の文化や食物が中東で誕生したものであることを忘れやすい。遺伝的にどうかは別として、欧米人の日常生活には中東に起源を持つ側面が多々ある。メソポタミアは西洋の起源である。また、起源であるとともに一種の終焉でもある。人類は、ひとたび農耕を開始すると、作物畑に堅く結びつけられるようになった。採集社会へと戻ることはできなくなった。農業のおかげで人口は急増し、それにつれ人類と作物はますます互いに依存し合うようになる。人類が苦難の時を迎えると、作物も苦難に陥った。作物が危機に瀕すると、人類も危機に陥った。農耕は洞察ではなく、結婚、すなわち人類と種子の結びつきだったのだ。そしてこの結婚は、ペルシアにせよ、ギリシアにせよ、ローマにせよ、やがて勃興する古代文明の基盤となった。

私たちは、数千年前に築かれたこの結びつきから逃れることはできない。[*10] 人類は、種子を普及させる責任を負う。害虫の攻撃を阻止し、肥料や水を与えなければならない。作物はその代わり、日光や、二酸化炭素や、砂漠の砂粒のあいだに埋もれた鉱物栄養素から作り出された、生きるために不可欠の食物を私たちに与えてくれる。農耕を学ぶ者は、植物からできるだけ多くの資源を獲得する方法を学んでいるのだ。

アーメド・アムリは、メソポタミア地方の農業を救おうとしている一人である。彼は砂漠の辺縁地帯で育った。運の悪い日にはサハラ砂漠の砂塵が空を覆い、良い日には雨が降った。彼が住んでいた場所は、故国にあって水が流れ、緑の葉が茂る数少ない地域の一つだった。彼は少年の頃、砂漠の辺縁地帯での農耕や、その改善に関心を抱くようになった。農夫にはならなかったとしても、農作業を改善し楽にする仕事をしたかったのである。

アムリは、モロッコの大学を卒業し、カンサス州立大学農学部の大学院に進学した。そこで彼は、コムギの茎を攻撃する害虫ヘシアンバエに対する病害抵抗性を持つ中東産のコムギの品種を探していた。小さくて破壊的なヘシアンバエは、コムギが栽培されていればどこにでも広がる。アフリカ北部や中央アジアなどの、農地が狭く殺虫剤が高価な地域では、ヘシアンバエは最大の問題と化している。アムリとカンサス州立大学の同僚によるの研究の目的は、ヘシアンバエに対する病害抵抗性を持つコムギの品種を育種することだった。研究は当初、順調に進んだ。あるコムギの品種に、病害抵抗性に関与していると思しき遺伝子を特定することさえできた。[*11] この研究は、学者が好むたぐいのエレガントなものではあったが、そのままでは実用にならなかった。しかしこの研究で身につけた技術は有用で、すぐに応用することができた。彼はそれを、モロッコで適用することを決意し、そこで干ばつに強く、害虫に対する病害抵抗性を持つコムギとオオムギの育種に取りかかる。種子を数え、かけ合わせ、蒔いた種子が育つのを待つというこの仕事は、困難ではあれ必要なものであった。

モロッコで仕事をしているあいだに、アムリのもとに別の仕事の申し出が舞い込む。それは、シリアのアレッポにあるＩＣＡＲＤＡでの仕事であった。その仕事を受諾した彼は、ＩＣＡＲＤＡで、センターが保有する遺伝的資源、種子コレクション、根茎、塊茎(かいけい)を整理する役割を担う。[*12] シリア最古の都市としばしば言われるアレッポが、一九八〇年にＩＣＡＲＤＡの新たな本拠地として選ばれたのは、当時のシリアが安定し繁栄していたからだ。アレッポは、乾燥地での研究に適した気候を持ち、古代メソポタミアを取り囲む、弧状の湿潤な農業地域である肥沃な三日月地帯の中心部に位置する。なお、一九七七年にＩＣＡＲＤＡが最初に設立されたベイルートは、交戦地帯と化していた。

アムリが赴任した頃、ＩＣＡＲＤＡではすでに一〇〇人を超えるスタッフが、乾燥地域に適した作物栽培や家畜の飼育の改善に取り組んでいた。彼らは、ヴァヴィロフと同様な方法で、種子を集めていた。ＩＣＡＲＤＡの整然と管理されたコレクションには、一四万一〇〇〇種を超える種子サンプルが含まれていた。ＩＣＡＲＤＡの種子コレクションは、オオムギ、ダイズ、ヒヨコマメ、レンズマメ（これらはすべて、メソポタミア地方かその近辺で栽培化された）の世界最大のコレクションの一つである。とりわけ、三万八〇〇〇品種から成るコムギ、八〇〇〇品種のコムギの近縁野生種、二万九〇〇〇品種のオオムギのコレクションは特筆に値する。

しかもＩＣＡＲＤＡは、種子を保管するだけでなく、農民と協力し合いながら有効に活用している。彼らは農民から作物畑で生じる最悪の問題や、コレクションに含まれていない品種について学び、その知識を系統的に用いて、種子コレクションと作物の改善を試みていた。種子コレクションを改善するために、干ばつ、猛暑、塩分濃度などの諸条件に適応する能力を持ち、害虫に強い作物品種がどの地域に見つかりそうかを予測し、実際にその地域に出かけて新しい品種を探した。それから、既存のあらゆる手法を駆使して、新品種の育種を試みた。これらはすべてうまくいき、サン害虫（カメムシの近縁種）[*13]、ヘシアンバエ、うどん粉病に対する病害抵抗性を持つコムギの品種や、干ばつや塩分濃度の高い環境のもとでもよく育つ品種を作り出すことができた。要するに、今も昔もＩＣＡＲＤＡは、アムリが目指していたことを、さまざまな意味でもっとも必要とされている地域で大規模に実践しているのである。

ＩＣＡＲＤＡは、北アフリカと中東の全域にとって非常に重要な機関である。これらの地域は、乾燥しており、地域独自の農業とその革新につねに依存してきた。この地域には他にも国際的な育種センターが存在するが、規模においてはＩＣＡＲＤＡに劣る。また、他の機関のほとんどは特定の国に焦点を絞っているが、特定の国に焦点を絞る育種センターや農業センターは、紛争の絶えない地域でつねに公平な支援ができるわけではない。加えて、これらの地域は乾燥してはいるが、その程度、ならびに栽培されている作物の種類は場所によって異なる。現在では、北アフリカと中東は、一つではなく二つの作物多様性の中心地、すなわち古代の歴史のうえに築かれると同時に、現代の育種の努力にも包摂された中心地を含むと考えられている。

メソポタミア地方や肥沃な三日月地帯は歴史的に、土壌という意味でも、農業の革新という意味でもまさに肥沃な地域であったにもかかわらず、現代の農民は悪戦苦闘している。この地域の豊かさは、つねに川と降水、すなわち地元や遠く離れた上流地域での降雨、そして灌漑能力に結びついていた。かつて水とそれが支える作物は、地域の住民の需要を満たすに十分だった。ところが今日では、零細農家は非常に多様な作物を栽培しているが、地域の食物生産は住民の需要を満たせないでいる。世界各地の農業生産量を示した図では、この地域は生産量があまりにも乏しく存在しないに等しい。なお、北アフリカと中東から成る作物多様性の中心地の現状は、世界における他の中心地の現状でもある。

コンキスタドールたちがアメリカ大陸から帰還して以来、生産性の高い農業地帯は、比較的寒冷な北寄りの地域に移った。これらの国々では、コンキスタドールの時代に続いて得られた富によって、科学への投資が増え、農業が高度に集約化され、そして最終的に作物の生産量が増大することで、さらなる富が生まれた。このサイクルは自己充足的だ。農業の集約化によって、作物は安価に生産されるようになり、（たとえば熱帯や北アフリカでは）同じ作物でも、零細農家の手で栽培されているものは価値を減じた。零細農家には利益が出ないほどコムギの価格が下がったため、これらの地域の農業家は、自給作物を犠牲にして、輸出用の換金作物（キャッシュクロップ）を栽培するようになる。作物に対する地理的影響という点では、北アフリカや中東は、熱帯や亜熱帯の多くの地域とさほど変わらない。だが、気候に関しては、そのことは当てはまらない。

アメリカ南東部など、将来の気候が定かでない地域もあるが（アメリカ南東部はより湿潤になると予測するモデルもあれば、より乾燥すると予測するモデルもある）、北アフリカや中東のほとんどに関してはあいまいさがなく、あらゆる気候モデルが、気温と乾燥の度合いがはるかに増大し、降水量は現在の半分になると予測している。テルアビブ大学のピンハス・アルパートは、文明の血流ユーフラテス川の流量が、流域での取水を考慮しなくても、二一〇〇年までに二五パーセントから七〇パーセント減退すると予測している。[*14] メソポタミア地方や肥沃な三日月地帯を干ばつが襲うのは、これが初めてではない。

かつてメソポタミア地方は、現在のイラクとシリアの国境近辺に存在していた、ネックレスの真珠のように川沿いに一列に並んだ一群の諸都市のリーダーたちによって支配されていた。これらの都市は農業都市であり、アッカドのサルゴン王の孫による支配のもとで、一つの帝国へと統一された（いかに統一されたかは果てしのない議論のネタであり、今後も考古学者同士で、この件に関して激しくときに辛らつな議論が交わされることだろう）。各都市は、作物が栽培化された最初の村々に起源を持つが、そこから数万、場合によっては数十万の人口を抱えるに至るまで発展したのである。

紀元前二二〇〇年頃になると、すべてが変化する。都市は崩壊した。その崩壊の様子は遺物ではなくストーリーに基づいて報告されているため、歴史家は虚偽と真実を見分けるのに苦労している。それどころか、そもそも実際に都市の崩壊があったのか否かさえ確かめられないでいる。もしかすると、この神話は、帝国が直面していた困難をめぐる、単なる嘆き、よくある不平の吐露なのではないか？　実際に起こったできごとの記述ではなく、してはならないことを教え諭す訓話だったのではないか？　大惨事の実話ではあり得ないのではなかろうか？[*15] そう主張する考古学者もいた。その後、考古学者のハーヴェイ・ワイスによって、シリアのハブール平原で古代都市テル・レイランが発見されると、事態がはっきりし始めた。テル・レイランはメソポタミア地方の北部に位置するが、この地域はワイスが研究に着手するまで、現在のイラクにあたる南部に比べてあまり研究されていなかった。

ハーヴェイ・ワイスらは、一九七九年にテル・レイランの発掘に着手している。この都市に人が住んでいた時代は、少なくとも紀元前六〇〇〇年にさかのぼり非常に古かったので、全貌を解明するためには、六メートルほど溝を掘って、古代都市の上に積もった土砂と時間を取り除かねばならなかった。かくして掘った溝のなかに、この都市の明確な年代記を見て取ることができた。彼らは地層のなかに、レンガの破片や塵、さらには人口の増大を示す、都市の地理的規模の変遷を見出したのだ。居住地は数千年のあいだは、村程度の規模にすぎなかったが、一〇〇〇年ごとに次第に成長していったことが判明した。紀元前二八〇〇年には三七エーカーしかなかったが、紀元前二四〇〇年には二〇〇エーカーになり、それからサルゴン王の孫がこの都市を征服してアッカド帝国に組み入れると、都市の規模はさらに拡大し、農業も大規模化した。そこではコムギ、オオムギ、オリーブ、ブドウ、エンドウマメ、スイートピー、ヒヨコマメ、ナツメヤシ、ベニバナ（染料用）が栽培されていた。[*16] さらには、舗装された広い道路や、人々がビールやワインを飲んだり、パンやヤギ肉やブタ肉を食べたりする施設もあった。デュラムコムギ、エンマーコムギ、オオムギなどの穀物は、帝国が運営する施設に集められて貯蔵された。そして市のロゴが描かれ、シールで封印された、標準化された容器に詰められて分配された（それらすべてには宴会の場面が描かれていた）。テル・レイランは、一大農業帝国の主要都市であり、急速に成長していた。そして、都市とその住民が四〇〇〇年間繁栄したのちに忽然と消滅した証拠が、表面よりの地層から出現する。ワイスらが時代の経過を示す地層を掘り進めていくと、紀元前二二〇〇年に相当する地層には何も存在しなかったのだ。人が住んでいたことを示す証拠は見つからなかった。家畜、さらにはミミズさえ、存在していた証拠が見つからなかった。さらに言えば、紀元前二二〇〇年に相当する地層から上の層は、完全に土で満たされているようだった。あたかも人々が忽然と消えたかのように。事実、ワイスはそう考えた。

人類の遺物が存在しない地層は、干ばつや飢餓が発生したために、史上初の偉大な帝国の住民が死んだり移民したりしたことを示唆する、とワイスは一九九三年に主張している。[*17] 移民が発生したことを示す文化的な証拠は、この地域の別の場所でも見つかっていた。ワイスの記述によれば、「メソポタミア南部で出土した粘土板は、メソポタミア北部から難民が到来したことに言及している。（規模はさまざまだが）同様な移民の証拠が、エーゲ海、エジプト、インダスの各地域の古代遺跡でも発見されている」

気候学者は当初懐疑的な態度を示していたが、やがて干ばつの証拠を発見する。彼らはまず、地中海地方の気候と、メソポタミア地方を流れる河川の流量のあいだに関係があることを示す証拠を発見し

図13　2006年におけるＩＣＡＲＤＡの作物研究を始めとする活動にかかった支出と、同時期にイラク戦争でアメリカ政府が費やした１週間あたりの予算の比較。（Data source: ICARDA annual report.）

た。[18]この発見は示唆的ではあったが、懐疑は消えなかった。次に彼らは、メソポタミアの諸都市が崩壊した時期に、地中海地方東部で干ばつが発生したことを見出す。地中海地方東部は乾燥し、雨は地中海方面からメソポタミアにやって来るので、チグリス川とユーフラテス川の流量が減り、川沿いの作物畑も乾いたのである。そして作物畑の崩壊とともに、それによって支えられていた都市も崩壊した。最近の調査によれば、崩壊に先立って食物供給が激減し始めたとき、その地に残った人々の健康は悪化した。感染病が蔓延し、骨は発育が阻害されてもろくなり、貧血症が増大した。[19]それから決定的な証拠が見つかる。この地域では、ほぼ三〇〇年後に干ばつが終結するまで都市は再興しなかったのである。未来の気候モデルが、この地域に再び干ばつが到来し、何百年経とうが、何千年経とうが終結しないと予測していることを考え合わせると、この発見には、私たちの未来の恐るべきモデルを読み取ることができる。[20]

この地域の干ばつに関する長期的な未来予測（と未来を予兆する過去のできごと）に照らすと、乾燥に耐える能力を持つすべての作物品種や近縁野生種を見つけ出して救い、それをもとに乾燥と猛暑の両方に対する耐性を持つ作物を育種することは、将来何億もの人々が生存するためのカギになる。また、地域の政治的な安定のためにも重要である。食糧供給が崩壊すれば、政府は倒れる。ＩＣＡＲＤＡを始めとする研究センターは、水の供給が次第に減っていくなか、数百万人が食べていけるようにするための新たな手段を見つけなければならない。それに失敗すれば、戦争という巨大なコストを支払わなければならなくなるだろう。しかもそれを、その目標の巨大な意義にもかかわらず、比較的少ない資金で達成しなければならないのだ。

＊＊＊

アーメド・アムリにとって、ICARDAの仕事には、モロッコでの経験に似た側面があった。とはいえICARDAでは、センターと地域に対する責任をより強く感じていた。ICARDAは乾燥地域の農業に関する代表的なセンターだったので、モロッコにいた頃と比べ、所属するチームも種子コレクションもはるかに大規模であった。加えてシリアの周辺国で戦争が起こったことで、ICARDAは、イラクなどの他の国々における農業の未来がかかる平和の中枢として機能していた。つまり、戦争後に種子を必要とする国々への「最後の手段の貸し手」だったのである。[21] また、戦争が始まる前に種子を救う際の避難場所にもなっていた。この地域では戦争の勃発がいとも簡単に予測できるため、これら二つのニーズは何度も満たされた。たとえば、二〇〇二年にアフガニスタンの国立種子バンクが簒奪されたとき、その翌年に作物を栽培できるよう種子を送ったのはICARDAであった。アムリはその件で発送に関わっていた。それから一年後には、イラクで戦争が始まる。そのときの種子（例のダンボール箱に詰め込まれた種子）の発送にもアムリが関与していた。

二〇〇五年の時点において、イラクの種子はICARDAの棚に置かれ、アムリが管理していた。彼は、種子が一国の農業を救うあり方や、それに失敗するあり方を考えることに多大な時間を費やしていた。「次に種子を救うべきはもちろんシリアではない。東はイラン、南はヨルダン、西はイスラエルやエジプトの諸国でも、紛争が生じているはるか南方のイエメンでもない」などと思案しながら。当時のシリアは、イラクやアフガニスタンから安全を確保するために種子が送られてくるほど安定していた。

論理的に考えても、種子の保管に最適な場所は、中東諸国のなかでもものごとがまともに機能していたシリアであった。シリアでは、ほぼ誰もが教育を受け、医師や科学者が育っていた。教育や富のレベルという点でアメリカに匹敵し、私が暮らすノースカロライナ州より高かった。次に起こったことを考える際には、この事実を念頭に置いておくべきであろう。

二〇〇六年の冬以来、シリアとイラク、ならびに肥沃な三日月地帯の残りの地域は、長引く干ばつに悩まされ始める。それは、この地域の現代史のなかでも最悪のものだった。干ばつは地域全体に影響を及ぼしたが、とりわけ古代メソポタミア文明の核であったシリアとイラクの一部地域の状況はひどかった。それは、ハーフィズ・アル＝アサド大統領に率いられたシリア政府が、史上かつてない規模で汲み上げられた希少な地下水による灌漑に依存する農法に焦点を置く政策を数十年間実施したあとで生じた。干ばつは繰り返し起こっているとはいえ、今回は規模が違った（そして長引いた）。シリアの干ばつは、トルコのチグリス川上流地域における干ばつに結びついている（チグリス川の流量は、トルコ国内下流域での取水のためにさらに減ったとする説もある）。そこでの干ばつのためにシリアに到達する水量は減り、それと同時にシリア国内での降水量も減少した。この干ばつは、農業の集約化によって地下水へのアクセスが困難になったあとで到来したために、代替可能な水資源はほとんど存在しなかった。[*22]

干ばつの最初の年である二〇〇六年には、シリアとその種子を心配し始める学者が早くも現われた。種子をよそに移すべきではないかと考え始めたのだ。『ネイチャー』誌には、よそに移すより、ＩＣＡＲＤＡや他の種子バンクにもっと多くの資金を与えたほうがよいと主張する論説が掲載される。アメリカは当時、イラク戦争のために週に一〇億ドルを注ぎ込んでいた。この論説が主張するところでは、二億六〇〇〇万ドルの支援金を、とりわけＩＣＡＲＤＡを始めとする種子センターを相互に結びつけている統括組織ＣＧＩＡＲコンソーシアムに供与すれば、世界中の種子を永久に救えるはずだった。[*23]金額の末尾にゼロを一つ加えたとしても二六億ドル、すなわち二週間分のイラク戦争遂行費用と同程度の金額、別の言い方をすれば、アメリカ国内での害虫と病原体による作物の年間被害総額の一〇分の一にも満たない金額にすぎない。その種の支援は、シリアのみならず、一七五〇箇所近くある世界各地の種子バンクや、それらに保管されている七五〇万の種子サンプルにとっても有効であるはずだ。多様な作物が栽培されている地域ほど、気候変動による大きな脅威を受けているというのに、およそ四〇箇所を除いたすべての種子バンクが、種子の長期的な救済の国際基準を満たそうとあがいている状況にある。このような現状について書かれたり言われたりしてきたにもかかわらず、もちろん資金援助は行なわれなかった。しかもシリアの情勢は悪化の一途をたどっていた。

そして不作が生じる。最大の問題はコムギにあった。二〇〇七年までは、シリアのコムギ生産高は、対応する農地の拡大なしに増加していた。一九九一年から二〇〇四年にかけて、コムギ生産高は倍増した。増加の要因は、緑の革命による作物の導入（と灌漑）、ならびにそれに続くＩＣＡＲＤＡの手による新品種の育種に帰せられる。不作の年もあったが、全体的には増加傾向にあり、人口増加と歩調を合わせていた。そこへ干ばつが到来したのである。

二〇〇八年のコムギ生産高は、二〇〇七年と比べて三八パーセント低下した。[*24]理論的には、誰かが迅速に行動していれば、シリアにおける伝統品種の多様性とＩＣＡＲＤＡの手で育種された新品種によって干ばつに対処することができただろう。古代にはメソポタミア文明が繁栄し、現代ではＩＣＡＲＤＡ

が存在するシリアによって対処できなければ、いったいどの国が対処できるのか？　だが現実的には、乾燥した気候に適応した作物は少なく、まばらにしか栽培されていなかったため、村々や作物は猛暑で乾き切った。乾燥した気候のもとで育つ作物は多数あっても、干ばつ中に順調に育つ作物はほとんどない。かくしてシリアの農業生産高は低下する。さらに重要なことに、危機がひとたび到来すれば、それに対処するための育種は、現代の技術をもってしてもすみやかには行なえない。あらかじめ育種しておかなければならないのだ。

二〇一〇年の年末には、シリアは食糧用に、まさにこの地域で栽培化されたコムギを輸入しなければならない状況に陥りつつあった。[*25] 子どもたちは、栄養不良がもとで病気になった。人口が増大し、都市化が進んだために、問題の解決はいっそう困難になっていた。ちなみに都市の人口は、二〇〇〇年から二〇一〇年にかけて、およそ五〇パーセント増加している。増加の一因には、戦争のために一〇〇万人のイラク人がシリアの諸都市に流入したこともあるが、一五〇万人のシリア人が、（一部は不作のために）農村から都市へと移住していた。しかし都市に移っても、仕事はほとんどなかった。人の数が、職の数を圧倒的に上回っていたのである。かくも急速な変化は、都市、国家、地域の不安定さを増幅する結果をもたらした。しかも新大統領バッシャール・アル＝アサド率いる政府の政策は、これらの問題を緩和するどころか悪化させた。

二〇〇九年と二〇一〇年も困難な年になり、春に作物がほとんど成長しなかった。これらの年に発生した干ばつは、グローバルな気候変動の影響により、この地域で頻繁に起こるようになるとする気候学者の予測に合致していた。今後数十年間、干ばつは、より頻繁で極端なものになると予測されている。

つまり、二〇〇九年と二〇一〇年の干ばつは予兆だったのだ。二〇一一年も、年初から乾燥し、数十年来初めてコムギを輸入しなければならなくなる。そして土埃が舞い、種子がほとんど発芽しない絶望的な春がやってくると、革命が起こる。

歴史家は、蜂起の要因をめぐって今後も長く議論し続けることだろう。いずれにせよ、国民は、希望を求めて抑圧的なアサド政権に反旗を翻したのである。政府は、力ずくでそれをつぶしにかかる。革命は戦争に変わり、内戦の混乱に乗じて、ISIS（アラビア語圏のほとんどの国ではダーイシュとして知られるグループ）が国土の一部、古代メソポタミアと密接に結びつく地域を支配し始める。革命とISISの勃興は、シリアの崩壊と数十万人のシリア人の死を引き起こした。[*26] 移民の波は、アイルランドのジャガイモ飢饉以来最大のものと化した。ジャガイモ飢饉によって引き起こされたものより大きいとする見方もある。少なくとも四〇〇万人がシリア国外へと脱出した。ボートやトラックの荷台や列車に折り重なるように乗って、難を逃れようとあらゆる方角に散っていったのだ。

＊＊＊

蜂起の直前、シリアの状況が悪化しつつも、まだ破局には至っていなかった数か月のあいだに、アーメド・アムリは、ICARDAの種子を国外に運び出す決心をしていた。ICARDAの施設は種子バンクを含め、発電機を備えていたが燃料が不足しており、種子が腐るのは目に見えていた。種子バンクで働くスタッフなら誰もが知るように、アムリは、破壊され消滅した他の種子バンクのストーリーを知っていた。しかし他の種子バンクとは異なり、ICARDAは最悪の事態に対処する準備が比較的整っていた。コレクション中の八七パーセントの種子サンプルに関しては、もしもに備えてすでに複製が送り出されていた。複製は、その品種が完全に失われるのを防ぐ。ただし複製はたいてい、再利用する際に植え直してより多くの種子を確保することが前提とされているために数が限定される。だが、ぼう大な数にのぼる残りのサンプルは（品種の数は定かでないが、一万四〇〇〇サンプルを超えていた）、予備がとられていなかった。アムリは、それらの種子も送り出す必要があると考えた。

種子を救う任務は、二〇一一年春に実行に移された。それは、ヴァヴィロフのチームの努力と酷似する。種子は戦争から遠ざかる北の方向にトラックで運ばれ、トルコとの国境に向かう。国境ではトルコ農業省の役人が立ち合って、種子がすぐに税関を通過できるよう取り計らい、アンカラの遺伝子バンクに運んだ。レバノンに送り出された種子もあった。

やがてシリア人以外のスタッフは、ほぼ全員センターを去る。そのように勧告されたのである。それにはほぼすべての科学者が含まれていたが、誰も彼らを責めることはできなかった。アムリは、二〇一二年七月の最初の週まで残っていた。それからモロッコに戻り、シリアのセンターから遠く離れた場所でICARDAのために仕事を続けている。[*27] シリア人の同僚は、ヴァヴィロフの同僚がレニングラードで行なっていたように種子を守っていた。レニングラードのケースと同様、価値があるのは種子だけではない。ICARDAの建物の周囲には、乾燥地域での栽培に向けてもっとも有望な品種が栽培される作物畑が広がっている。二〇一四年五月になっても、種子バンクに残った数人のシリア人スタッフは、種子を守り続けていた。それから戦争が施設のすぐ近くまでやって来る。

誰がやって来ようが、事態がましになるとはとても考えられなかった。ISISはシリアとイラクで、世界最古の都市の一つニムルドを始めとする貴重な考古遺跡を破壊していた。ISISは、アッカド帝国崩壊後に、かつて栄えた古代都市に植民してきた民族の行動を模倣していた。干ばつが襲ってきたとき、グティ人は丘を越え、メソポタミア南部のアッカドの居住地を蹂躙した。彼らは農業を無視した。動物を解き放ち、女性や子どもを捕らえた（少なくともシュメール人の言い伝えによれば。また、グティ人は人間の顔と、イヌの狡猾さと、サルの身体を持つとも述べられている）。彼らは文字文化を持たず、やがてシュメール王ウル・ナンムの手でこの地域から追い出される。おぞましいできごとには、つねに先例がある。そのような蛮行に走る輩には同類項がいる。二〇一一年の反体制派自身、シーア派モスクやキリスト教徒の墓を破壊し、キリスト教会を簒奪している。彼らはICARDAをどう扱うのだろうか？　それは誰にもわからなかった。

ICARDAに最初にやって来たのは反体制派であった。彼らのなかには施設の周辺に住んでいる者や、センターの業績から個人的に利益を得られる者も含まれていた。おそらくはこのような利害関係があったのと、彼らのなかに種子の重要性を理解する者がいたからか、彼らは、センターの作物を食糧として分けてくれれば黙って立ち去り、それ以上仕事の邪魔をしないと申し出た。ICARDAのスタッフには選択肢があった。彼らは逃げることもできたが、そうはしなかった。食糧を提供してもICARDAにとって大きな損害にはならず、少なくとも短期的にはそのほうがより多くを救えると考えた。そもそもスタッフは、自分たちの食物を確保するためではなく、研究のために作物を栽培していたのだから。反体制派に作物を手渡す前に、収穫高を測定しさえすればよかったのである[*28]〔＊28にもあるように、研究の一つの目的は作物の収穫高の測定にあり、収穫物の確保がICARDAの目的ではなかった〕。スタッフは、この取引がもたらした平和に感謝する。アムリはこの件に関して、「(反体制派が)生物多様性の保存の重要性を認識してくれたのは幸運だった。それは、アレッポでは中断されたことが一度もない活動の一つだった。(……)だが、今後はわからない」と述べている。*[29]

二〇一五年一〇月六日、ロシアの爆撃機が、ICARDAの敷地の近くに爆弾を落とした。施設は直撃弾を受けたと報告された。しかし一〇月七日、ICARDAは、「ロシアの爆弾は近くに落ちたが、直撃は受けなかった」と述べるプレスリリースを発表した。ここまではついていた。

＊＊＊

しかしシリアの未来を考えると、その回復にはいくつかの段階が必要であろう。戦争は続くだろう。間違いなく外交も関わってくる。だが、二つの結論は避けられない。農業や食糧供給一般が今後直面するはずの困難は、私たちにはほとんど無縁であると信じているのなら、次の点を肝に銘じておくべきである。シリア難民の周辺国への洪水のような流入は、私たちが彼らの置かれた状況と決して切り離されているわけではないことを暗示しているという点を。悲劇は一瞬にして私たちを結びつけるのだ。

シリアが国家として再興することがあるのなら、まず農業を立て直さなければならない。それには種子が必要だ。だからアーメド・アムリは、モロッコに戻ると思い切ったことを始めた。つまり彼は、ICARDAの貯蔵庫に保管されている種子をモロッコとレバノンに送り、そこで植え直して種子の数を増やしてから中東や北アフリカなどの地域に配布する計画をドゥームズデイ貯蔵庫に提案したのである。いつもの年には、ICARDAは二万五〇〇〇の種子サンプルを、それを必要とする世界中の農民に配布していた。ICARDAはこの作業を継続するつもりだったが、現状に鑑みれば、それはドゥームズデイ貯蔵庫の協力なくしては不可能であった。アムリが主張するように、この任務の続行は、「継続的な農業の発展と食糧安全保障の基盤を保護する。CGIARの遺伝子バンクは、食糧安全保障には欠くことができない。彼らの任務に議論の余地はない。私たちはやり方を知っている。しかも年間三四〇〇万ドル程度で実行可能なのだ」。[*30] アムリは、食糧安全保障を達成できなかった場合に何が起こるかをよく心得ている。そのことは、まだシリアに残っている飢えた人々やシリア難民の支援に関わったことのある人なら、誰でも知っている。

＊＊＊

中東全域が長引く干ばつに見舞われている。その状況に適応できる作物品種を作り出す試みを躊躇するわけにはいかない。トルコなどの国では、ほとんどの水資源は大丈夫だろう。サウジアラビアなどの裕福な国は、単純に食糧を輸入することだろう。ある記事には、彼らは炭素を売ってカロリーを手に入れるだろうと書かれていた。特にサウジアラビアは、農業を継続するには水がまったく不足していることをすでに自認している。だから石油の輸出に集中して、食物を輸入するようになると考えられているのだ。しかし北アフリカや中東の多くの国では、そのような戦略はとれない。それらの国々では農業の革新がたった今必要とされている。ここでも、アッカド帝国の事例を引き合いに出せば、現状に関する有用な洞察が得られるはずだ。この地域での発掘は、最初はテル・レイランに焦点が絞られていたが、最近では他の都市や小さな町を対象に行なわれている。ハーバード大学のジェイソン・ウアは、最近の発掘によって、これらの小さな都市の運命がテル・レイランほど劇的ではなかったことを示していると主張する。それらの都市はより長く存続したらしい。なぜか？　ウアの見るところでは、彼らは干ばつが生じる前、もしくはそれに応じて、耕地を拡大したり、新たな技術（多量の肥料）を導入したりして農業を変えたのである。[*31]（議論の余地はあるが）これらの都市の教訓に希望を見出すことができるかもしれない。[*32]一方、現状を考えると、シリア難民が経験している危機のおぞましさは、シリアのみならず北アフリカや中東の人口が多い国々でも繰り返されることが予想される。

アーメド・アムリは、現在でも仕事を続けている。うまくいかない日もあれば、順調な日もある。シリアが崩壊する前には、最近発見されたコムギの病原体Ｕｇ９９に対する病害抵抗性を持つコムギの品種の開発に必要な遺伝的資源の特定を行なっていた。[*33]Ｕｇ９９は、殺菌剤を買えないほど貧窮した国々のコムギを脅かしている。ＩＣＡＲＤＡの遺伝子バンクに保管されているコムギの品種によって、それらの国々の作物を救えるかもしれない。実際にそうなれば、何百万もの人々が、アムリ、ＩＣＡＲＤＡのスタッフ、グローバル作物多様性トラスト、スヴァールバル世界種子貯蔵庫、現在でもアレッポの施設で働いているシリア人、そして何が起ころうが数千年にわたり種子を守ってきた無数の人々に多くを負うことになるだろう。小さな穀粒から一国を養えるほどまでに成長する種子は、未来を養うことができる。私たちは、シリアに住む人々や、中東全域で暮らす人々に対し、そして私たち自身に対し希望を持つべきだ。ジャガイモ飢饉を振り返ると、「なぜ誰も、飢饉を阻止するためにもっと努力しなかったのか？」「なぜ原因をよく理解しようとしなかったのか？」「どうして再発を防止する手立てを講じなかったのか？」と疑問に思わざるを得ない。

第16章　洪水に備える

文明と無秩序のあいだは七日分の食事しか隔たっていない。
――生態学者ディヴィッド・ヒューズ　古いスペインのことわざより

電話しても誰も出なかった。Eメイルを送っても返事はなかった。友人に尋ねると別の人物の名前を教えてくれた。その人に尋ねたところ、さらに別の人物の名前を教えてくれた。それからようやく、Eメイルに返信してくれる人が現われた。その人は引退した大学教授で、すぐにではないが会ってもよいとのことだった。だがほんとうに会えるのだろうか？

私は、危険な生命形態を保管する博物館を見学したかったのだ。それは植物病原体の博物館で、おそらくはその種のコレクションとしては世界最古のものであろう。そこには、コムギ、リンゴ、バナナなどありとあらゆる主要作物にとって致命的な病原体が保管されている。聞くところによると、数千種が保管されているのだそうだ。私は、それらの危険な生命形態のコレクションがいかなるものかを、この目で見て知りたかったのである。アメリカ疾病予防管理センターやロシアの類似の施設に、天然痘ウイルスのサンプルが納められた容器が保管されているという話を聞くことがある。[*1] 科学や未来のために保存されているパンドラの箱、あるいはスヴァールバル世界種子貯蔵庫の悪のツインバージョンといったところか。

現在直面している問題からカカオ、キャッサバ、ジャガイモ、コムギ、ブドウを救うためには、それらの作物を蝕む害虫や病原体の生物学的特徴をたった今理解しなければならない。それには、既知の害虫や病原体のコレクションが必要になる。そして、新たに生じた問題をすでに研究済みの問題と比較できなければならない。それを可能にしてくれる博物館はさぞ壮大なものに違いない。内部は整然としていて、多数の専門家が詰めているに違いない。それらの専門家は、作物に関する新たな問題が発生したとき、それを引き起している病原体を突き止め、その生物学的特徴を既知の病原体のものと比較しながら慎重に対策を立てる準備が整っているはずだ。そう考えていた私は、人類の未来がかかるコレクションの一つを見られる日が来るのを心待ちにしていた。

それから私は、再度Eメイルを受け取った。コレクションを見せてくれるはずだった元大学教授が、見せられなくなったと伝えてきたのである。カギをなくし、他に誰も持っていないとのことだった。それからしばらくEメイルは途絶えた。誰に連絡すればよいかを知っていると思しき、友人の友人に電話をしてみた。だがわからなかった。コレクションが保管されている大学で植物病原体を研究している科学者は誰も、それについてまったく知らないようだった。堂々巡りをしているように感じ始めた頃、もう一度Eメイルが入ってきた。

カギは見つかったらしい。建物7Cの入口8Bに来るよう指示があった。勇んで行ってみると、そんな建物は見あたらなかった。通行人を呼び止めて訊いてみたところ、一人の男が立っている方角を指差した。彼はカギを手にしていた。最近妻が死んだのだそうだ。彼は、よろめきながら震える手でカギを差し込んでドアを開けた。その様子では、私の見学に長くつき合ってくれそうにもなかった。そもそも大学を引退した彼は、法的にはこの場所にいてはならなかったのだが、それでも私のためにドアを開けてくれたのだ。

私は、「ジャガイモ疫病、危険」「天狗巣病、近寄るな」などといったラベルを貼られ厳重に閉じられたキャビネットのなかに危険が潜んでいる様子を想像しながら、建物の内部に足を一歩踏み出す。危険な標本に手を出したら、警報が鳴るのではないか？　コンピューターが並んでいるはずだ。防護服を着なくともよいのだろうか？　その手のよくあるシナリオを思い浮かべつつも、私は現実を予想できたし、実際その予想のとおりだった。二つある大きな部屋の一つに入ると、私はサンプルの寄せ集めに囲まれていた。「寄せ集め」という言い方は、むしろ手ぬるい。何しろ、私の前方と両脇には、床やベンチの上に露出した植物がそのまま放置されていたのだから。木の幹、葉、茎、果実がそこら中に散乱し、それらのおのおのが病気を持っていた。

人間の心臓に関する本を執筆していたとき〔前著『心臓の科学史——古代の「発見」から現代の最新医療まで』を指す〕、スコットランドのエディンバラで、疾患に蝕まれた人体組織のコレクションを見たことがある。心臓を含め人体組織の多くは、ジャーに入っていた。人体組織として識別できないものもあった。破壊された組織が、見つかった人体の内部に保存されているものもあった。この部屋のコレクションは、エディンバラの人体組織のコレクションの植物版とも見なせようが、一つの疾病や一つの組織ではなく、すべてを対象にしていた。穴のあいた葉、斑点のある葉、人の形に成長した種子、ねじれた茎などといった具合に。それらが文明による最悪の犯罪現場からかき集められた物的証拠に見えないとすれば、それは植物に対する共感力が欠けているからにすぎない。

前世紀に活躍した三人の偉大な生態学者ネルソン・ハーストン、フレデリック・スミス、ローレンス・スロボドキンが著した古い論文に、「なぜ地球は緑色をしているのか?」という有名な問いが提起されている。[*2] この博物館に保存されているもののような病原体や、チョウ、甲虫、コナカイガラムシなどの草食動物が、地球上の草木類を食べ尽くさないよう抑制している要因は何か? 植物は防御能力を備えているというのが、一つの答えである。しかしより重要なのは、地球には、草食動物や病原体などの植物を食べる生物ばかりでなく、コナカイガラムシからアフリカを救ったハチのように、それらの天敵も存在していることだ。とはいえ、博物館の部屋には、天敵は保存されておらず、地球を茶色に染めんとしている掛け値なしに危険な病原体(その多くはまだ生きていた)しか見あたらなかった。

病気になった植物は、病因が病原体によるものかどうかに従って分類されていた。植物病理学では長らく、植物が病気になるのは、それ自体の脆弱性のためか、それとも病原体のゆえかが議論されていた。かつてのジャガイモ疫病に関する議論の再現とも言えよう。博物館のコレクションは、植物病理学でかつて用いられていた区分に従って保存されていたのである。その分類のあり方には、理解と誤解の歴史、しかもまだ新しい生きた歴史を垣間見ることができる。最初の部屋の内部に整然と長く伸びる棚の一つに、がんに罹患した植物や突然変異を被った植物が置かれていた。これらは植物自体や環境に起因する病気で、病原体によるものではなかった。人間同様、植物の身体は機能不全に陥り得る。機能不全に陥った植物は、その状態から逃げも隠れもできない。自然のなすがままになって、やがてしおれるしかないのだ。ここには、そのような機能不全の実例があった。それらの植物のおのおのは、最初に病気に気づきサンプルとして収集した人物にまつわるストーリーをともなっているはずだ。

しかし残りの棚は、外部要因のために病気にかかった植物が大勢を占めていた。まず菌類に殺された植物があり、それに細菌に殺された植物が続き、さらにウイルスに殺された植物が続いていた。おそらく線虫に殺された植物もどこかに置かれていることだろう。そこは、犠牲者ではなく加害者の別によって区画された植物の墓地だったのだ。コレクションは、画一化された専用の小瓶には収められておらず、ほぼいかなる生物のコレクションにも言えることだが、一つ一つのサンプルには人間のストーリーの痕跡が刻まれていた。サンプルを収集した人によって、さまざまな種類の小瓶や封筒が容器として使われていたのである。デジタルデータによる記録もなかった。というより部屋にはコンピューターが設置されておらず、カードカタログに記録がとられていた。この記録は、私には解読できないシステムによって分類されていた。そばにいた年老いた管理人も読み方を思い出せないようだった。解読方法は紙に書かれているとのことだったが見つけられないでいた。だが、やがて彼は、その紙が床のうえに落ちているのを発見する。それがなければ、分類システムの基準がわからなかっただろう。

病原体には、十分な数の特定の宿主が存在することに依存するという点で脆弱性を持つものが多い。人類と作物が消え失せたら、植物病原体の多くが絶滅するだろう。ただしハムスターの寄生虫とは異なり、個々の植物病原体は、死んだ枝に付着したものや小瓶に収納されたものでも、比較的長く生き延びられる。したがって、この博物館に保管されている植物病原体のなかには、たとえぞんざいに保存されていても、現在でも生きているものがあるはずだ。サンプルからサンプルへと次々に成長していく病原体もあるかもしれない。あるいは、引き出しのなかでたった今成長しているものもあるかもしれない。どの植物病原体が生きているのだろうか？　その数はどれくらいあるのか？　それは誰にもわからない。

だが、適切な条件のもとに置かれれば、再び成長を開始し、植物から植物へと拡大していく病原体も存在するはずだ。

生きた標本は、科学にとって非常に大きな価値がある。それらを研究することで、危険な病原体とそうでない病原体が存在する理由を突き止め、その知見を将来起こり得る危険の予測に役立てることができる。私の友人トム・ギルバートとジーン・リスタイノは、病気にかかった植物のコレクションを重要な目的のために活用した実績を持つ。具体的に言うと、彼らは、アイルランドのジャガイモ飢饉の頃に採取されたジャガイモ疫病菌の遺伝子を調査し、病原体がどこから到来し、なぜあれほど猛威を振るったのかを解明したのである。ところで、この博物館には生きた標本も保存されているので、再感染の恐れがあった。管理人は、部屋の片隅に設置された枠の内側に置かれている木片を指差した。彼の話では、その木片は、コレクションが保管されていた建物の床の一部だったのだそうだ。表面には、怪物的な菌類がヘビのような形状でうねっていた。彼の説明によれば、「あれは、コレクションから抜け出して建物を食べ始めた菌類だ」とのことである。*3 つまり、人類の歴史を通じてもっとも重要なできごとのいくつかを解明するのに役立つコレクションが、同時に文明を食べる能力も持っているのだ。この木片が保存されているのは、それを見る者に菌類の能力を思い出させるためだそうだが、思うに人類の脆弱性を暗示しているとも見なせよう。

それほど重要なコレクションが、なぜかくも悲惨な状態のまま放置されているのか？　実のところ、それは私が訪問したコレクションに限った話ではない。植物病原体であろうが、他の生物の病原体であろうが、コレクションの多くは、保存状態が悪いケースが多く、新たな標本を入手するたびに、空いた場所などこにでも積み重ねているような状況にある。私が訪問したコレクションよりひどい状態に置かれているものもある。標本を箱に詰めたままラベルさえ貼らずに放置し、腐るに任せているなどといった状況もまれではない。多様な作物、害虫、病原体が生息する地域に地理的に近いほど、コレクションがよりひどい状態に置かれているという状況が、ほとんど法則化している。そのような状況にあって、このコレクションはもっともましな部類に入る。それでも私たちの忘れやすさのために、サンプルが乱雑に放置されているのである。

コレクションが乱雑な状態に置かれているのは、植物や他の生物に影響を及ぼす病原体を特定できる人々の真価が認識されていないからだ。インパクトの強い華やかな発見を強調する報酬システムのおかげで、輝かしい業績を残すことにとらわれているために、長期的な視野が求められ、すぐには結果の出ない必要不可欠の研究を軽視する科学者たちによっても、一般社会によっても、彼らは正当に評価されていない。秀でた植物病理学者や博物館員がいなくなれば、博物館の小瓶や引き出しや封筒に保管されているサンプルの正確な価値は誰にもわからなくなるだろう。そのような人々は、今や絶滅の危機に瀕している。世界を理解するために必要な標本は、まともに分類すらされていない。ある学者が私に指摘してくれたことだが、ほとんどのコレクションは、寄贈されたサンプルをしかるべきところに配置する管理スタッフがいないため、寄贈を受け入れられないでいるのだそうだ。

他のモンスターのコレクションに関して言えば、コナカイガラムシなどの害虫は、さらにひどい状況に置かれている。一例として、私が最近訪ねたアメリカのコレクションを取りあげよう。この重要なコレクションには、その地域の作物を蝕む害虫と、花粉媒介者の記録が含まれており、たとえば害虫や花粉媒介者が、過去の気候変動や、最近の土地利用の変化にいかに反応してきたかなど、時代の経過につれ危機の様相がいかに変わってきたかを追跡することができる。[*4] このように、標本はさまざまな目的のために使える。ところが、わずか一〇年前には六人の科学者で構成されていたコレクションのスタッフは、現在では一人しか残っておらず、その一人もパートタイムで雇われている。（とはいえ、フルタイムの管理者がすぐに雇われる予定になっている。どうやらこの世界では、いつでも誰かがすぐに雇われる予定になっているらしい）。また、コレクションのデータベースは、非常に高度なものだが、現在では専用のホームページからアクセスすることができない（というのも、このホームページは、コレクションを去った五人のうちの一人が構築したものだからだ）。この種のストーリーはごくありふれている。退職した館員はかつての自分の職を埋めるよう嘆願し、館長は新たな館員をすぐに雇うことを約束し、比較的少数の若手の館員は、何らかの特殊な技能を持っていればだが、相応の常勤の地位が空くのを非常勤の仕事をこなしながら待っている、といったところがコレクションの現状なのである。

ストーリーの展開からすると、ここは白馬に乗ったビル・ゲイツが私たちを救うためにさっそうと登場すべきところだ。[*5] そして彼は、植物病理学と世界の昆虫コレクションを救い、それらを分類研究し管理することのできる科学者を資金援助してくれるに違いない。そう思ってあたりを見回すと、どこにもビル・ゲイツの姿は見あたらなかった。その代わり、年老いた管理人が戻ってきた。スペアキーをしまってある場所を思い出せたら、私専用にキーを一本渡してくれるとのことだった。それから私はお礼を述べ、二人でコレクションをあとにした。

＊＊＊

　私の家族は、ミシシッピ・デルタの出身である。南部出身の彼らのストーリーは、泥と水と自然の力と人間の無力さに満ちている。現在ミシシッピ・デルタ最大の町の一つになっているミズーリ州グリーンヴィルの墓地には、ダン家の墓がたくさんある。グリーンヴィルは、ミシシッピ川沿いの、発展が見込まれる場所に創設された。他の大河と同様、ミシシッピ川の沿岸地域では、洪水によって農業が恩恵を受けることがある。当然ながら、町は丘の高い場所に築かれねばならない。だが、ミシシッピ州の丘は低い。イトスギが立つ沼と蚊と氾濫源に覆われた低地で、高い丘の幻影を追うしかないのだ。

　一八三五年、私の祖先の一人トーマス・ダン医師は、フィラデルフィアからルイジアナ州にやって来て、そこからカヌーでミシシッピ川を遡行していった。彼はフィラデルフィアで訓練を受けた歯科医だったと聞いているが、学位に関する記録は残っていないらしい。家族の話では、歯科学校の記録の管理がずさんなのだそうだ。あるいは、そもそも学位など取っていなかったのかもしれない。いずれにせよ、彼は開業場所を探していた（おそらく学位をとってから、ホームドクターとして開業するつもりだったのだろう）。

　現在のグリーンヴィルの町が位置する場所からそれほど遠くない、ミシシッピ川沿いの発展途上の町に着いた彼は、住むに適した場所について地元の住民に尋ねる。すると、カヌーに乗ったこの男に出くわした地元の人々は、ブラックユーモアのつもりか、白衣を着た歯科医の出で立ちを警戒してか、南北戦争後にグリーンヴィルとして発展する場所の方角を指差した。その後グリーンヴィルは、彼が住み着いたプランテーションの周囲で発展している。そこで彼は、歯の治療をしていた。祖父が少年になる頃には、グリーンヴィルは港町として発展しつつあった。マーク・トウェインの小説の主人公ハックルベリー・フィンは、グリーンヴィルで休憩をとっている。ミシシッピ川を下る人のほとんどが、そうしていたのだ。しかし、町は問題を抱えていた。川面にあまりにも近く、ミシシッピ川の水が、頻繁に土手を越えて畑やグリーンヴィルの町に流れ込んできたのである。

やがて陸軍の工兵部隊によって、洪水を防ぐために川沿いに土手が築かれた。子どもはその上で遊び、逆巻く泥流に向かって釣り糸を投じた。竹竿におとりをつけておくと、巨大なナマズが釣れることがあった。川はときに驚嘆すべき獲物を吐き出したのだ。しかし水位があがると、年少の子どもたちは土手に近づかなかった。ミシシッピ川は天気のよい日でも危険だが、悪天候のときには近づくものは何でも飲み込んでしまう。年長の子どもやおとなは、川の水が土手を越えてこないかどうかを近くで見張っていた。また、対岸に住むアーカンソー州の人々が、こちらにやって来て土手に穴を開けたりしないよう用心していた。というのも、対岸のアーカンソー州に住む人々が洪水の被害を免れる唯一の方法は、ミシシッピ州側に川の水をあふれさせることだったからである。

私が覚えているストーリーでは、祖父は水位が例年以上に増した一九二七年、川と堤防を監視して洪水の徴候を発見する役目を与えられた。ちなみに、この年の洪水はよく知られている。アーカンソー州からの闖入者(ちんにゅう)は見かけなかったが、散弾銃をそばに置いてしっかりと見張っていた。だが、川の水は土手を越え始めていた。水が染み出してきて、彼の正面にあった土が泥の塊になって崩れ始めたのだ。彼は、すぐに水が怒涛のように流れ込んでくるのを予想して、穴に親指を押し込んだ。しかしミシシッピ川の水圧は、小さな少年の想像以上に、というよりグリーンヴィルのおとなたちが考えていた以上に強く、彼は責任者に自分が目撃したことを報告しに行った。すぐに町の人々は、土手の他の箇所でも、個体が液体に変わりつつあるところを目にし始める。

それに続き、自然の怒りにさらされた町が大混乱に陥るなかで、ストーリーも乱雑に入り混じる。すぐに水は土手を越えてくる。人々は屋根裏に這い込み、屋根にのぼる。やがて水は怒涛のように流れ込み、怪物のように町中を破壊し始める。最終的に数百人が死に、洪水が押し寄せてくる前にロープにつながれていたイヌやウシは、死んで木から垂れ下がっていた。町のほとんどは破壊された。祖父たちはボートに乗って屋根から屋根へと新聞を配り、おそらく自分たちが目撃したことを伝えたのだろう。新聞には、死亡者やすべてを失った人々の写真が何頁にもわたって掲載されていた。私は自然の力について考えるとき、このストーリーをよく思い出す。

洪水のストーリーにおいては、水位の高まり、止めようのない洪水を何とか止めようとする人々の小さな姿などといったように、細部にわたり多くのシーンが繰り返す。ミシシッピ州の歴史を調べてみると、祖父は一度ならず二度もグリーンヴィルを襲った洪水を生き延びたことがわかった。ただし二度目の洪水では、災厄はほぼ防ぐことができたらしい。洪水時の彼の経験に関しては、私の記憶のなかでも、さまざまな言い伝えのなかでも、あいまいなものと化している。濁流は、狩猟採集民族の村であろうが、工場の機械であろうが何でも洗い流して、その痕跡をあいまいにするのだ。ときに私たちは、自然の終焉や自然に対する脅威について語る。だが自然は、繊細な面もあるとはいえ、下衆野郎になることもある。ミシシッピ川という自然は、洪水を引き起こして、少年や少女や町の人々に試練を与え続ける。畑のへりに出現して作物をむさぼり、増殖していく害虫や病原体も自然なら、軽率に扱えば人類を破滅させることができる生態系や進化の力も自然である。

＊＊＊

ジャガイモ飢饉以来、植物病理学者や昆虫学者は、散弾銃ではなくコレクションと知識を武器に、押し寄せる悪魔を阻止しようとしてきたが、失敗することが多かった。とはいえ彼らは、不可能な課題を何度もなし遂げた。ハンス・ヘレンらはキャッサバを、ハリー・エバンスはカカオを救う手助けをし（その後再び問題が生じるのを目撃し）、ジーン・リスタイノと同僚の植物病理学者たちは世界各地で、際限なく拡大するジャガイモ疫病からジャガイモを救おうとしている。彼らに好意を寄せて、感謝の意を表するためにディナーに招待する必要はない。だが、土手に立って水際で災厄を食い止めているこれらの人々がいればこそ、水位より低い低地に住む人々も、土手の背後で生きていけるという事実を謙虚に認める必要がある。

私たちは、未知の害虫や病原体などの新たな問題が生じたときのために準備を整えておかねばならない。気候変動に関してはなおさらだ。準備は今すぐにも必要だが、人口が増大する未来のためにも欠くことはできない。国連の見積もりによれば、世界の人口は二〇五〇年には九七億に達し、二〇一五年時点より二〇億増加する。[*6] 加えて、少数の作物に依存する度合いと、新たに出現する害虫や病原体の数は増大し続けている。ところが残念なことに、害虫や病原体に対処するための訓練を積んだ専門家は、輝かしき世代の病理学者や昆虫学者が引退するにつれ減り続けている。[*7] 彼らの仕事を引き継ぐ者はいない。このような事態が続けば、トウモロコシを蝕みジャガイモを枯らすモンスターから人類を救ってくれたヒーローたちに、再登場を乞わなければならなくなるだろう。だが、そのあとは？

洪水による最悪の被害を防ぐためには、作物であろうが、作物の天敵であろうが、天敵の天敵であろうが、私たちの周囲に存在する生物種について深い理解を持つメンバーから成る大規模なチームが必要になる。このチームには、病害抵抗性を備えた新品種を作り出すのに必要とされる、多様な作物品種に対する理解を持つメンバーが含まれていなければならない。また、新たな害虫の起源を突き止めるために、考古学や生態学、あるいは各作物の進化に関する知識を持つメンバーも必要である。彼らは、作物の近縁野生種が生息する森林や草原についても知っていなければならない。さらには、新たに発生した害虫や病原体の特定や研究の基盤となる、適正に管理され随時利用可能なコレクションも必要になる。重要な昆虫の標本があらぬ引き出しに保管されていたために、作物を救える好機をみすみす逃した、などということがあってはならない。作物栽培や国が崩壊したときに必要になる出費と比べて、これらを実現するためのコストは小さい。大災害が生じたときに作物、人命、文明にもたらされる甚大な被害に比べれば、その防止に必要なコストはわずかにすぎない。しかし、それ以外にも必要なことがある。それは、新たな作物品種を作り出している農民とチームを結びつけ、新品種を利用できるようにし、（そしてこれは非常に重要な点だが）新たな問題が発生したときにすぐに気づけるようにする手段である。[*8]

私が在籍するノースカロライナ州立大学や、生態学者のデイヴィッド・ヒューズが所属するペンシルベニア州立大学のような大学は、ランドグラント大学として設立された。ランドグラント大学が負うもっとも明白な任務は学生の教育や研究であるとしても、おそらく社会にもっとも大きな影響を与えると考えられる三番目の任務として、共同拡張（cooperative extension）をあげることができる。共同拡張（単に拡張と呼ばれることもある）は、農民と連携する任務を負う大学が果たすべき役割を指す。この任務に従事する科学者は、私が必要であると考える農民との結びつきを構築する。農民の言葉を聞き、作物畑で見たことを記録するのである。「ブルーベリーを蝕んでいるのはどの生物か？」、などと科学者は農民に尋ねる。農民は科学者に、作物畑で新たに生じた問題についてただちに報告する。科学者はその代わりに、最新の知識や、問題に対処する新たなアプローチに関する情報を提供する。科学者によって提供される情報は、病原体の生物学や殺虫剤の化学、さらには殺虫剤の散布と害虫の天敵をタイミングよく併用するための最良のアプローチが導入されるようになって、ますます洗練されたものになってきた。毎年、数万人の農民が最新の科学的知識を科学者から入手し、また、数千人の科学者が農民から新たな問題を学んでいる。そしてこの関係は、農民、その家族、共同体、社会に健全な生活をもたらし、さらには食物や科学を改善する。それは、川の水が土手を越えないよう支援するのである。

農業共同拡張システムは古代にも見出せるが[*9]、現代的な形態としては、ジャガイモ飢饉に応じてアイルランドで生まれた。アイルランド全域で、（何をすべきかを知る者がいれば）貧しい農民にジャガイモを救う方法を教える講義が実施された。拡張システムは結局アイルランドの農民を救えなかったが、とりわけ受動的にではなく積極的に活用されれば、その種のシステムには価値があることが示された。それに続く数十年で、拡張システムはヨーロッパ中に広がり、続いてアメリカやいくつかの発展途上国へと拡大していった[*10]。しかしアメリカで農場が大規模化すると、拡張システムの本来の目的は次第に達成されなくなる（そして、ある程度はそのせいもあってか、システムにあまり資金が投下されなくなる）。ノースカロライナ州立大学のような大学が設立されたとき、アメリカ人の半分は農業を営んでいた。それが今日では、一パーセントを切っている。たとえば、アメリカで生産されている鶏肉の多くが、一握りの企業によって販売管理されている現状では、拡張システムに従事する科学者が養鶏場を回ることに大した意味はない。彼らが新たな洞察を求めて農場を回っている国々では、小規模の農場はほとんど存在しない。現在では、小さな農場のほとんどは、農民が作物畑で新品種を作り出し、不釣合いなほど多数の害虫や病原体が最初に出現する開発途上国に存在する。それでも拡張システムは必要である。というより、これまでよりさらに必要度を増している。だが、その要件や、それを必要とする場所は、変わってきている。

アメリカでもっとも急速に発展しつつある農民グループの一つとして、(現在でも多くの人々が暮らし、やがてほとんどの人々が住むようになるであろう)都市内や郊外の狭い区画で作物を栽培する新世代の人々があげられる。彼らの多くは、自分で食べたり、交換したりするために作物を栽培している。また、相互に、あるいは伝統的な農家や種子コレクターと連携する手段を持つ。たとえば、多数の農民や庭師が、伝統的な作物品種の保存や栽培に積極的に関与する個人のネットワーク、シード・セイバーズ・エクスチェンジに参加している。このネットワークのメンバーは、二万種類以上の作物品種を利用できる。窓際に置いた植木鉢で作物を育てているにすぎない人を含め、彼らは希少な作物品種を栽培し、それらが忘却の彼方に沈まないようにしているのだ。シード・セイバーズ・エクスチェンジの種子は、誰かに育てられるたびに(少なくとも種子バンクに凍結されている種子に比べて頻繁に)害虫や病原体に反応する機会を得る。気候変動にも適応しなければならない。それは種子という古代の芸術作品の、リアルタイムで進化するコレクションであり、つねに同じように、だが微妙に違ったあり方で庭から庭へと「掛けられ続ける」。メンバーが持つ植物の知識は、大学には非常に有用である。その一方で大学は、メンバーに研究で得られた情報を提供することができる。拡張システムの標準的なやり方では、シード・セイバーズ・エクスチェンジに参加している一万二〇〇〇人の農民や庭師に、容易に対処することはできない。そもそも彼らは、園芸家でもなければ、全メンバーが専業農民であるわけでもなく、「標準的」という範疇には入らない。彼らは、ベリーやサツマイモだけを栽培しているのではない。このように、シード・セイバーズ・エクスチェンジのメンバーは、もう一つの大きなグループ、すなわち世界各地の伝統農民と似たところがある。

ほとんどの零細農家は、熱帯および亜熱帯の国々で暮らしている。おそらくこの傾向は、今後も当分は変わらないだろう。新たな害虫や病原体に最初に直面しなければならないのは、これらの零細農家である可能性が高い。作物品種の多くは熱帯産であり、作物を蝕む害虫も同様である。また、気候変動の大きな影響に対して最初に対応を迫られるのも熱帯や亜熱帯の農民なら、新たな疫病や害虫の発生についてもっとも多くの情報を大学やその他の機関に報告してくるのも零細農家である。世界各国で栽培されているコムギのほとんどが病害抵抗性を獲得していない最新の小麦さび病菌Ｕｇ９９は、ウガンダの小さな農家の畑に最初に出現した。カカオを蝕む病原体、黒鞘病（*Phytophthora sp.*）も、キャッサバウイルスも、その他多くの病原体も、小さな農家の作物畑に最初に現われた。熱帯の農家は、私たちの農業と食糧の未来に不可欠な、ぼう大な資源の宝庫だとも言えよう。

さらに言えば、熱帯の作物畑では拡張システムの導入が絶対的に求められる。害虫や病原体による被害のために、世界全体で農民は平均して作物の四〇パーセントを失っている。だが開発途上国の零細農家に関して言えば、この数値は八〇～九〇パーセントに跳ね上がる。[*11] 明らかに、大学が保有する知識を

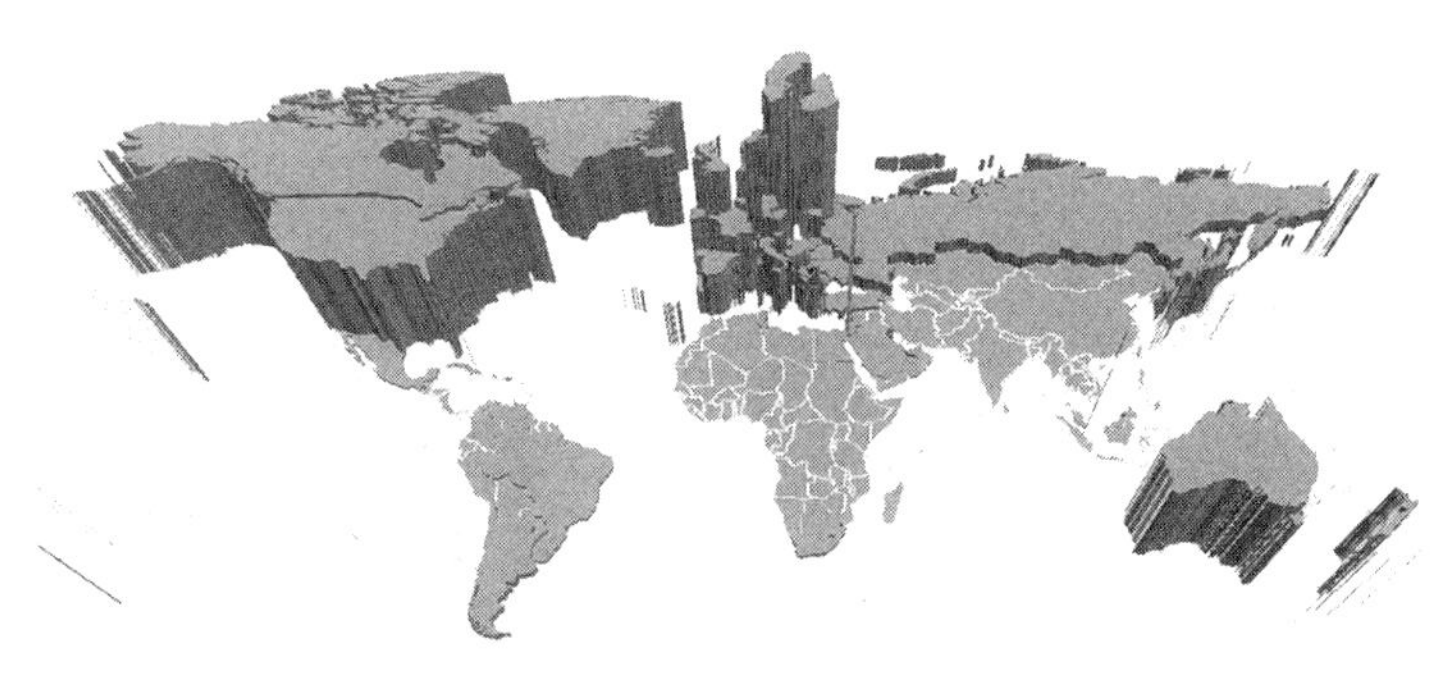

図14　世界各国で行なわれている科学研究の量の比較（1人当たりの科学論文の数に基づく）。大きな国ほど、そこで行なわれている科学研究の量は多い。それに比べ、作物多様性を含め生物多用性のほとんどが存在する熱帯地方では、ほとんど研究が行なわれていない。（Figure by Lauren Nichols, Rob Dunn Lab.）

もっとも必要としているのは熱帯の農民であり、農民の観察力をもっとも必要としているのは大学である。だが、キャンパス周辺の農村から世界へと目を転じた大学の拡張プログラムは非常に少ない。また、零細農家が多い国々で利用できる資源は、たいがい多くはない。ランドグラント大学は、自州のすべての郡に拡張プログラムの代理人を配していることを誇りたがる。しかし、代理人はあらゆる郡ではなくあらゆる国に必要なのだが、現状ではそのような移行が生じる気配はほとんどない。

＊＊＊

デイヴィッド・ヒューズは、それを実現するためのアイデアを持っている。彼は著名な大学で基礎生物学者として訓練を受けている。その種の大学では、現実世界の問題に首を突っ込む人は、脇に追いやられるか、「実利的」という烙印を押されて解雇される場合が多い。農民との連携は優先事項ではなく、ほとんど負債、あるいは時間を浪費するだけの趣味のごとく扱われ、へたをすればそのために職を失いかねない。

だから彼は、受けた訓練を考えれば、拡張プログラムの代理人に会う可能性も、ましてや彼らの仕事の擁護者になる可能性もほとんどなかったはずだ。だが彼は、大地にまだ飢饉のつめ跡が残るアイルランドで育ち、放棄されたジャガイモ畑を見てきた。放棄された畑の一つ一つは、死んだ農民や、他国に移住した農民をしのばせる一種の記念碑のようなものだった。彼自身の履歴やハリー・エバンスの例に照らすと、ヒューズは、農民に最新の科学的知識を伝え、また最新の科学的知識の探究に農民の洞察を動員する方法を考案することを決意したのだということがよくわかる。拡張システムは縮小し、植物病理学者や昆虫学者はいなくなり、時間は刻々と経過している。だから、何かを実行するなら今しかない。

ヒューズは、農民や、作物畑で調査をしている友人のハリー・エバンスの姿を見たり、マルセル・サラテと話をしたりすることで洞察を得た。サラテは、スイス連邦工科大学ローザンヌ校に在籍するデジタル疫学者である。サラテの研究は、オンラインで多数の参加者を募って行なったものが多い。彼はソーシャルネットワークのデータを用いて、社会における疾病の伝播を研究している。公衆衛生や、それに関連する活動に対する人々の認識をツイッターで追跡しているのである。サラテは、一見するとヒューズとは馬が合いそうにないタイプの人物だが、二人が会って話をすると会話がはずんだ。ヒューズは、それまで長くアリの寄生虫を研究していた。彼の話を聞いたサラテは、寄生虫や病原体が進化を促すあり方に魅了される。経歴こそ互いに大きく異なるものの、二人とも、理論面で（サラテ）、もしくは作物畑との関係において（ヒューズ）、寄生虫がいかに関わり得るのかをじっくりと考えていたのだ。やがて会話は、農業の未来や、寄生虫を出し抜く方法に関する話題へと移っていく。そして二人は、計画を立てて始める。ヒューズの言葉を借りると、彼らはハリー・エバンスの知恵を手軽に携帯で参照できるようにしたかった。[12]

作物を蝕む寄生虫や病原体の多くは、コントロールするのに十分な情報がすでに得られているか、もしくは比較的単純な研究によってその方法を考案できるはずだ。むしろ必要なのは、農民や研究者を始めとする多くの人々に、得られた知識を伝える手段である。ヒューズとサラテが、世界中の誰もが作物、害虫、病原体に関する情報にアクセスできるオンラインポータルを構築する能力を持つ人物を見つけられたとしたらどうだろう？　作物を蝕む昆虫の素性をすぐに調べられたとしたら？　質問したり、質問に答えたりすることができ、他のユーザーが有用性に基づいて回答を評価できたとしたら？　ウィキペディアやウーバーの時代にあって、そのようなサイトはそれほど目新しくは思えないかもしれないが、実際には一つも存在していなかった。そこでサラテは、プログラマーの協力を仰いでそのようなサイトを構築し、プラントヴィレッジ（www.plantvillage.org）と名づけた。それは、知識を共有するための未来の村になることが意図されていた。だが、それだけではない。

ヒューズとサラテは、他の研究者と協力し合いながら、各植物病原体や害虫について知られているあらゆる情報をプラントヴィレッジに登録するつもりだった。これは簡単なことのように思える。しかし、関連する論文は、それらが掲載されている雑誌を講読する限りにおいてしか利用できない場合が多い。この事実は、いかなるトピックを公開するにも、数十、場合によっては数百の雑誌を講読しなければならないことを意味する。しかも、それらの情報をもっとも必要としている農民の多くは貧しく、開発途上国に住んでいる。

研究者は数十年にわたり、できるだけ多くの成果を誰もが自由にアクセスできるようにするために悪戦苦闘してきた。この苦闘は困難なもので、長引く戦争のような様相を呈していた。雑誌社は、読者に無料で情報を公開したくはなかった。彼らのビジネスモデルは、図書館からの収入と、それよりは少ないが個人の購読者からの収入にほぼつねに依存しているからだ。しかし雑誌に掲載されている論文の多くは、税金、すなわち公共の利益のために投下された公的資金によって経費がまかなわれている研究に基づく。

ハリー・エバンスが所属するCABIは、植物病原体に関する情報のオンライン公開に着手しているが、作業は手で行なわれている。本部にいるスタッフが、手でデータを追加したり更新したりしているのだ。そのため、時間が経つと、データの質はデータベースに情報を追加するCABIのスタッフの能力によって制限される。ヒューズとサラテは、ひとたび軌道に乗ったあとは、害虫や病原体に関する情報を誰もがオンラインで登録でき、登録したデータをユーザーが綿密に評価できるような枠組みを構築したかった。二人は科学者に頼んで、論文で見つけた知識をサイトに追加できるようわかりやすい情報に変換する作業を手伝ってもらった。[*13] サイトの規模が大きくなればなるほど、他の研究者にコンテンツを登録するよう説得するのは楽になった。調整、説得、話し合いに費やされた労力はぼう大であった。二人はこのプロジェクトに着手したとき、どんな雑誌にせよ研究論文を寄稿することが絶対的に求められる若手の准教授だった。彼らは、自分たちの経歴に傷がつくリスクを冒しながらプラントヴィレッジの作業を続けていた。誰が自分たちを評価し、誰が批判するかなど、まったく気にも留めていなかったのだ。[*14] こうして、少なくともすべり出しはうまくいった。

プラントヴィレッジは、一五〇種以上の作物と、ほぼ二〇〇〇種の植物病原体に関する情報が登録されており、今や農業の知識を提供する世界最大の無料オンラインリポジトリに成長している。スマートフォンやコンピューターを持っていれば、誰でも www.plantvillage.org にアクセスすることができる。そしてプラントヴィレッジにアクセスすれば、人類の存続がかかる作物を破壊する能力を持つ生物に関する知識を得ることができる。プラントヴィレッジはさまざまな意味において、私が訪問した植物病原体のコレクションの直系の子孫だと言える。どちらも植物病原体を陳列しているが、プラントヴィレッジは、歴史的な都合によってではなく宿主によって分類されている。しかも、たとえばバナナを例にとると、「black leaf streak」「anthracnose」「Panama disease」「bunchy top」「banana mosaic」「banana aphids」「coconut scale」「banana weevils」「cigar end lot」などについて記述されている頁を即座に検索できるよう分類管理されている。もう一つキャッサバを例にあげると、「cassava green spider mites」「cassava mosaic disease」「cassava bacterial blight」「anthracnose」「brown leaf spot」「white leaf spot」「cassava brown streak disease」「cassava root rot disease」「African root and tuber scale」などに関する頁を参照できる。プラントヴィレッジは、昆虫や病原体のコレクションに取って代わることはないだろう。とはいえプラントヴィレッジによって、それらのコレクションがより価値のあるものになり、その有用性が誰にでもわかるようになることが期待される。要するにプラントヴィレッジは、科学者にも農民にも便利で有用なのだ。ヒューズとサラテが考えているように、少なくとも人々が使ってくれさえすれば。だが、ほんとうに使ってくれるのだろうか？　もっと単純に言えば、使うことができるのだろうか？

この種のプロジェクトの大多数は失敗に終わっている。その原因は、データベースを最新の状態に保つのが困難だったり、プロジェクトリーダーが他の仕事に時間をとられたりするからである（学部会議への出席、学部内での調整、メンバーのアサイン、場所や資源の確保などなど)。また資金が不足しても失敗する。しかし最大の原因は、データベースが役に立たず誰も使わないことにある。

プラントヴィレッジが機能するためには、情報提供以上のサービスを提供しなければならない。つまり、博物館コレクションの役割と拡張サービスの役割を統合する必要がある。ヒューズとサラテは、農民に情報を伝達する手段と、農民から学ぶ手段の両方を確立しなければならない。二人は後者を実現するために、農作業で得られた知見や疑問や画像を、誰もが自由にアップロードできるような仕組みをプラントヴィレッジに設けた。それによって、拡張ネットワークを一〇〇〇人単位(あらゆる郡の農民)から一〇億人単位(あらゆる国の農民)に拡大することを目指したのだ。要するに、世界各地の農民や、農業を営みたい人々が、それを介した毎日のやり取りを通じて、「リアルタイムで作物や動物の疾病を記録し、追跡し、その拡大を阻止する」ための歩哨になることを可能にしたのである。[*15] ヒューズの口癖だが、今日の携帯電話は、アポロに搭載されたコンピューターに匹敵する性能を持つ。しかも、携帯電話は世代を追うごとに性能が向上している。

ヒューズとサラテはさらに野心的だ。サラテは、アップロードされたイメージをもとに人物を特定したり他の特徴を発見したりすることのできるアルゴリズムが、ますます洗練しつつあることを知っていた。フェイスブックは、あなただけでなくあなたの友人も認識することができる。ヒューズ、サラテらが、コレクションであろうと畑の作物であろうと、植物病理学者が撮影した作物病原体の画像を集めることができたとしたらどうだろう? フェイスブックがあなたを特定できるのは、あなたがタグづけした画像をもとに、アルゴリズムが学習しているからだ。病原体の画像が著名な植物病理学者によってア

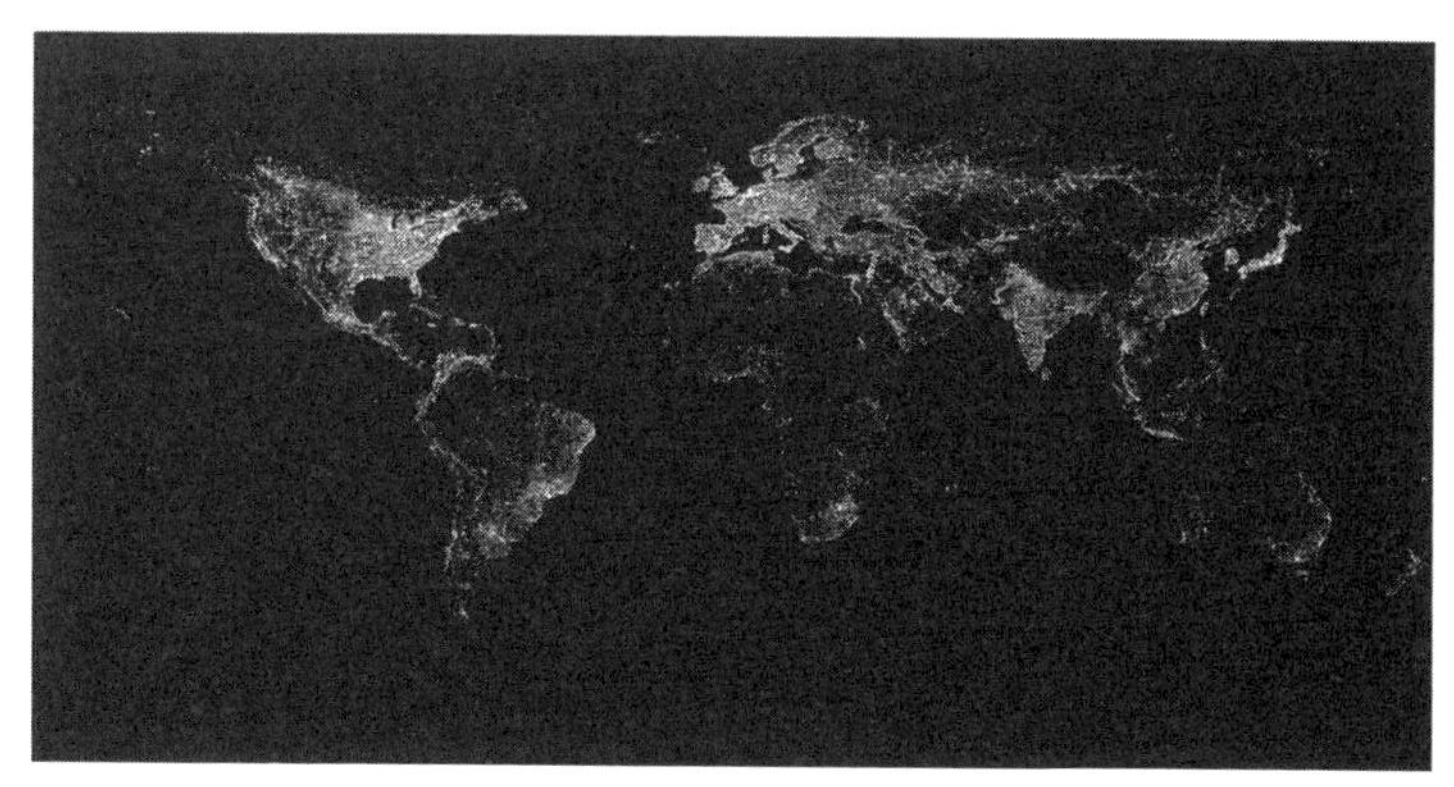

図15　人々が住んでいる場所であればほぼどこでも、作物を攻撃する害虫や病原体の拡大を示す写真を撮影することができる。写真は、ＮＡＳＡの衛星により撮影されたもので、人の居住地域を光の量によって示す。この図は、自然に対する人間の影響の大きさを表わすものとしてよく使われているが、私たちが賢明に行動すれば、人類の洞察力を示す図になるかもしれない。（Data courtesy ofMarc Imhoff of NASA/GSFC and Christopher Elvidge of NOAA/NGDC. Image by Craig Mayhew and Robert Simmon, NASA/GSFC.）

ップロードされれば、それらの病原体の特定は、完全ではないにしても博物館のコレクションと同程度に正確だと考えてよいのではないか。二人はそう考えた。彼らは、できる限り多くの画像を正しく特定できる機械学習アルゴリズムの開発を行なっているプログラマーを激励して開発を進めた。理想を言えば、アルゴリズムは既知の病原体の特定のみならず、新種と思しき病原体や特異な病原体の検出が可能であればなおよい。そうすればよくある害虫に悩まされている農民に、重要な情報をオンラインで提供することができると同時に、すぐには特定できない害虫や病原体が見つかった場合には、専門家に送ることができる。ヒューズが述べるように、「携帯のすごいところは、ブルックリンのコミュニティからブルキナファソの農村に至るまで、あらゆる社会に浸透していることだ」[16]。これらの人々が皆、携帯電話を使って自撮り（セルフィー）ではなく

「他撮り(アザリー)」をするようになれば、サイトは強力なものになるだろう。しかしインターネット上には、人々の画像はあふれていても、自由に閲覧することのできる植物病原体の画像は少ない。

＊＊＊

ヒューズはこの状況を変えるために、ペンシルベニア州立大学の学生を動員して、病原体が付着しているか否かに関係なく、さまざまな植物の写真を撮らせた。彼らおよび、作物栽培の実験ステーションを持つ他のランドグラント大学に通う学生の協力を得て、ヒューズは五万枚の植物病原体の写真を集めた。そしてそれらの写真を手に、プラントヴィレッジでもっとも野心的なステップを踏み出す準備が整う。ヒューズとサラテは、植物病原体をもっとも正確に特定できたアルゴリズムを開発したプログラマーを表彰するコンテストを開催したのだ。これは、ここ一〇〇年で初めての、植物病原体の効率的な発見の実現に向けた大きな一歩であった。もちろん、すぐれたアルゴリズムが開発され、プラントヴィレッジが人々に利用されればだが。

それだけではない。サラテは、おそらく一〇年後、早ければ五年後には、世界中の農民が、植物に付着した生物のDNAを解読する能力を持つ携帯装置を利用できるようになると考えていた。その装置が普及すれば、農民がたった今何に直面しているのかを知り、それと同時に、作物や食物に対する脅威が世界のどこで発生しているのかを示す情報を即座に更新できるようになるはずである。

もちろん、データにせよ、画像にせよ、遺伝子配列に関する情報にせよ、ネットワークやそれが提供する情報は、ハリー・エバンスのような専門家や、害虫や病原体のコレクションと連携できれば最強になる。害虫や病原体が新たに発見されたときには、それらを研究し理解するために専門家が必要になる。ところが、そのような専門家はますます減りつつある。最新の技術を駆使する専門家の仕事は、ときに高くつく。とはいえ、特定の場所でしか知られていない技術や、古い研究に基づくが無視されていた提案など、単純なものもある。グローバルな生産量にのみ目が行くと、地域での小さな勝利を見落としやすくなる。かくしてプラントヴィレッジは、知識の民主化のみならず、私たちが見つけていかねばならないソリューションの民主化を実現する能力を持つ。ほぼあらゆる作物の遺伝子操作を行なうことのできる現代にあって、高度なテクノロジーは万能の答えであるかのように思われる。しかし答えに確信を持つ前に、農民が何を求め必要としているのかを把握できるよう、まず問いの本質を理解しておかなければならない。

プラントヴィレッジは、作物の効率的な管理や、種子、森林、野生種の保護の必要性を取り除くわけではない。しかしそれは従来とは枠組みが根本的に異なり、何よりも、作物の天敵が到来したときには、ただちに見つけ効率的に駆除することのできる手段を発見しなければならないという前提から出発する。無数の少年少女が、土手に立っていなければならないのだ。そして私たちの敵を見つけ出す能力を民主化していく必要がある。それは可能なはずだ。理論的に言えば、プラントヴィレッジはその能力を提供する。

民主化という点に関して言えば、プラントヴィレッジは利用されている。創設以来、畑の作物に自分の力では解決できない問題を発見した三〇〇万人以上の人々が利用してきた。ヒューズとサラテは、数年以内には数千万人が利用するようになると期待している。それどころかヒューズは、将来は一〇億単位のユーザーが利用するようになると見込んでいる。

彼には楽観的になるだけの理由がある。病原体を自動的に特定するアルゴリズムは、今後に期待できる結果を出し始めたのだ。植物病原体を特定するアルゴリズムの開発コンテストは、うまく機能しそうに思えるいくつかのアルゴリズムを生んだ。しかし、未来に向けて一刻も立ち止まりたくなかったヒューズとサラテは、ローザンヌ出身の学生シャラダ・モハンティと、深層学習(ディープラーニング)と呼ばれるアプローチに基づく独自のアルゴリズムの開発に着手する。彼らのアルゴリズムは、多数の画像データを解析して、病原体の識別に必要な単純な特徴を特定する。彼らは一四種の作物と、二六種の病原体の写真五万四三〇六枚を用いてアルゴリズムを鍛錬した。その結果このアルゴリズムは、それら二六種の病原体のそれぞれに関して、その存在を正確に判別できるようになった。入力データとして植物の画像を与えるだけで、九九・三パーセントのトライアルで正確に判別できるようになったのだ。楽観的になるだけの理由とは、このことを指す。[*17]

農業のストーリーでは、土手はつねに決壊する。私たちが行使できる選択肢は、土手の決壊に対する備えをいかに整えるかのみである。自然は私たちの仲間ではない。それは荒々しく、いやらしく、そして情け容赦がない。自然は、ミシシッピ川がグリーンヴィルの町を飲み込んだように、私たちの食物を丸飲みにする。それが自然の本性なのだ。それを阻止するには、コレクションや植物病理学者、さらにはヒューズとサラテの努力が実ったとして、農民と知識の総体を携帯電話で結ぶアルゴリズムの力を借りたハードワークが必要だ。それ以外にも必要なものがある。それは、適正な種子を使った作物栽培、害虫や病原体に対する病害抵抗性を持つ種子、脅威に耐える能力を持つ種子である。人類の存続のために、きわめて多様な種子を誰かがどうにかして集め、管理し、救い、栽培しなければならないのだ。

エピローグ——私たちは何をなすべきか

科学者たることとは、知られるべきことのほとんどがまだ知られていないということを知ることでもある。そこにスリルがあり、発見の可能性が潜んでいる。私が仕事を続けているのはそのためでもある。しかし人間であれば、とりわけ判断が求められたときに無知のゆえにフラストレーションに駆られやすい。私たちは、食物に関して毎日判断を下しているが、それを通して、食物生産システムをより公正でサステナブルなものにし、不作や政府の崩壊の影響をなるべく受けないようにする方法を考案する必要がある。しかも私たちは、すべてを理解する前にこれらの方法を発見しなければならない（すべてを理解することなど永久にないだろう）。

私たちにできるとても単純なことがある。まず食物を無駄にしないことだ。そして肉をあまり食べないことである。本書の主題は作物だが、そもそも肉食は、動物の飼料になる植物に依存する。まれな例外を除けば（たとえばニワトリは、腐った羽やトウモロコシの茎など、廃棄物にするしかない飼料で育てられる場合がある）、肉食は菜食に比べ、ほぼつねに食物資源の浪費だと言える。また地元産の食物を消費し、先祖伝来の種子から育てられた作物や、生態系を考慮した農業システムによって生産された食物を選択しよう。とりわけそのことは、ヴァヴィロフの提唱する作物多様性の中心地の近くに住む人に当てはまる。子どもの数を減らし、食物がだぶついている国に住む人は、食物システムが崩壊した国からやって来る難民を歓迎しよう。

これらの行動はすべて役立つ。しかし生活様式の変更は、害虫や病原体とのレースにおける緊急性を緩和してくれるにすぎず、レースそのものが終わるわけではない。他に何ができるのだろうか？　すでに述べたが、作物畑を所有している人は、大学が実施している拡張プログラムの代理人に協力したり、プラントヴィレッジにデータを登録したりすることで、作物を脅かしている害虫や病原体の研究に貢献することができる。では、作物畑どころか庭さえ持っていない人は何をすればよいのか？　庭にかろうじて鉢植えを置けるくらいのスペースしか持たない私も、その一人である。そもそも庭が広くないこともあるのだが、『わたしたちの体は寄生虫を欲している』を執筆していたときに、果物の木が大量の食物を提供するような場所に都市を作り変えるべきだという考えに取りつかれて、近所の人々の悲嘆をよそに、草を引き抜いてモモ、リンゴ、二種類のイチジク、オリーブ、クワ、食用の実がなる数種のハナミズキ、プラム、チェリー、ザクロの木を植えたために庭の空間が狭くなってしまったのである。私は、これらの木を蝕む害虫や病原体についてプラントヴィレッジに報告するつもりでいる。しかしそれについて研究グループのメンバーと話し合っていたとき、カボチャ、ドングリカボチャ、ユウガオ、キュウリなどのウリ科（Cucurbitaceae）の作物に関する別のアイデアを思いついた。

私の研究グループには、研究者としての成長段階が銘々異なる有能な学生が所属している。たとえばエディ・クルーズは、哺乳類の繁殖地の進化を研究する学部生である。ザック・ヴァリンも学部生だが、塩の生物学を研究している。ミシェル・ムサンテは、溶液中に含まれる金を沈殿させるデルフチア細菌を、大学院生のミーガン・セムスは、家屋やチンパンジーの巣に生息する生物を研究している。私は、ベン・リーディングとの共同研究で、キャビアの研究のために新しい学生を探している。またグループには、何人かのポスドク研究生がいる。彼らは皆（多くは他大学で）学位を取得しており、教授職などの職に就くまでの数年間、私の研究室に在籍する予定だ。すぐれたアイデアは、メンバーの誰からも発案され得る。最善のアイデアの多くは学部生の発案によるものだが、このウリ科のアイデアは、ポスドク生の頭に最初に浮かんできたものである。

このアイデアがいつ浮かんできたのかははっきりしないが（たいがいそういうものだ）、二、三のきっかけは覚えている。それはタンポポで始まった。わが研究グループのポスドク生の一人ジュリア・スティーブンスは、中学校の先生と生徒と、極端な環境下でのタンポポの繁栄が、根が宿す独自の微生物の作用に起因するのかどうかを調査していた。[*1] ジュリアの研究は、研究グループの全メンバーに植物の根に生息する有益な微生物について考察するよう促した。一方、もう一人のポスドク生、マルガリタ・ロペス＝ウリベは、スカッシュハチを研究していた。[*2] 人々が日常食べているカボチャの多くは、スカッシュハチによる授粉の結果実ったものである。[*3] しかし、スカッシュハチの生態は、まだ多くが知られていない。たとえばマルガリタが研究している種は、フロリダ州には生息していないと思われるが、単にそこで十分な調査を行なった人がいないだけなのかもしれない。スカッシュハチ、カボチャ、根に宿る微生物、タンポポに関する会話が進行していたときに、それらが互いに関連し合い始めた。「カボチャの根に生息する有益な微生物について、どれくらいのことが知られているのだろうか？」「共生生物についてはどうだろう？」などと、私たちは考え始めたのだ。

カボチャの共生生物についてほとんど何も知られていないことが話題になっていた頃、マルガリタは、ポスドク生のロリ・シャピロと出会った。ロリはハーバード大学で、カボチャ類の葉、根、花に含有される毒素（ククルビタシン）に対する耐性を進化させた、カボチャを食べる昆虫ストライプトキューカンバービートルを研究していた。この甲虫はそれだけでも問題であったが、カボチャの病原体 *Erwinia tracheiphila* を運んでいた。[*4] この甲虫は北米やメキシコに生息するが、病原体のほうはアメリカ北部でしか見つかっていない。もしそれが拡大すれば、カボチャ類は大きな危機に見舞われるはずだ（ハロウィンで使われているペポカボチャを含めて！）。ところがスカッシュハチのケースと同じく、何がその拡大を防いでいるのか、あるいはそもそもどこに生息しているのかについてさえ、ほとんど何も知られていない。ジュリア、マルガリタ、ロリと話し合ったおかげで、私はカボチャの自然史について多くを学ぶことができた。その次はユウガオだった。

二〇一六年の春、私の六歳の息子が、ノースカロライナ州ローリーのわが家の裏庭に、どこで手に入れたのか種子を蒔いたらしい。そのなかには、土が露出していて果物の木によって日光が遮られない希少な場所の一つだった、エアコンの背後の砂利の隙間に落ちた種子もあった。夏のあいだはデンマークを訪問していたので、誰も種子の世話をしていなかったのだが、驚いたことにそこに落ちた種子のうちの一つが成長していた。それは、ウリ科の仲間ユウガオ（*Lagenaria siceraria*）の種子であった。カボチャやその近縁種とは異なり、ユウガオはアフリカで栽培化された植物だが、生物学的な特徴は、表面的にはカボチャによく似ている。それらはいずれも、ツルを伸ばす。大きな果実を結ぶ。ゾウであれ、ナマケモノの祖先であれ、大型動物相によって拡散されるべく進化した（動物の糞を介して運ばれる）[*5]。そして成長が速い。私たちが家に帰ってくると、九メートルほど伸びた一本のユウガオが、たくさんの花をつけていた。垣根を越えて道路まで伸びそうな勢いだった（その後実際にそうなった）。息子は毎日、自分で植えたユウガオの花を観察し、世話をし、どの葉が虫に食われたかなどといった記録をつけていた。マルガリタの論文を読み、スカッシュハチについて話し合ったこともあって、私は無邪気にも、息子にこのハチを見つけるように言った。すると、ハチは一匹もおらず、ガしかいないという答えが戻ってきた。それはおかしいと思ったが、カボチャ類に関してほとんど何も知られていないことを思い出して、刊行されている論文をチェックしたところ、原産地では、ユウガオは実際にガによって受粉していることがわかった。[*6] ノースカロライナ州でユウガオの受粉を研究した人はいなかったらしい。つまり私の息子の報告は、まったく新たなデータだったのである（写真を撮っていればだが）。息子の記録は、アイデアのネタでもあった。アメリカ中（あるいは世界中）の人々に、自分の庭に作物を植えてもらい、害虫、病原体、共生生物との関係を記録してもらうことができたらどうだろう？

研究室のメンバーは、すべきことを心得ていた。私たちはすでに、市民科学の一環として、先生と生徒が協力し合いながら真の科学を実践するための、「Students Discover」と呼ばれるプログラムを実施していた。科学者が一般の人々、とりわけ子どもたちと協力し合いながら真の科学を実践する試みは、非常に重要だ。私たちは、へその生物多様性、家庭の微生物学、校庭のアリ、裏庭の哺乳類などをトピックとするプロジェクトを実施している。ならば、カボチャプロジェクトも可能であろうと考えた。というより、それはすでに始まっていた。カボチャの種子をアメリカ中に送っていたのだ。それには栽培方法のガイドだけでなく、害虫、病原体、さらには花粉媒介者などの共生生物に関する観察記録を投稿できるオンライン入力画面へのリンクも含まれていた。場合によっては（ストライプトキューカンバービートルを発見したときなど）、標本を送ってもらうこともできる。あるいは、画像だけで十分なケースもあろう。

私たちは、カボチャの栽培を学校教育のカリキュラムに織り込んだレッスン計画を立て、シェフの協力を仰いで、実ったカボチャを料理するためのレシピを書いたりもした。現在は特定の品種に限定しているが、プロジェクトが拡大すれば、他の品種も含めるつもりだ。（この計画を推進するきっかけを作った私の息子は、来年はカボチャを育てる予定でいるが、くだんのユウガオはすでに枯れており、もう一度ユウガオを植えるつもりらしい。彼は、自分と友だちのためにバンジョーを作ろうと考えている）

当面の目標は、すべての州のカボチャを追跡することである。あなたもカボチャを植えて、赤の女王レースで一歩先んじるのに貢献できる。それが軌道に乗ったら、長期的な目標として、たとえばトウガラシやキャベツなど、他の作物も含める予定だ。科学におけるもっともエキサイティングな側面の一つは、皆が集まって誰もが関心を持つ謎に答えることができるところにある。カボチャプロジェクトには、人々がカボチャに見出された未知の現象や、その意味を解明するのに必要な知識を身につけた専門家が揃っている。ペンシルベニア州立大学に所属するマルガリタ・ロペス＝ウリベは、スカッシュハチや他の花粉媒介者の研究を支援してくれるだろう。同じくペンシルベニア州立大学にいるジュリー・アーバンは、カボチャに見つかる可能性のあるコナカイガラムシの近縁種に研究の焦点を絞っている。プロジェクト全体を先導するハーバード大学のロリ・シャピロは、カボチャを蝕む甲虫や、それが運ぶ微生物 *Erwinia* を追跡している。デイヴィッド・ヒューズとマルセル・サラテは、他の病原体を考察するにあたり、プラントヴィレッジを介してパートナーになってくれるだろう。メキシコの研究機関ＬａｎｇｅｂｉｏにⅠ所属するアンジェリカ・シブリアン・ジャラミロは、スカッシュハチ（とおそらくは草食甲虫）のさまざまな種が生息するメキシコで研究を続けている。

そしてあなたがいる。植物を観察し、写真を撮り、記録をつけ、場合によっては標本を採集することもできる。あなたはそれらの活動を通して、あらゆる文明が依存する作物の研究の民主化を目指す私たちの試みの一員になれる。小規模ながら私たちが試みていることは、今や激減している農民のみならず、わずかでも植物を栽培できる場所を持つすべての人々と大学が協力し合うモデルを通じて、ランドグラントシステムの再活性化を図ることである。またさらなる希望として、作物の栽培や、食物の生物学、さらにはアメリカにも飢えを経験している子どもが大勢いることを考えれば、食物そのものに触れる機会を子どもたちに与えたいと考えている。

カボチャの観察は、革新的であるようにはとても思えないかもしれない。だがそもそも、カボチャプロジェクトは、科学を利用や参加が誰にでも可能な、より透明なものにする試みの延長線上にある。たとえば、鳥類や植物への気候変動の影響に関する知識の基盤をなすデータは、一般の人々が積極的に参加できるプロジェクトに依拠している。とはいえ、一般の人々に作物の研究を手伝ってもらい、その結果得られたデータを誰もが自由に参照できるようにすることは、農業の現状や、アグリビジネス企業がアグリビジネス企業のために行なっている科学とは好対照をなす。アグリビジネス企業は、たいてい自社の成果を公表しない。知識は蓄積されても、それに対するアクセスは、一企業内に限られるのだ。だからますますアグリビジネス企業の内部には、部外者には参照できない一種の個人的知識が蓄えられつつある。グローバルな知識の総体のうち、どの程度が企業内知識で占められているのかを評価するのは困難だが、思うにここ一〇〇年間で最大の量にのぼっているのではないだろうか。そう考えると、カボチャ（や他の植物）の研究の民主化は、現状とは非常に異なる試みであることがわかる。自分で種子を蒔き研究することは、現在の支配的な農業とは異なる方向へ一歩を踏み出すきっかけになる。そのような試みは、新たな発見を公開していきさえすれば、今後ますます重要度を増す革新的な第一歩になることだろう。なぜなら、「私たちは皆、作物と切っても切れない関係にある」「作物は野生に結びついている(結びつける必要がある)」という現実に気づく機会を、子どもたち(や私たちすべて)に与えてくれるからだ。私の息子が種子を蒔いたユウガオの花にはガがやって来て授粉したが、カボチャプロジェクトの一環として、子どもやおとながカボチャを植えても、場所によってはスカッシュハチもミツバチも、あるいはいかなる花粉媒介者もやって来ないなどということもあるだろう。そのような経緯になった場合でも、それはそれでカボチャの生物学に関する新たな知見が得られるばかりでなく、「スカッシュハチはどこへ行ったのか?」「もう一度やって来るようにするにはどうすればよいのか?」「小さな区画で、作物を栽培するだけでなく、私たちが依存する無数の生物を養うにはどうすればよいのか?」などといった問いが提起されるきっかけになるだろう。

カボチャを植えれば、何か新たな発見をすることができるかもしれない。新たな発見がなされれば、それは世界のどこかの地域で暮らす、庭でカボチャを育てている誰か、あるいは農民や科学者の業績に基づくものであることが公になる。うまく育てば、あなたは自分で育てたカボチャを食べていることだろう。自分の手で栽培した作物を食べるときには、害虫による被害を阻止し、種子を救った農民や科学者、私たちの毎日の食事を豊かにするスカッシュハチのような野生生物、未研究の根粒細菌など、自分が結びつけられているすべての人々や生物についてよく考えてみよう。どこに住んでいようと、何を食べようと、私たちは、消費活動を通じて他の生命に、すなわち私たちの食生活が依存すると同時に、それによって脅かされてもいる野生生物に結びつけられているのである。

巻末注

第1章　いつどこにいても食べられるバナナ

＊1　多様性に恵まれていない地域に住む伝統的な人々でさえ、現代の私たちに比べれば多様なものを食べたり飲んだりしている。一例をあげよう。イヌイットは、アザラシ食者と呼ばれることがある。というのも、極寒の地に住んでいるために他に食べる物がないと考えられているからだ。しかし実際には、セイウチ、シロイルカ、ホッキョククジラ、カリブー、ホッキョクグマ、ジャコウウシ、鳥類、鳥類の卵、魚類、クロウベリー、クラウドベリー、草、根菜類、海藻類も食べている。

＊2　これは都市に生息する野生生物にも当てはまる。ゴミあさりのためか、アメリカの都市やその近郊に生息するアリやキツネの身体を構成する炭素原子の多くは、トウモロコシやサトウキビに由来するらしい。次の文献を参照されたい。Clint A. Penick, Amy M. Savage, and Robert R. Dunn, "Stable Isotopes Reveal Links Between Human Food Inputs and Urban Ant Diets," *Proceedings of the Royal Society B: Biological Sciences* 282, no. 1806 (May 7, 2015).

＊3　バナナは熱帯アジアやパプアニューギニアで栽培化された。これらの地域では、野生のバナナや栽培化された品種の多くは、コウモリによって受粉する。受粉した個体は種子を結び、それによって新たなバナナの木が育つ。しかし栽培化の過程で、別のアプローチが取られるようになった。バナナは、吸枝と呼ばれる根の一片を用いて植え直されるようになったのである。この方法は、花粉媒介者がやって来て授粉し、花が種子を結ぶのを待つよりはるかに容易であることがわかった。そして時の経過とともに、種子を結ぶ能力を持たない品種が進化する。これらの品種は種子を結ぶ品種に劣らず、場合によっては少しばかりすぐれてさえいた。そして拡大した。その結果、熱帯アジア以外で栽培されているバナナの主要品種のほぼすべては、互いのクローンと化している。

＊4　オランダ人は、セイロンや、ジャワ島を始めとする東インド諸島のいくつかの島にコーヒーをもたらした。

＊5　コーヒーさび病が到来する前は、世界のコーヒーの三分の一はアジア、およびアフリカで生産されていた。到来後は、それが五パーセント未満に低下した。次の文献を参照されたい。William Gervase Clarence-Smith, "The Coffee Crisis in Asia, Africa, and the Pacific, 1870.1914," in *The Global Coffee Economy in Africa, Asia, and Latin America, 1500–1989*, ed. William Gervase Clarence-Smith and Steven Topik (Cambridge, UK: Cambridge University Press, 2006), 100–119.

＊6　Randy C. Ploetz, "Fusarium Wilt of Banana," *Phytopathology* 105, no. 12 (2015): 1512–21.

＊7　一九五〇年に当選したハコボ・アルベンスは、グアテマラで民主的に選ばれた二人目のリーダーであった。彼は、放棄されたバナナ園を貧農に再分配することを提案し、かつての地代の倍額をユナイテッド・フルーツ社に支払った。アルベンスはそれを、人々が暮らしやすい民主国家を築くための第一歩として考えていた。だが、ユナイテッド・フルーツ社の考えは違っていた。社の重役たちは米大統領を説得して、オペレーションＰＢＳＵＣＣＥＳＳの一環として、ＣＩＡにアルベンス政権を倒す権限を与えるよう働きかけた。当時のＣＩＡ長官アレン・ダレスと、彼の兄で国務長官のジョン・フォスター・ダレスは二人とも、ユナイテッド・フルーツ社の重役連をよく知っていた。それまでにも彼らは、ユナイテッド・フルーツ社のために

法律関係の仕事をしたことがあったのだ。ダレス兄弟は、ドワイト・D・アイゼンハワー大統領にアルベンス政権を倒す必要性を説いた。この作戦は極秘であり、アメリカの観点からすればクーデターは成功した。その結果、グアテマラの民主政府は数十年続く軍事独裁体制へと変わり、激しい内戦が勃発した。内戦は二〇万以上のグアテマラ人の命を奪い、その多くは政府の保安部隊の手にかかって殺された。また、ユナイテッド・フルーツ社が影響力を行使していた他の国々でも、クーデターのために民主主義が後退している。誰にその責任を帰そうが、これらもまた、グロスミッチェルバナナをめぐるストーリーの一部をなす。

*8 グロスミッチェルの味を知りたければ、グロスミッチェルの栽培が可能で、パナマ病がまだ到来していないアジアの地域に出かける必要がある。またバナナの人工香料を買うこともできる。バナナの人工香料はバナナの味がしないとよく言われるが、実際にはバナナ以上にバナナの味がすると言うべきだろう。グロスミッチェルがプロトタイプとして使われたために、その味がするのである。

*9 国際連合食糧農業機関のサイト（http://faostat.fao.org/）を参照されたい。

*10 Colin K. Khoury, et al., "Increasing Homogeneity in Global Food Supplies and the Implications for Food Security," *Proceedings of the National Academy of Sciences of the United States of America* 111, no. 11 (2014): 4001–6.

*11 ワーゲニンゲン大学に所属するバナナの専門家ゲルト・ケマによれば、幸いなことに、パナマ病（*Fusarium*）の新たな変種と、ブラックシガトカ病（*Mycosphaerella fijiensis*）の両方に対する病害抵抗性を持つ品種が、遺伝子組み換えアプローチによって開発中だそうである。しかし残念なことに、実際に病害抵抗性を備えた品種が開発されたとしても、市場に出回るまでに一〇年以上かかる。伝統的なアプローチによって作り出された品種はさらに時間がかかる。ゲルトによれば、もっと資金を投下すればその時期を早められるそうだが、彼が指摘するように、悲劇が迫るまでは、資金がどこからかやって来ることなどまずあり得ない。当面私たちは、すでにこれらの病原体が到来している場所では、何としてでもその活動を抑制し拡大を防がなければならない。

第2章　人間という名の孤島

*1 用語の説明をしておこう。病気（*disease*）は、生物がかかるものである。たとえばＡＩＤＳは病気である。たいていの病気は、生物学的な媒介者によって引き起こされる。これらは病原体（*pathogen*）と呼ばれる。ＡＩＤＳを引き起こす病原体はＨＩＶである。ジャガイモ飢饉の例で言えば、ジャガイモ疫病はジャガイモがかかる病気である。それが病原体によって引き起こされるのか否かについてはこれから見ていく。それに対し寄生虫（*parasite*）は、宿主の内部や表面に生息し、宿主の健康に何らかの悪影響を及ぼす。植物に付着したチョウの幼虫などの寄生虫は、特定の病気を引き起こすことなく宿主を衰弱させる場合がある。病原体と寄生虫の境界はあいまいである。

*2 P. M. Austin Bourke, "The Use of the Potato Crop in Pre-Famine Ireland," *Journal of the Statistical and Social Inquiry Society of Ireland* 21, pt. 6 (1967.68): 72–96.

*3 飢饉が到来する前でさえ、人々の健康は、衣類を含めた必需品のほぼ完全な欠如のために損なわれていた。子どももおとなも裸足で走っていた。下着類は存在せず、シャツやズボンは、

穴やつぎ当てでモザイクのようだった。

*4　ジャガイモが欠いているのはビタミンAとビタミンDのみであり、それらはいずれも、乳牛がいれば牛乳を飲むことで摂取できる。ジャガイモは、質の面だけでなく、とりわけ量の面でも人々の生活に資する。塊茎を発達させるジャガイモ、サツマイモなどの作物は、トウモロコシやコムギなどの種子作物に対し優位性を持つ。一茎あたりジャガイモと同じ量の食物を生産する能力を持つトウモロコシやコムギを育種することは、理論的には可能だが、そのような植物は倒れてしまう。たとえば、ジャガイモは一〇ポンド〔およそ四・五キログラム〕以上の重さに成長することができる。それに対し、トウモロコシの穂軸が一ポンドを超えることはめったにない。トウモロコシの茎に一〇ポンドのジャガイモの実がなっているところを想像されたい。そうすれば、根菜類が、とりわけ単位面積あたりの生産高を可能な限り増やさなければならない地域でかくも成功した理由が、はっきりとわかるはずだ。ジャガイモは、とにかく成長する。

当初ジャガイモの豊かさは、アイルランド人によりよい生活をもたらした。ジャガイモは輪作に加えられ、休閑地に植えられた。それによってアイルランド人は、土地の生産性を倍増させることができた。ジャガイモは休閑地と休耕時間を埋めた。ジャガイモは、穀物がまだ実らず、冬の蓄えが底をつく夏に収穫することができた。しかし世代を追うごとに、この贅沢さは依存へと変わっていった。

*5　*devastatrix* ではなく単に *vastatrix* とされることもある。分類学者は、種の名前を持て遊んだり議論したりすることを好む。

*6　硫酸銅の適用を示唆したのは、モレンが最初でも最後でもない。たとえば、製錬工場の近くに住んでいたマシュー・マグリッジは、銅を含有する煙を吐き出す工場の煙突のそばで育つジャガイモが感染しにくいことに気づいていた。

*7　バークレーは、古典的論文「イギリスの菌類に関する論評」を、C・E・ブルームと共同で執筆している。また、『イギリスの菌類学の外観』の著者でもある。

*8　一八七九年、彼はこのぼう大なコレクションをキュー王立植物園に寄贈した。コレクションは、現在でもそこに保管されている。

*9　細菌に対する私たちの感覚が、いかに最近のものであるかを認識されたい。

*10　それはジャガイモ疫病ではなく、ジャガイモを蝕む別の病気、葉巻病とともに始まった。葉巻病は一七六〇年代にヨーロッパに到来した。現在では、ウイルスによって引き起こされることが知られているが、一七六〇年代には、ジャガイモの種子の劣化が原因だと考えられていた。何しろヨーロッパの王族は世代ごとに、鼻はひどく曲がり、子どもは無能になり、次第に劣化していくように思われていたので、ジャガイモの種子もそれと同じではないかと考えられたのだ。一八四一年には別の病気が到来する。乾腐病である。そのときにも、専門家はそれが種子の劣化と悪天候によって引き起こされると考えた。しかしカール・フリードリヒ・フィリップ・フォン・マルティウスは、菌類が原因ではないかと考えた。ミュンヘンの植物園の園長だったマルティウスは尊敬されてはいたが、他のほとんどの科学者は彼の仮説を無視した。菌類によって病気が引き起こされるという彼の考えは、愚の骨頂と見なされたのである。彼は、「フザリウム属の菌類が乾腐病の原因である」と書いている。他の科学者はそれを否定した。マルティウスは正しく、他の科学者は間違っていたわけだが、彼の仮説はほぼ完全に無視され

たのである。

＊11　現在ではこれらの生物は、真菌ではなく卵菌であることが知られている（二三頁参照）。この区別は長いあいだなされていなかった。

＊12　モンテーニュは、この菌類の名前の混乱に一役買ったのかもしれない。ちなみに彼は、ジャガイモ疫病の歴史に関する論文では、ジーン・モンテーニュと記されている場合が多いが、実際の名前はカミーユである。なおフルネームを記しておくと、ジャン・ピエール・フランソワ・カミーユ・モンテーニュである。

＊13　E・C・ラージは古典的著作『菌類の前進（*The Advance of the Fungi*）』で、『*The Gardeners Chronicle*』紙の読者を、「ぜいたくな庭を持つ、イングランドの良家の人々」と記している。それは、一般の関心を満たす農業科学を論じる雑誌であったが、「一般の関心」というのは、ヨーロッパの農業の大部分が依存していた、ジャガイモを育て、せいぜい木製の鍬くらいしか持たない農民よりも、裕福な人々のことを指していた。

＊14　John Kelly, *The Graves Are Walking: The Great Famine and the Saga of the Irish People* (New York: Henry Holt, 2012).

＊15　William Wilde, "The Food of the Irish," *Dublin University Magazine* 43 (1854): 127–46.

＊16　彼は菌類仮説を否定していないが、天候が疫病の過酷さと拡大の速さに寄与したのかどうかを明らかにしようとした。彼は、過度の降雨によって、植物の組織が過剰な水分を含むようになったと記しているが、湿潤なジャガイモの原産地で進化したジャガイモ疫病菌は、湿った天候のもとでより容易に拡大するというシナリオのほうが、あり得ると考えていた。

＊17　界はストラメノパイル、門は卵菌門であり、運動性の精子のような胞子を持つことによって特徴づけられるグループである。

＊18　葉枯れ病菌は、ジャガイモ疫病のように卵菌であることも、ゴムノキの葉枯れ病菌のように真菌であることもある。

＊19　E・C・ラージは、次のように生々しく記している。「人間がこの病気にかかったところを想像してみよう。鼻や口からは、奇怪な無色の海草が伸び、その根は消化管や肺を破壊し窒息させる。途方もない光景だが、それによって、Botrytis infestans のせいでジャガイモの葉がかびた状態がいかなるものかがわかるだろう」

＊20　E・C・ラージ『菌類の前進』。

＊21　A letter in *L'Independance Belge*, August 14, 1845, reprinted in the *Monthly Journal of Agriculture* 1, no. 8 (February 1846): 389.

＊22　現在では、一九世紀前半には、ヨーロッパ中の農民が、種々の病原体に対処するために硫酸銅の混合物を用いていたことが知られている。彼らは種子や穀物のみならず、たとえばヒツジの腐蹄病の治療にもそれを用いていた。加えて硫酸銅は、ブドウ園の杭などの木製の道具を保護するのにも使われた。うどん粉病に対する硫酸銅の効用は、杭の近くでは、遠くより被害が少ないことを見て取った多数の農民が気づいていたことだろう。次の文献を参照されたい。George Fiske Johnson, "The Early History of Copper Fungicides," *Agricultural History* 9, no. 2 (1935): 67–79. フィスクは、銅殺菌剤の、意外におもしろい歴史の概観を提示している。

＊23　別の解決方法に、ジャガイモの栽培方法に関するものがあった。その方法はより簡単に適用できたが、一八七〇年代になるまで採用されなかった。デンマークの科学者イェンス・ルートヴィヒ・イェンセンは、どのアプローチがジャガイモ疫病菌

の成長を阻止するかを実験によって確かめた。ジャガイモの周囲の土を盛ることは、疫病菌の胞子嚢が、水分に乗じてジャガイモの塊茎に付着することを防いだ。ジャガイモを掘り出す前に葉を除去し、葉によってジャガイモが汚染されないようにする方法や、とりわけ感染した物質を含む貯蔵ビンを洗浄しておくことも有効であった。これらの方法はいずれも洗練されたものではないが、当時行なわれていた実践方法に比べれば大きな進歩であった。要するにそれは、ジャガイモの公衆衛生とでも呼べるものであった。

第3章　病原体のパーフェクトストーム

＊1　John V. Murra, “Andean Societies Before 1532,” in *Colonial Latin America*, vol. 1 of the Cambridge History of Latin America, ed. Leslie Bethell (Cambridge, UK: Cambridge University Press, 1984), 61–62.

＊2　コロンブス自身、たくさんの貴重な作物が栽培されている領域を発見したというのに、それらを区別できないことを嘆いていた。そのため彼は、自分が知っていると思った作物や、価値がありそうな作物を発見すると、束にして集め、故郷で栽培できることを期待した。ときに彼や彼に続く者たちは、新大陸の独自性の記録として事物を収集した。コロンブスは最初の航海で、女王が賞賛するであろうと考えて、一匹の大蛇を殺している。とはいえ集められたものの多くは、故郷で栽培できるもの、あるいは少なくとも故郷で栽培できるとコンキスタドールが考えたものであった。

＊3　コンキスタドールは、アメリカ原住民の女性を妻にし、彼女たちが作った料理を食べることが多かったので、原住民の女性は、何が収集され、何が収集されなかったかを決定づけるおもな要因の一つになったと考えられる。彼女たちは伝統的な料理を作ってはいたが、現地の素材を使っていたにせよ、コンキスタドールの味覚に合ったものを選ぶ傾向があった。たとえば、トウモロコシを原料にしたパンは、コンキスタドールのコムギに対する嗜好をある程度満たした。

＊4　この態度についてある歴史家に尋ねたところ、「ロブ。今と昔では習慣が違うんだよ」という返事が戻ってきた。おそらく「私にもよくわからない」と言いたかったのだろう。

＊5　James Lang, *Conquest and Commerce: Spain and England in the Americas* (New York: Academic Press, 1975), and Geoffrey J. Walker, *Spanish Politics and Imperial Trade, 1700–1789* (Bloomington: Indiana University Press, 1979).

＊6　ヨーロッパ大陸に導入される前に植物の（気候への馴化の）テストを行なうために、一七八八年にスペイン王カルロスIII世によって設立された植物園（Jardín de Aclimatación de la Orotava）は、テネリフェのプエルト・デ・ラ・クルスで現在でも機能している。

＊7　Domingo Ríos, et al., “What Is the Origin of the European Potato? Evidence from Canary Island Landraces,” *Crop Science* 47, no. 3 (May 2007): 1271–80. Mercedes Ames and David M. Spooner, “DNA from Herbarium Specimens Settles a Controversy About Origins of the European Potato,” *American Journal of Botany* 95, no. 2 (February 2008): 252–57.

＊8　種子ではなく種芋によってクローン栽培される場合、ジャガイモは花粉媒介者を必要としない。これはアイルランド人にとって、最初は非常に有用な特徴であったが、のちには種子間の多様性が失われることで問題を引き起こした。同様に、ジャガイモは、根から栄養を得るために特殊な微生物が「必要」だとは一般に考えられていない。しかしジャガイモは、根に特殊

な細菌を持つほうが、持たない場合に比べて数倍速く成長することが示されている。私の知る限り、新大陸からヨーロッパに導入されたジャガイモが、この細菌をともなっていたのかどうかを研究した人はいない。次の文献を参照されたい。J. W. Kloepper, M. N. Schroth, and T. D. Miller, "Effects of Rhizosphere Colonization by Plant Growth-Promoting Rhizobacteria on Potato Plant Development and Yield," *Phytopathology* 70, no. 11 (1980): 1078–82.

*9　James Lang, *Notes of a Potato Watcher*, Texas A&M University Agriculture Series 4, ed. C. Allan Jones (College Station: Texas A&M University Press, 2001). インカの高度な農業に関する記述は、「The Andean World」と題された章に見られる。

*10　同様に、ヨーロッパの作物や動物も、文脈抜きで新大陸に導入された。生き残って繁栄した作物や動物は、もっとも味のよいものではなく、輸送に耐えられたものであった。一例をあげよう。コロンブスは、イスパニョーラ島に最初に送り届けた入植者が繁栄できなかった（生存すらできなかった）理由が、ヨーロッパの食物の欠如にあると考えていた。彼の考えでは、入植者は新鮮な肉、アーモンド、レーズン、砂糖、ハチミツ、コムギ、ヒヨコマメ、ワインを必要としていたのだ。一度帰還したコロンブスは、これらすべてを生きたまま運んできた。乳牛、ウマ、数種のブタ、ヒヨコマメは生き残った。コムギは悪くなって放棄された。しかしどの作物に関しても、彼が運んできたのは、持ってくることができたものの一部にすぎない。すなわち、数千の品種が知られているうち、たまたま彼自身が知っていた、当時栽培されていた数品種を運んできたにすぎなかったのである。

*11　ジャガイモの真性種子は、生殖のために予測が困難である。生殖は二個体の親が持つ遺伝子を混合し、どちらの親とも異なる子孫を生むことを可能にする。諸条件が変わらなければ、生殖は不利になり得る。というのも、生殖によって生まれた子孫は、親のクローンに比べ、環境に対する適応性が低くなりがちだからである。しかし条件が変化した場合（あるいは未知の病原体が到来した場合）、生殖は、新たな条件のもとで生き残ることのできる子孫をわずかでも生むためのカギになる。ジャガイモに関して言えば、生殖は花粉媒介者、すなわちある花のおしべから別の花のめしべに花粉を運び、後者を受粉させる動物に依存する。驚くべきことに私たちは、原産地ではどの生物がジャガイモやその近縁野生種の花粉媒介者の役割を果たしているのかについてほとんど何も知らない。トマトなどのナス科に属する他の多くの植物と同様、ジャガイモの花のおしべは、適切な周波数で「ブンブンされた（buzzed）」ときにのみ花粉を放つ。適切な周波数を持つ動物とは、おそらくたいていはマルハナバチではないかと考えられるが、マルハナバチのどの種が最適なのか、その状況は時とともに変わってきたのかなどの詳細についてはほとんど何も知られていない。ジャガイモの受粉に関する数少ない研究のほとんどは、北米やヨーロッパで栽培されているジャガイモに焦点を置いている。つまり、ジャガイモがともに進化してきたハチやその他の昆虫から遠く離れた場所で研究されているのである。次の文献を参照されたい。Suzanne W. T. Batra, "Male-Fertile Potato Flowers Are Selectively Buzz-Pollinated Only by Bombus terricola Kirby in Upstate New York," *Journal of the Kansas Entomological Society* 66, no. 2 (1993): 252–54. あなたが学生で、アンデス地方のジャガイモの受粉に関してほとんど何も知られていないという話がばかげていると思われるのなら、次の論文を読むことから始められたい。C. F. Marfil and R. W. Masuelli, "Reproductive Ecology and Genetic Variability in

"Natural Populations of the Wild Potato, *Solanum kurtzianum*," *Plant Biology* 16, no. 2 (2014): 485–94.

＊12　CGIARの多くのセンターは、熱帯や亜熱帯で栽培されている作物品種の継続的な研究に必須の役割を果たしている。また、種子貯蔵庫、作物の育種センターとしても機能している。さらには、農民の生活の改善にも寄与しているセンターが多い。

＊13　Lang, *Notes of a Potato Watcher*, 61.

＊14　専門的知識のある読者のために付記しておくと、この変種はEC－1系の分離株POX67である。Willmer Pérez, et al., "Wide Phenotypic Diversity for Resistance to *Phytophthora infestans* Found in Potato Landraces from Peru," *Plant Disease* 98, no. 11 (November 2014): 1530–33.

＊15　Robert Rhoades, "The Incredible Potato," *National Geographic* 161, no. 5 (May 1982): 676.

＊16　他のアンデス地方の作物を別として、ジャガイモだけでもその年間収穫高は、アンデス地方から持ち去られたすべての金銀の価値を上回るとさえ言われる。

＊17　Jean B. Ristaino, et al., "PCR Amplification of the Irish Potato Famine Pathogen from Historic Specimens," *Nature* 411 (June 7, 2001), 695–97.

＊18　Michael D. Martin, et al., "Reconstructing Genome Evolution in Historic Samples of the Irish Potato Famine Pathogen," *Nature Communications* 4, 2172, doi:10.1038/ncomms3172.

＊19　実際には、状況はそれよりやや複雑である。メキシコとエクアドルで発見された株は、一八四五年のアイルランドに存在していたジャガイモ疫病菌に非常に近い。マーティンらの分析によれば、ラテンアメリカの作物畑には、それよりもさらに近いジャガイモ疫病菌が潜んでいる可能性がある。実際に見つかれば、それは、少なくとも飢饉という点からすれば、ジャガイモ疫病のミッシングリンクと見なせるだろう。そのような株は、すでに絶滅しているかもしれないが、ラテンアメリカの無数のジャガイモ畑のどこかに、きわめて多様なジャガイモの品種と伝統的な知識とともに、まったく注目を浴びずに今でも潜んでいる可能性のほうが高いように思われる。

＊20　Michael D. Martin, et al., "Persistence of the Mitochondrial Lineage Responsible for the Irish Potato Famine in Extant New World *Phytophthora infestans*," *Molecular Biology and Evolution* (2014), doi:10.1093/molbev/msu086.

第4章　つかの間の逃避

＊1　Pierre Sylvestre, "Aspects agronomiques de la production du manioc à la Ferme d'Etat de Mantsumba (République Populaire du Congo)" (Paris: IRAT [Institut de Recherches Agronomiques Tropicales et des Cultures Vivrières], 1973). Howard Everest Hinton, "Lycaenid Pupae That Mimic Anthropoid Heads," *Journal of Entomology Series A* 49, no. 1 (November 1974): 65–69.

＊2　Danièle Matile-Ferrero, e-mail message to author, February 2, 2016.

＊3　ブラザビルは、現在コンゴ共和国の首都である。

＊4　Danièle Matile-Ferrero, "Une cochenille nouvelle nuisible au Manioc en Afrique équatoriale, Phenacoccus manihoti n. sp. (Homoptera: Coccoidea: Pseudococcidae)," *Annales de la Société entomologique de France* 13 (1977): 145–52.

＊5　これは国立農業研究所の見解である。研究所は、それがPhenacoccus属に属する種であると示唆している。

＊6　五種のコナカイガラムシとカイガラムシが送られているが、

繁栄する新種の害虫は、*Phenacoccus manihoti* と命名されるようになる種である。

＊7 「マニオク」という語は、作物を意味するトゥピ語の用語「mani」に由来する。「キャッサバ」という語は、それに対応するアラワク語の用語に由来する。キャッサバは熱帯アメリカの各地で栽培されているため、それに対する用語は、基本的にこの地域のすべての言語に見られる。キャッサバの拡大は、語源学に依拠することによっても追跡できる。Cecil H. Brown, et al., “The Paleobiolinguistics of Domesticated Manioc (*Manihot esculenta*),” *Ethnobiology Letters* 4 (2013): 61–70.

＊8 Randolph Barker and Paul Dorosh, *The Changing Agricultural Economy of West and Central Africa: Implications for IITA*, paper prepared for the IITA Program Strategy Planning Review (Ibadan, Nigeria: International Institute for Tropical Agriculture, 1986).

＊9 たいていキャッサバの葉は、食物の贈り物として持っていく。しかしキャッサバの茎は、その日の食物としてではなく、未来の食物として植えるために贈られることも多い。

＊10 現在のＩＲＤ (Institut de recherche pour le développment) の前身ＯＲＳＴＯＭ (Office de la recherche scientifique et technique d'outre-mer) の支部に所属する研究者は、コンゴ盆地に生息する、コナカイガラムシを食べる種々の寄生虫や捕食者の生物学的特徴について詳細に記述している。The Gérard Fabres and Danièle Matile-Ferrero, “Les entomophages inféodés à la cochenille du manioc, Phenacoccus manihoti (Hom. Coccoidea Pseudococcidae) en République Populaire du Congo: I. Les composantes de l'entomocoenose et leurs inter-relations,” Annales de la Société Entomologique de France 16, no. 4 (1980): 509–15.

＊11 彼らは、スイスバージョンの緑の革命の使者とも言えよう。

＊12 Robert van den Bosch, The Pesticide Conspiracy (Berkeley: University of California Press, 1989)［『農薬の陰謀——「沈黙の春」の再来』矢野宏二訳、社会思想社、1984年］。

＊13 植物が特定の毒素を生産する能力を失って、無防備になるケースもある。また、それより複雑なケースもある。野生のトウモロコシ、テオシントは、トウモロコシを食べる草食動物を食べる捕食者を引き寄せるために、葉が損傷すると揮発性物質を生成する。北米で栽培されているトウモロコシの品種はこの揮発性物質の生産量が少なく、必要なときに捕食者を強く誘引することができない。次の文献を参照されたい。Yolanda H. Chen, Rieta Gols, and Betty Benrey, “Crop Domestication and Its Impact on Naturally Selected Trophic Interactions,” *Annual Review of Entomology* 60 (January 2015): 35–58. Cesar Rodriguez-Saona, et al., “Tracing the History of Plant Traits Under Domestication in Cranberries: Potential Consequences on Anti-Herbivore Defences,” *Journal of Experimental Botany* 62, no. 8 (February 2011): 2633–44. Amanda M. Dávila-Flores, Thomas J. DeWitt, and Julio S. Bernal, “Facilitated by Nature and Agriculture: Performance of a Specialist Herbivore Improves with Host-Plant Life History Evolution, Domestication, and Breeding,” *Oecologia* 173, no. 4 (December 2013): 1425–37.

＊14 これは人間にも当てはまる。先進諸国は、何らかの懲罰によってではなく、より多くの病原体から免れ得るという理由で、農業がより困難であるにもかかわらず寒冷な地域に集中している。たとえば、マラリアやデング熱に対処する必要がないという利点がなければ、人々がスウェーデンに好んで住もうとする理由はよくわからない。

＊15 Petra Dark and Henry Gent, “Pests and Diseases of Prehistoric

Crops: A Yield 'Honeymoon' for Early Grain Crops in Europe?," *Oxford Journal of Archaeology* 20, no. 1 (February 2001): 59–78.

*16　大量の殺虫剤が撒かれた畑でも、一種の天敵解放が生じる。殺虫剤の大量投与によって、草食動物が殺虫剤に対する耐性を進化させるまでは、作物は脅威を受けずに済む。しかし草食動物が耐性を進化させると、殺虫剤の大量投与を必要とする作物は、キャッサバが受けているものと同じ脅威に、より深刻度を増してさらされる。脅威がより深刻になる理由は、殺虫剤が撒かれている限り、捕食者がこの新たな害虫を食べることができないために、その害虫が天敵解放の状態に置かれるからである。つまり害虫は、天敵を恐れずにたらふく食べられるようになるのだ。

*17　生物種の分布を研究する生物地理学者には、人間ともっとも密接な関係を有する生物の研究を怠る傾向がある。その結果、たとえばアメリカムシクイ〔鳥の一種〕の分布に関するデータは非常に充実しているのに、作物の害虫や病原体に関するデータ、それどころか人間の病原体に関するデータでさえひどく不十分な状況にある。害虫や病原体に関して、現在手に入るもっともすぐれたマップでも、国単位で各病原体が生息しているか否かを記録しているにすぎない。次の文献を参照されたい。Michael G. Just, et al., "Global Biogeographic Regions in a Human-Dominated World: The Case of Human Diseases," *Ecosphere* 5, no. 11 (November 2014): 1–21.

*18　加えてガーは、イギリスで栽培されているか否かによって、天敵の分布が変わることを見出している。もっともありそうな説明は、イギリス人入植者の手で作物が伝播されたあと、大英帝国のある地域から別の地域へと作物が絶えず移されることで、それらを蝕む害虫や病原体も同時に移動することが多かったというものである。

*19　Daniel P. Bebber, Timothy Holmes, and Sarah J. Gurr, "The Global Spread of Crop Pests and Pathogens," *Global Ecology* and *Biogeography* 23, no. 12 (December 2014): 1398–1407.

*20　Donald R. Strong Jr., Earl D. McCoy, and Jorge R. Rey, "Time and the Number of Herbivore Species: The Pests of Sugarcane," *Ecology* 58, no. 1 (January 1977): 167–75. Donald R. Strong Jr., "Rapid Asymptotic Species Accumulation in Phytophagous Insect Communities: The Pests of Cacao," *Science* 185 (September 20, 1974): 1064–66.

*21　Strong Jr., et al. "Time and the Number of Herbivore Species." .

*22　Strong Jr., "Rapid Asymptotic Species Accumulation." .

*23　Barundeb Bannerjee, "An Analysis of the Effect of Latitude, Age, and Area on the Number of Arthropod Pest Species of Tea," *Journal of Applied Ecology* 18, no. 2 (August 1981): 339–42.

第5章　敵の敵は味方

*1　生態学のエレガンスは、自然を解剖して結果を予測することができる点にある。些細な日常的なできごとの泥沼のなかから一般法則を引き出す必要があるにしても、生態学者はその種のエレガンスを愛する。この点で彼らは、現実には存在しない理想的な条件のもとでのみ作用する法則を扱う物理学者に似ている。生態学者のあいだで好まれている栄養カスケードの例は、ワシントン大学（セントルイス）のティファニー・ナイトが行なった魚類が生息する四つの池と、生息しない四つの池を考察する研究に関するものである。それ以外の条件はすべて、八つの池のあいだで類似する。魚類が生息する池では、魚はトンボの幼虫を食べていた。したがってトンボの成虫が減った。トンボの成虫が減ると、ミチバチや他の花粉媒介者があまり捕食さ

れなくなった。かくして花粉媒介者が増えると、池の周囲に咲く花の受粉はより効率的になり、花はより多くの種子を結ぶようになった。これらのできごとの連鎖は、自然な環境のもとで頻繁に生じるのだろうか？　生じはしない。あるいは少なくともそれほど頻繁には生じない。それでもこの記述は、いたるところで作用している自然法則の単純化された事例なのである。

*2　非常に控えめな見積もりでも、地球上に生息する昆虫の四分の三は命名されていない。真菌や細菌の状況はさらにお粗末である。ウイルスとなると、どれくらいお粗末なのかさえわからない。そのため、キャッサバ畑にせよ、コーヒー園にせよ、カカオプランテーションにせよ、熱帯の農場に生息する生物のほとんどは命名されておらず、それらが作物や人間にとって有害なのか、それとも非常に有益なのかさえわかっていない。害虫や病原体は、他のほとんどの種よりはよく知られているが、完全に理解されているとはとても言えない。

*3　事実その当時、まだ命名されていないダニの種が、東アフリカでキャッサバを蝕み始めている。

*4　その数年前、農業と生物科学国際センター（CABI）の生物学的コントロールチームに所属する科学者が、ガイアナ東部で新種のコナカイガラムシを発見していた。チームには、コナカイガラムシの専門家D・J・ウィリアムズが含まれており、彼は、それがアフリカでキャッサバを殺しているコナカイガラムシとおそらく同じものであろうと考えた。しかし、アフリカでキャッサバを蝕んでいたコナカイガラムシはピンク色をしていたのに対し、こちらは黄色かった。また、アフリカのコナカイガラムシは有性生殖によって繁殖したのに対し、こちらは単性生殖によって繁殖した。CABIチームは、この種や他の種のコナカイガラムシを攻撃する害虫や病原体をアフリカで放とうとした。だが彼らは、コンゴの昆虫飼育場でキャッサバコナカイガラムシを対象に、これらの寄生虫や病原体を繁殖させようとしたが、うまくいかなかった。あとからわかったことだが、彼らは見当違いのコナカイガラムシを標的にしていたのである。この話をまだ知らなかったヘレンは、標本をD・J・ウィリアムズとジェニファー・M・コックスに送った。ヘレンの標本を手にした二人は、それらが、ガイアナ（とブラジル）で見つかったコナカイガラムシと同じものであるのに気づいた。

*5　Jennifer M. Cox and D. J. Williams, "An Account of Cassava Mealybugs (Hemiptera: Pseudococcidae) with a Description of a New Species," *Bulletin of Entomological Research* 71, no. 2 (June 1981): 247–58. *P. herreni* は、すぐにコロンビアとベネズエラで問題を引き起こすことになる。それによって八〇パーセントの作物が失われたのである。この昆虫のストーリーは、起源を含めよくわかっていない。

*6　コナカイガラムシは、パラグアイやボリビアの科学者にとっては未知であったが、地元の農民には知られていた。彼らは科学者に、コナカイガラムシが襲ってきやすい時期や、季節によってその数が変化することを教え、被害がひどくなる気候条件を特定することができた。

*7　Hans R. Herren and Peter Neuenschwander, "Biological Control of Cassava Pests in Africa," *Annual Review of Entomology* 36 (January 1991), 257–83.

*8　ロペスのハチは、その数年前にアルゼンチンで最初に発見されていた。このハチがアルゼンチンで何を食べていたかは、誰も研究していなかった。

*9　コナカイガラムシの運命を哀れむ読者がいるのなら、Prochiloneurus 属の捕食寄生者は、コナカイガラムシに宿るハ

チの体内に卵を産みつけるということを知れば、少しは気休めになるだろう。自然の正義は、入れ子になっているのだ。

＊10 G. J. Kerrich, "Further Systematic Studies on Tetracnemine Encyrtidae (Hym., Chalcidoidea) Including a Revision of the Genus *Apoanagyrus* Compere," *Journal of Natural History* 16, no. 3 (1982): 399–430. のちにこの種は、Anagyrus属に移されている。検証されたのは、ミツバチやカイコに感染するか否かのみであった。

＊11 Anna Burns, et al., "Cassava: The Drought, War, and Famine Crop in a Changing World," *Sustainability* 2, no. 11 (November 2010): 3572–3607. Andy Jarvis, et al., "Is Cassava the Answer to African Climate Change Adaptation?," *Tropical Plant Biology* 5, no. 1 (March 2012): 9–29.

＊12 興味深いことに、多様性が大幅に高まる可能性はほとんど考えられない。キャッサバ、ジャガイモ、バナナ、イチジクなどの、おもにクローン形態で繁殖する作物品種は、おりに触れて生殖によって増える機会が得られない限り、多様性が高まることはない。ジャガイモでは、生殖はマルハナバチを介して生じるようである（あまり研究されてはいないが）。原産地では、バナナの多くはオオコウモリによって、イチジクのほとんどはイチジクコバチによって受粉する。しかしこれらの作物が他の地域に移されると、花粉媒介者（オオコウモリやイチジクコバチ）が原産地に取り残されるために、生殖の機会は減る。加えて新たな土地では、これらの作物と交配し得る野生の植物（近縁野生種）は、存在しない可能性が高い。イチジクやバナナのように、生殖能力が完全に失われる場合もある。関連遺伝子が活性化されなくなったために、回復不能になるまで壊れるのだ。野生環境におけるキャッサバの受粉については、ほとんど何も知られていない。近縁野生種のそばで育つキャッサバは、明らかにそれらと遺伝子の交換を行なっているはずだが、どの生物が花粉を運んでいるのかなどの単純な問いさえ解明されていない。次の文献を参照されたい。Kenneth M. Olsen and Barbara A. Schaal, "Insights on the Evolution of a Vegetatively Propagated Crop Species," *Molecular Ecology* 16, no. 14 (2007): 2838–40. Marianne Elias and Doyle McKey, "The Unmanaged Reproductive Ecology of Domesticated Plants in Traditional Agroecosystems: An Example Involving Cassava and a Call for Data," Acta Oecologica 21, no. 3 (2000): 223–30.

＊13 K. M. Lema and Hans R. Herren, "Release and Establishment in Nigeria of *Epidinocarsis lopezi*, a Parasitoid of the Cassava Mealybug, *Phenacoccus manihoti*," *Entomologia Experimentalis et Applicata* 38, no. 2 (July 1985): 171–75.

＊14 困難な作業の多くは、生物学的コントロールにおいて長らくヘレンの相棒を務めていたペーター・ノイエンシュヴァンダーが行なった。

＊15 Herren and Neuenschwander, "Biological Control of Cassava Pests in Africa.".

＊16 同上。

＊17 ヘレン本人には知るよしもなかったことだが、この寄生虫の選択は幸運であった。あるいは、直面していた困難に鑑みると、恐ろしく運がよかったと言うべきかもしれない。彼は、アフリカ全土の畑にハチを散布するのに必要な資金を持っていなかった。したがって、キャッサバを見つける寄生虫の能力に、ある程度依存する必要があった。しかしベロッティらがのちに示したように、そこには予想以上にすぐれた結果が得られる要素があった。あるいはより正確には、救うべき対象がキャッサバであっただけに、予想以上によい結果が得られる要素があっ

たと言うべきだろう。キャッサバは損傷すると、信号分子化合物を分泌する。ヘレンが放った寄生虫は、この化合物に引きつけられたのである。要するに、キャッサバはコナカイガラムシに傷つけられたことを報せる信号を発するので、寄生虫はどこでコナカイガラムシを探せばよいかがわかる。この信号メカニズムのおかげで、寄生虫は大気中の信号に反応して、傷ついたキャッサバから傷ついたキャッサバへと迅速に広がっていったのである。埃をかぶった植物がそのような信号を発するとは、当時は誰も夢にも思っていなかった。

*18 Richard B. Norgaard, "The Biological Control of Cassava Mealybug in Africa," *American Journal of Agricultural Economics* 70, no. 2 (May 1988): 366–71.

*19 Peter Neuenschwander, "Biological Control of Cassava and Mango Mealybugs in Africa," in *Biological Control in IPM Systems in Africa*, ed. Peter Neuenschwander, Christian Borgemeister, and Jürgen Langewald (Wallingford, UK: CABI Publishing, 2003), 45–59.

*20 Ker Than, "Parasitic Wasp Swarm Unleashed to Fight Pests," *National Geographic*, July 19, 2010, at http://news.nationalgeographic.com/news/2010/07/100719-parasites-wasps-bugs-cassava-thailand-science-environment/.

*21 （現在でも活動を続けている）マティル＝フェレーロの経歴を紹介する記事によれば、彼女の引退後、後継者は雇われていない。また、パリやロンドンの主要なコレクション、米国昆虫コレクション（メリーランド州）、カリフォルニア大学デーヴィス校ボハート昆虫博物館に保管されている、彼女が研究していた昆虫グループを管理する者もいなくなった（それには、コナカイガラムシだけではなく、カイガラムシやアブラムシやコナジラミも含まれる）。マティル＝フェレーロ自身の言葉によれば、この分野を専攻する若い研究者のすぐれたネットワークができてはいるが、彼らが恒久的な職を手にできるかどうかはわからないとのことである。

第6章　チョコレートテロ

*1 ＣＥＰＬＡＣは、「暫定的な委員会」として一九五七年に設立された。

*2 Marcellus M. Caldas and Stephen Perz, "Agro-Terrorism? The Causes and Consequences of the Appearance of Witch's Broom Disease in Cocoa Plantations of Southern Bahia, Brazil," *Geoforum* 47 (June 2013): 147–57.

*3 ＣＥＰＬＡＣはまた、単位面積あたりのカカオの生産量を増加させることができるが（ほぼ倍増した）、環境にネガティブな影響を与えるようなカカオの栽培方法を促進した。加えてこの栽培方法は、害虫や病原体に対してカカオをそれまでより脆弱にした。

*4 やがて、事態はそれほど単純でないことがわかるが。

*5 ハリー・エバンスは、エクアドルのビンセスの町には、遺棄された小さなエッフェル塔が立っていたと報告している。エクアドルのパリといったところであろうか。

*6 Elizabeth Keithan, "Cacao Industry of Brazil," *Economic Geography* 15, no. 2 (April 1939): 195–204.

*7 人類がアメリカ大陸に到達する前には、カカオとその近縁種は、サルの力を借りて拡大した。これは現在でも、人間によって採集されていない野生のカカオの実に関しても当てはまる。ナマケモノの祖先やゴンフォセレ（絶滅したゾウの近縁種）は、種子とともに病原菌を拡散させていたのかもしれない。次の文献を参照されたい。Paulo R. Guimaraes Jr., Mauro Galetti, and

Pedro Jordano, "Seed Dispersal Anachronisms: Rethinking the Fruits Extinct Megafauna Ate," *PLoS One* 3, no. 3 (March 2008): e1745.

＊8　バイーア州における初期の頃のカカオ生産において、アメロナードカカオを栽培していたのは、大勢の移民を含め、多くは零細農家であった。しかし時が経ち需要が高まると、カカオ生産は、比較的裕福な少数の「カカオ大佐（カーネル）」によって行なわれるようになる。その後、カカオに対する世界の需要は増減しているが、カカオ大佐へのその影響は、必然的に小農園の所有者やカカオ大佐に雇われている貧農への影響より小さかった。カカオの価格が低下すると、農園主は労働者を解雇して、カカオの実は摘まずにおくことが多かった。そのため、実は腫瘍のように肥大した。価格が上昇すると、再び労働者を雇い入れ、さやそのなかの豆を徹底的に摘んだ。このような景気の循環は、地域の収入格差を拡大した。次の論文を参照されたい。Keith Alger and Marcellus Caldas, "The Declining Cocoa Economy and the Atlantic Forest of Southern Bahia, Brazil: Conservation Attitudes of Cocoa Planters," *Environmentalist* 14, no. 2 (1994): 107–19, and Caldas and Perz, "Agro-terrorism?".

＊9　真菌と植物は、細菌と植物、あるいはウイルスと植物より密接に関連し合う。だから真菌を殺すと宿主も阻害する結果になることが多い。

＊10　H. Laker and S. A. Rudgard, "A Review of the Research on Chemical Control of Witches' Broom Disease of Cocoa," *Cocoa Growers' Bulletin* 42 (1989): 12–24.

＊11　L. H. Purdy and R. A. Schmidt, "Status of Cacao Witches' Broom: Biology, Epidemiology, and Management," *Annual Review of Phytopathology* 34, no. 1 (February 1996): 573–94.

＊12　幸いにも、ある国際的なグループが、天狗巣病をコントロールするアプローチの考案を支援する役割をすでに担っていた。残念なことにこのグループは、「この病気がバイーア州に到来したら、カカオの生産は劇的に低下するだろう。おそらくそれによって、（……）カカオの世界市場は崩壊するだろう」と記していた。*Managing Witches' Broom Disease of Cocoa* (Brussels: International Office of Cocoa and Chocolate, 1984).

＊13　伝統的に、アマゾンの原住民はカカオの種子ではなくさやの果実を食べていた。種子を食べるようになったのは、カカオが栽培化されメソポタミア地方に移されてからのことである。カカオの種子の大きさや重さの大部分は、発芽後に育つ、種子内の二枚の小さな葉、子葉に基づく。これらの子葉は脂肪で満たされ、発芽の際にそれを用いる。脂肪は、狭い空間に多くのエネルギーを蓄える最良の手段であり、日光がほとんど射さない林床で種子が育つには不可欠のものである。チョコレートの風味は、この脂肪と、防御やその他の目的で葉に蓄えられている養分に由来する。また、カカオの木が育つ地面で生じる豆の発酵作用に由来する風味もある。カカオ豆には、チョコレートバーに含有されるあらゆる成分が含まれる。ココアバターは、脂肪分が滴るようチョコレートの種子を搾ることで生産される。ココアパウダーは、ココアバターを搾り出したあとの豆をひくことで得られる。チョコレート（カカオリカーとも呼ばれる）は、豆を煎ってひくことで製造される。

＊14　天狗巣病菌がいかに病気を引き起すのかについても、まだわかっていない。天狗巣病菌が属する菌類の系統は、死んだ植物の物質を分解する能力しか持たない種からおもに構成されている。また、天狗巣病に関与している菌類は、生きた組織の効率的な分解を可能にするいくつかの遺伝子を（卵菌の疫病菌に属するある種から）獲得したらしい。しかし、天狗巣病を引き

起すと考えられている菌類は、これらの遺伝子を持っていても、植物に接種した際に見られる、病気のあらゆる症状を発現するのには十分でないと主張する研究者もいる。天狗巣病は、この菌類とともに便乗して植物に侵入する微生物、おそらくはウイルスに感染することで引き起されるのかもしれない。

＊15 J. L. Pereira, L. C. C. De Almeida, and S. M. Santos, "Witches' Broom Disease of Cocoa in Bahia: Attempts at Eradication and Containment," *Crop Protection* 15, no. 8 (December 1996): 743–52.

＊16 次のドキュメンタリーに結び目に関する言及がある。*The Knot: Deliberate Human Act (O nó: Ata humano deliberado)*, directed by Dilson Araújo: https://www.youtube.com/watch?v=_0mPiYocm-4#t=716&hd=1.

＊17 バイーア州のカカオプランテーションは、かつてブラジルの大西洋岸森林地帯であった地域の内部に位置していた。ヨーロッパ人が最初にブラジルの地を踏んだとき、森林は少なくとも五〇万平方マイル〔およそ一三〇万平方キロメートル〕を覆っていた。フランスの二倍の面積を持つ土地に、他ではどこにも見られない生物が生息していたのである。今日では、農業、伐採、人口増加などの圧力のために、一五〇〇平方マイル〔およそ四〇〇〇平方キロメートル〕が残っているにすぎない。かつての偉大な森林のほぼ完全な喪失は、現代における最大の生物学的悲劇の一つと呼ばれてきた。残った区画には、よそでは見られない数万種（おそらくは数十万種）の鳥類、哺乳類、植物、昆虫が生息している。バイーア州の伝統的なプランテーションは、各森林区画間の動物が通る回廊をなし、またそれ自体でも森林や生息環境の一部を構成していた。数千平方マイルにわたる森林の天蓋を形成していたのである。かくして伝統的なカカオプランテーションは、森林として数万、おそらくは数十万種の生物の保護に役立っていた。

＊18 農業テロリズムは、「軍服を着た軍人以外の人間の手による、人間、動物、植物に危害（もしくは死）をもたらす生物（もしくはその生成物）の意図的な使用」として包括的に定義される。次の文献を参照されたい。Laurence V. Madden and Mark L. Wheelis, "The Threat of Plant Pathogens as Weapons Against US Crops," *Annual Review of Phytopathology* 41, no. 1 (September 2003): 155–76.

＊19 Neil M. Ferguson, Christi A. Donnelly, and Roy M. Anderson, "Transmission Intensity and Impact of Control Policies on the Foot and Mouth Epidemic in Great Britain," Nature 413 (October 2001), 542–48.

＊20 ドキュメンタリー *The Knot* による。

＊21 同上。

＊22 ブラジル人のなかには、西アフリカに天狗巣病が到達し、全世界のカカオが病気になれば、いかにそれがおぞましいことであっても、競争は平等になり、ブラジルのカカオは救われると言い放つ者もいた。それは時間の問題だと、脅迫ともとれる言葉を吐く者もいた。

＊23 彼自身の供述によるが、うそをつく理由はまずないだろう。起訴されたわけではなく自由人であった彼が罪を告白し、自分自身を法的に危うい立場に置き、カカオ壊滅の被害を受けて報復を願う人々からの脅威を受けてもおかしくない状況に置いたのである。

＊24 ティモテオが告白するよりはるか以前の一九九一年、天狗巣病の伝播に労働党が関与しているのではないかと疑う者もいた。しかし、この非難は当時、憶測の域を出ていなかった。

＊25 ボリビアとの国境地帯にある森林は、農業のためにアマゾ

ンの森林を伐採することを望んでいた元大統領エミリオ・メディシ将軍の命令で切られていた。彼はまた、トランス・アマゾン・ハイウェーを建設し、沿道には主要作物としてカカオが栽培される予定であった。カカオ栽培の目的は、ブラジルのカカオ生産量を倍以上にすることにあり、それらの半分以上は、アマゾン地方のプランテーションで生産される予定であった。しかし、ただちに植えられた病害抵抗性を持つはずのカカオの品種（少なくともトリニダードでは有効だった）は天狗巣病に屈し、プランテーションは最大で九〇パーセントの損失を被った。森林が伐採されていなければ、あるいは誤った品種が植えられていなければ、天狗巣病は、はるかに広がりにくかったはずだ。

＊26 刑法一〇九条項目Ⅳ。

第7章 チョコレート生態系のメルトダウン

＊1 世界のカカオの七〇パーセントが、コートジボワールとガーナで生産されているが、カカオは五〇か国以上で栽培されており、四〇〇〇万人に収入を提供している。

＊2 出生時の名前はエイドリアン・フランク・ポスネットだったが、彼と働いた人々にはピーターと呼ばれていた。

＊3 天狗巣病まで一緒に持ち帰る可能性があったが、幸いにもそうはならなかった。キャッサバコナカイガラムシに影響を及ぼす寄生虫や病原体の検疫が行なわれていたのと同じように、キュー王立植物園や、当時はレディング大学で検疫が行なわれた。

＊4 スペインのコンキスタドールの船に乗って旅したイタリア人ジロラモ・ベンゾーニは、「ココアは暑い気候のもと木陰でのみ繁栄する。日光にさらされると死ぬだろう」と一五五六年に書いている。ベンゾーニは、熱帯雨林の下層にカカオがまばらに植えられているところを見ている。伝統システムにおけるカカオの木は、類似の環境で栽培されるコーヒーが「木陰栽培コーヒー」を生産するように、「木陰栽培チョコレート」を生産する。

＊5 Diane W. Davidson, et al., "Explaining the Abundance of Ants in Lowland Tropical Rainforest Canopies," *Science* 300, no. 5621 (2003): 969–72.

＊6 これらの昆虫学者のなかには、インペリアル・カレッジのデニス・レストン、やがてオーストラリアのアリを研究することになるジョナサン・メイジャー、昆虫学者が世界のアリの名前を参照するのに使っていたカタログを製作したバリー・ボルトンがいた。

＊7 この研究は一連の論文を生んだ。最初の二本の論文は次のとおりである。"Thermophilous Fungi of Coal Spoil Tips: I. Taxonomy," *Transactions of the British Mycological Society* 57, no. 2 (October 1971): 241–54. "Thermophilous Fungi of Coal Spoil Tips: II. Occurrence, Distribution, and Temperature Relationships," *Transactions of the British Mycological Society* 57, no. 2 (October 1971): 255–66.

＊8 Harold Charles Evans and Dennis Leston, "A Ponerine Ant (Hym., Formicidae) Associated with Homoptera on Cocoa in Ghana," *Bulletin of Entomological Research* 61, no. 2 (November 1971): 357–62.

＊9 オオアリ属とシリアゲアリ属に関しては、次を参照されたい。Harold Charles Evans, "Transmission of *Phytophthora* Pod Rot of Cocoa by Invertebrates," *Nature* 232 (July 1971): 346–47.

＊10 カカオを蝕む疫病菌、ブラック・ポッド卵菌は、西アフリカの異なる地域に二種、アメリカ大陸に一種と、数種存在するようである。今後この病原体の研究が進めば、また、新種や変種が野生植物からカカオの木に移ってくれば、さらに多くの種

が発見されるかもしれない。これらの卵菌に感染する（そしてそれを攻撃する）ウイルスを見出す試みが現在なされているが、たとえ見つかったとしても、疫病菌の多様な種をコントロールするためには、別のウイルスが必要になる可能性が高い。次の文献を参照されたい。Harold Charles Evans, "Cacao Diseases—The Trilogy Revisited," *Phytopathology* 97, no. 12 (December 2007): 1640–43. Harold Charles Evans, "Invertebrate Vectors of Phytophthora palmivora, Causing Black Pod Disease of Cocoa in Ghana," *Annals of Applied Biology* 75, no. 3 (December 1973): 331–45.

＊11　これらの菌類は、（自らが攻撃されないよう）昆虫の免疫系を操作する能力を進化させたがゆえに、医療のさまざまな局面で利用されている。たとえば、人の免疫系を抑制するために臓器移植で用いられている医薬品シクロスポリンは、これらの菌類の一つに由来する。

＊12　これらの菌類は生きたアリの身体に侵入して菌類の細胞で満たす。アリの内部に住みついた菌類は、巣から外に出るよう宿主を刺激する。それから菌類は、自らの観点からもっとも都合のよい場所、つまり暑すぎず、寒すぎず、過度に乾いてもいなければ湿ってもいない場所にアリが到達するのを待つ。アリがそのような場所に到達すると、菌類は、アゴを開けたままに保つ筋肉を破壊する。ほとんどのアリの種では、アゴを開けておくためにはエネルギーが必要とされるが、閉じるのには必要とされない。したがってアゴが破壊されると、アリは自分の直下にあるものを噛む。それが何かの葉であれば、菌類にとっては都合がよい。そこで菌類は、茎のようなものを伸ばし空中に胞子を放つ。自然の基本的な機能に関心を抱く科学者は、その奇妙な作用を理解しようとこの菌類を一世紀のあいだ研究してきた。ヒューズを含むこれらの科学者にとって、この菌類は自然の精巧さ、邪悪さのみごとな現われの一つであった。それは、寄生虫が自らの利益のために宿主をコントロールする数々の方法のうちの一つにすぎない。他の例をあげると、毛細線虫はコオロギなどの昆虫を水中に飛び込ませる（昆虫にとっては致命的である）。水中で交尾をする必要があるからだ。寄生虫トキソプラズマは、ネコの尿のにおいに引きつけられるようネズミを仕向ける。かくして、ネズミがネコに食べられる可能性を高めているのである。（現在では、チンパンジーにも類似の効果が及ぼされることが知られている。ヒョウの尿のにおいに引きつけられるようになるのだ）。ちなみにトキソプラズマは、ネコの体内でのみ繁殖することができる。

＊13　西アフリカのカカオのストーリーには、いたるところに謎がある。ＣＳＳＶに多くの変種が存在する事実は、このウイルスが複数の宿主からカカオの木に移ってきたことを示唆する。ただし、具体的な宿主の種類や頻度はよくわかっていない。このウイルスを運ぶコナカイガラムシの変種は、時とともに変化している。かつてＣＳＳＶを運んでいたコナカイガラムシの種は、今ではまれにしか見られない。その理由は不明である。未研究だが、気候変動を原因と見なす説もある。現在では、一〇種を下らないコナカイガラムシの種がＣＳＳＶを運んでいる（おそらく数種の未知のコナカイガラムシも）。

＊14　Dennis Leston, "The Ant Mosaic—Tropical Tree Crops and the Limiting of Pests and Diseases," *Pest Articles & News Summaries* 19, no. 3 (1973): 311–41.

＊15　同様に、卵菌を殺す効能範囲の広い殺菌剤は、根につく有益な菌類や、とりわけ高いカカオの木の梢をめがけて地面から上方に散布すると、葉につく有益な内生菌を殺し得る。

＊16　そのような実践方法は、集約的な大規模カカオプランテー

ションのやり方と比べて、後進的、あるいは単純にすぎると言われることがある。あるいは少なくとも、害虫や病原体が到来するまでは繰り返しそう言われてきた。

第8章　種子の採掘

＊1　これは、父親の希望によりモスクワ商業大学で学び、一九〇六年にこの大学を卒業したあとでのことである。

＊2　『種の起源』は、ロシアでは五年後の一八六四年に刊行されている。

＊3　次の文献に引用されている。Igor G. Loskutov, *Vavilov and His Institute: A History of the World Collection of Plant Genetic Resources in Russia* (Rome, Italy: International Plant Genetic Resources Institute, 1999).

＊4　「遺伝学、および遺伝学と農学の関係」と題するこのセミナーは、女性のためのゴリチン高等農業講座の一部として彼が行なった講演の一つである。この講演で彼は、遺伝学、純系（近親）交配の価値、突然変異、育種に遺伝学の理論を適用することの利点について語っている。ロスクートフの『ヴァヴィロフと彼の研究所（*Vavilov and His Institute*）』を参照されたい。

＊5　ヴァヴィロフはさらに、それがコムギの新品種であることを示し、*Triticum persicum* と命名した。

＊6　数十年の旅行を通じて、ヴァヴィロフは中折れ帽を手放したことがなかった。山岳地帯であろうが、砂漠であろうが、ジャングルであろうが関係なかった。ワニや盗賊から逃げるときにもかぶっていた。テントにヘビが忍び込んできたときにも。彼はつねにスーツを着用し、ネクタイをきちんと締め、帽子を完璧に被っていた。

＊7　ヴァヴィロフは以前にペルシア北部の国境地帯を旅したときに、パンを食べた農民が類似の症状を呈するのを見たことがあり、その原因を知っていた。Peter Pringle, *The Murder of Nikolai Vavilov: The Story of Stalin's Persecution of One of the Great Scientists of the Twentieth Century* (New York: Simon and Schuster, 2008).

＊8　類似は偶然ではない。ドクムギは、作物の種子とともに農民に意図せずして植えさせる能力を持つ植物の優位性に従って進化したのである。ヴァヴィロフは、その種の模倣を研究した、おそらく最初の科学者であろう。ただしのちに、それはごくありふれた現象であることが判明するが。作物の種子を模倣できる雑草は、農民の手で畑に次々に植えられる可能性がある。自然選択は、すぐれた模倣を強く選好するのである。

模倣の第一段階は、より大きな種子の進化という非常に粗雑なものである（大きな種子は、ふるいわけるときに右側にかたまりやすい）。しかし、模倣は極端なものにもなり得る。アマナズナ（*Camelina sativa*）は、二つの品種に進化した。一つは、油料種子を結ぶアマの品種を、もう一つは織物の原料になるアマの品種を模倣する。場合によっては、模倣種そのものが、やがて栽培化されることがある。たとえば、油料種子を結ぶアマナズナは、現在ではマイナーな作物として栽培されている。もっと重要な例をあげると、ライムギは、もとはコムギの模倣として進化し、のちに（おそらくはしぶしぶと）栽培化されたものらしい。これは、一九一六年の旅行でヴァヴィロフが得た洞察でもある。彼はこの仮説を、高地にのぼった際に、高度があがるにつれ、フユコムギの畑が、古来のものと思しきライムギの品種にますます侵害されるようになるのを観察したことで着想した。

　模倣種は、極端な環境化で栽培される農作物になることが多い。たとえば、サンドオートは、いかなるオートムギより砂地でよく育つ。

*9　おそらく彼は、野外調査をする生物学者が世界各地の検問所を通過する際に用いていたテクニックを使ったのだろう。つまり集めた植物について長々と語り、警備員を疲れさせるというテクニックを。

*10　このコムギの品種に関しては、次の文献を参照されたい。Gary Paul Nabhan, *Where Our Food Comes From: Retracing Nikolay Vavilov's Quest to End Famine* (Washington, DC: Island Press, 2008).

*11　ロスクートフの『ヴァヴィロフと彼の研究所』の訳。

*12　その頃には、応用植物育種研究所として知られるようになっていた。

*13　ロスクートフ『ヴァヴィロフと彼の研究所』。

*14　とりわけスイスの偉大な生物地理学者アルフォンス・ドゥ・カンドールの『栽培化された植物の起源（*Origin of Cultivated Plants*）』(New York: D. Appleton, 1885) などの業績。

*15　Nikolai Ivanovich Vavilov, *Origin and Geography of Cultivated Plants*, trans. Doris Love (Cambridge, UK: Cambridge University Press, 1992).

*16　ヴァヴィロフの旅行に関してより詳しく知りたい向きには、ゲイリー・ナバーンの『私たちの食物はどこから来たのか（*Where Our Food Comes From*）』は必読である。ナバーンはヴァヴィロフが行った多くの地域を訪問し、作物品種に関する伝統的な知識やその栽培が、ヴァヴィロフが生きていた時代からいかに変化したかを考察している。ナバーンの結論によれば、それらの多くが多数の地域で失われているが、残されているものも多く、文化やその種子の開花は長く続く。

*17　すでに応用植物研究所には、種子コレクション、作物の育種、そして農業研究一般の長い歴史があった。しかし研究の焦点は、ロシア帝国に置かれていた。もちろん、ロシアの広大さを考えれば、それでも十分に野心的な試みではあったが。すでに一九一四年の時点で、コレクションには、ロシア全土および他の地域から一万四〇〇〇ほどの種子コレクションが集められていた。研究所の歴史については、ロスクートフの『ヴァヴィロフと彼の研究所』を参照されたい。

*18　そのあとで彼は、「すまないが、人生は短い。時間は容赦をしてくれないのでね」(Pringle, *The Murder of Nikolai Vavilov*, 188) と言ってこの記者をあしらっている。

*19　ナバーンの『私たちの食物はどこから来たのか』による見積もり。

第9章　包囲戦

*1　Carl-Gustav Thornstrom and Uwe Hossfeld, "Instant Appropriation—Heinz Brücher and the SS Botanical Collecting Commando to Russia 1943," *Plant Genetic Resources Newsletter* 129 (2002): 39.

*2　彼は、「これら東部地域の気候条件は、作物に特別な能力を要求する。(……) ヴァヴィロフが収集した作物の起源に立ち返ることは、植物遺伝学の現状においてよりいっそう重要なものになった」と書いている。作家のノエル・キングスベリーが指摘するように、ナチスは植物の新品種に興味を抱いていた。それには、ホメオパシー薬草や、ゴムの代用品候補の一つであるタンポポ *Taraxacum kok-saghyz* が含まれていた。これらの新たな作物は、しばしば強制収容所の種苗場で栽培されていた。Noel Kingsbury, *Hybrid: The History and Science of Plant Breeding* (Chicago: University of Chicago Press, 2009).

*3　悲劇的な皮肉の一つは、かつてメキシコでまったく逆の理

由で彼が逮捕されていることである。メキシコやアメリカなどの他の国々の利害を無視して、ロシア政府のために種子を盗んだとして訴えられたのだ。Gary Paul Nabhan, *Where Our Food Comes From: Retracing Nikolay Vavilov's Quest to End Famine* (Washington, DC: Island Press, 2008).

＊4　ゲイリー・ポール・ナバーンはそれについて明確に述べている。「ルイセンコ主義は、ソビエトの生物学者と農学者を、後進的な生命科学の泥沼に引きずり込んだ。その状況は、一九六四年に、他のソビエト科学者の圧倒的な叫びによって、ルイセンコの見掛け倒しの実験とイデオロギーが弾劾されるまで続いた」。ナバーンの『私たちの食物はどこから来たのか』を参照されたい。

＊5　マーク・ポポフスキー『ヴァヴィロフ事件（*The Vavilov Affair*）』(Hamden, CT: Archon Books, 1984).

＊6　一方、ヴァヴィロフが「農業スパイ」として指名した二人の友人は、処刑されている。そのうちの一人は、アメリカに永住しようとしていたところを、ロシアに戻るようヴァヴィロフに説得されていた。

＊7　カーシャ（*Fagopyrum esculentum*）は、ソバ（buckwheat）のことである。「buckwheat」と言っても、コムギ（wheat）ではまったくなく、スイバ（sorrel）の一種である。アジアのどこかで栽培化され、ヴァヴィロフが生きていた頃には、ロシアの重要な作物の一つになっていた。

＊8　キングスベリー『ハイブリッド（*Hybrid*）』。

＊9　ナバーン『私たちの食物はどこから来たのか』。

＊10　Calvin O. Qualset, "Jack R. Harlan (1917-1988): Plant Explorer, Archaeobotanist, Geneticist, and Plant Breeder," in *The Origins of Agriculture and Crop Domestication: The Harlan Symposium*, ed. A. B. Damania, et al. (Aleppo, Syria: 1997).

第10章　緑の革命

＊1　ミネソタ大学は、当時おそらくコムギの研究で世界を先導していたはずだ。ジョン・パーキンスによれば、その栄光の一部は、大平原でのコムギの栽培や製粉における州の役割に基づく。John H. Perkins, *Geopolitics and the Green Revolution: Wheat, Genes, and the Cold War* (Oxford, UK: Oxford University Press, 1997).

＊2　一九五三年には、黒さび病のある株（15B）によって、アメリカで栽培されていたデュラムコムギの八〇パーセントが破壊された。

＊3　スタックマンは、フランクリン・デラノ・ルーズベルト政権の副大統領ヘンリー・ウォレスによってメキシコに送られた。ウォレスは当時メキシコを訪問して、作物、とりわけトウモロコシとコムギの改善の必要性を痛感していた。改善すべき理由はいくつかあった。そもそも彼は、やらなければならない重要な課題としてそれを認識していた。また、メキシコの農業の安定化は、共産主義との戦いにおいて必須の目標であると考えられていた（当時は、貧困と不安定が共産主義を育むとされていた）。さらに言えば、ウォレスは、パイオニア・ハイブレッドという名の、北米にトウモロコシの新品種を導入することを目的とする会社の社長を務めていた。この会社は、メキシコで実施されるべき次のステップのモデルになり、おそらくは自身でも利益を上げられるはずであった。これらの理由により、ウォレスはロックフェラー財団を説得して、メキシコにチームを送り込むことができた。スタックマンと接触したのはロックフェラー財団であった。

＊4　メキシコでボーローグと一緒に働いた人の記録によれば、

彼は同僚全員に同じことを期待した。スーザン・ドウォーキンとのインタビューで、ジェシー・デュビンが述べるところによれば、ボーローグと働くことは、平和部隊と海兵隊に同時に所属するようなものであった。唯一の違いは、焦点がコムギに置かれていることと、敵が黒さび病か、仕事における非効率性、あるいは日光、灌漑、化学肥料をもとにコムギが食糧を生産する際の非効率性であることだった。スタッフは夜になると、酒を飲んでリラックスし、コムギについて語り合った。そして目覚めると、コムギの研究にとりかかった。次の文献を参照されたい。Susan Dworkin, *The Viking in the Wheat Field: A Scientist's Struggle to Preserve the World's Harvest* (New York: Walker Books, 2009), 239［『地球最後の日のための種』中里京子訳、文藝春秋、2010年］。

＊5　これは、国際トウモロコシ・コムギ改良センター（CIMMYT）の前駆となった。農業の歴史には、頭字語（アクロニム）が頻出する。CIMMYTは、アメリカの科学者がメキシコの科学者と協力し合ってコムギやトウモロコシの新品種を育種するためのセンターとして設立されたが、やがていくつかのセンターから構成されるコンソーシアムの一部になる。各センターは独自のアクロニムを持ち、類似の任務を世界のさまざまな地域で遂行している。それにはフィリピンの国際稲研究所（IRRI）、すでにあげたペルーの国際ジャガイモセンター（CIP）、トニー・ベロッティがキャッサバコナカイガラムシを追跡していたときに所属していたコロンビアの国際熱帯農業センター（CIAT）、ハンス・ヘレンが働いていた国際熱帯農業研究所（IITA）、後述する乾燥地域国際農業センター（ICARDA）などが含まれる。これらすべての機関は、世界銀行の資金援助を受けて設立された国際農業研究協議グループ（CGIAR）、国際連合食糧農業機関（FAO）、国連開発計画（UNDP）に所属する。そしてもちろん、作物の保護の諸側面で主要な役割を果たしている農業と生物科学国際センター（CABI）がある。私は、これらのアクロニムを可能な限り使わないようにしているが、専門家と会話するためには、知っておく必要がある。また、専門家と仲良くしたいと思ったときには、「CGIAR」ではなく、減量器具の商品名のような響きのある「CGシステム」と言ったほうがよいだろう。

＊6　ボーローグが用いたメキシコ産のコムギの品種は、五〇〇年前にコルテスらのヨーロッパ人が持ち込んだ品種をもとにメキシコの農民が育種してきたものであった。この事実は、単純なものから多様性を生み出す伝統農家のたぐいまれなる能力を示している。多くの点で、これはボーローグがやろうとしていたことの対極をなす。ただし一点だけ似た側面があった。彼は、収集した伝統品種のみならず、自分が交配して作り出した新品種も救った。伝統品種と新品種を合わせると、およそ五〇〇〇品種に達した。彼はそれらの種子を、当時も今もアメリカ最大の穀物コレクションであるナショナル・スモール・グレインズ・コレクションに送った。そこでメソアメリカの多様な穀物とボーローグの発明は、箱に入れられたまま室温で保管され放置された。種子はすべて発芽し腐った。予備はなかった。

＊7　あるときハラーはボーローグに、「ソノラでの作業を中止しなければならない。うまくいかないし、コストがかかり過ぎるし、むずかしすぎる」と言った。するとボーローグは辞表を提出した。翌日、ハラーは折れ、ボーローグにソノラでの作業を続けることを許可した。辞表は無視された。

＊8　ボーローグにとって、化学肥料は理想の農業のカギになった。化学肥料の工業的生産は戦争によってもたらされた。第一

次世界大戦が始まるまでは、肥料はほぼすべて、鳥かコウモリの糞を原料としていた。それから第一次世界大戦中に、ドイツの企業ＢＡＳＦ（Badische Anilin und Soda Fabrik）の科学者は、爆弾を製造するためのアンモニアを増産する方法の考案を課せられ、現在ではハーバー・ボッシュ法と呼ばれている方法を開発した。この方法によって、工業的にアンモニアを大量生産することが可能になり、戦争中爆弾の製造に使われた。戦後ＢＡＳＦは、同じアプローチ、同じ装置を用いてアンモニアを生産し、それをもとに化学肥料を製造するようになった。

＊9　農林一〇号が際立っていたのは、その背の低さにおいてである。しかし背の低い日本産のコムギについては、早くも一八七三年に、日本に派遣されたアメリカの使節団を率い、いくつかのコムギを持ち帰ったホーレス・ケプロンによって報告されていた。また類似のコムギが、日本からフランスに配布されていた。のちには、別の背の低いコムギが、日本とイタリアのあいだで共有されている。アメリカ人は不当に日本から農林一〇号を持ち去ったと考えたくなるかもしれないが、農林一〇号そのものが、さまざまな拝借の結果作り出されたものであることは覚えておくべきであろう。日本人は、アメリカから入手した（アメリカは地中海地方から入手した）フルッツと呼ばれるコムギの品種と、日本の品種ダルマをかけ合わせ、さらにその結果得られた品種を、メノナイト移民がロシアからカンサス州にもたらした品種をかけ合わせた。農林一〇号は、それによって得られた品種をもとに、稲塚がさらに改良を加えることで開発されたものである。このように、ボーローグの研究の進展は、品種の自由な共有の賜物であると言えよう。

＊10　パーキンス『地政学と緑の革命（*Geopolitics and the green revolution*）』。

＊11　研究所のホームページ（http://irri.org/about-us/our-history）には、動画を含めその歴史を紹介する資料が掲載されている。

＊12　世界に対する各地域の貢献のあり方について考えてみるとおもしろい。ボーローグは、評価は別として、緑の革命を世界中に広げ、それとともに新しい農業のやり方、さらには現代の欧米社会を特徴づける生活様式や食事様式を普及させた。別の例をあげると、フランス人はレストランを世界に広げた。給仕、ナプキン、コース、オードブル、デザート、料理に合ったワイン、これらはすべてフランス人が普及させたものである。「レストラン」という用語は、外食、デート、ロマンス、グルメ、食事時の会話などといったことがらと関連づけられる一種の（精力をつける）肉汁（ミートブロス）に言及する。つまりボーローグは生きていくための食物を、フランス人は料理や、味覚と会話による精力回復手段を私たちに与えてくれたということだ。

＊13　フォード財団、ロックフェラー財団、アメリカ政府、世界銀行などの資金提供者がもっとも期待していたのは、この成功だったと論じる者も多い。新たな農業は食物を提供すると同時に、社会主義の機先を制したとも言われた。次の文献を参照されたい。Cary Fowler and Pat Mooney, *Shattering: Food, Politics, and the Loss of Genetic Diversity* (Tucson: University of Arizona Press, 1990).

第11章　ヘンリー・フォードのジャングル

＊1　シュルテスの次の論文を参照されたい。"The Domestication of the Rubber Tree: Economic and Sociological Implications," *American Journal of Economics and Sociology* 52, no. 4 (October 1993): 479–85. また、ウェイド・デイヴィスによるシュルテスのすぐれた伝記『一つの川――アマゾン熱帯雨林での探検と発見（*One River:*

Explorations and Discoveries in the Amazon Rain Forest）』（New York: Simon and Schuster, 1996）も参照されたい。ゴムノキの種子は食べられるが、それにはかなりの準備が必要である。キャッサバの根と同様、パラゴムノキの種子はシアン化物を含有する。そのため食べるには、水に浸し、ゆで、さらに水に浸しといった手順が必要になる。

＊2　ウィッカムの仕事に現代世界は多くを負っている。彼は変わり者だった。ゴムの種子の収集を行なう前には、ニカラグアで鳥を撃ち、ロンドンで婦人帽子類の店を経営していた母親に羽を売って名と財をなそうとした。彼の射撃の腕前がいまひとつだったこともあって、この試みは失敗した。Joe Jackson, *The Thief at the End of the World: Rubber, Power, and the Seeds of Empire* (New York: Viking, 2008).

＊3　ジョセフは、元キュー英国王立植物園園長ウィリアム・フッカーの息子である。フッカー親子は、四〇年間一緒に働き、やがて二人を題材とする『キューガーデンのフッカー親子（The Hookers of Kew）』という本が書かれ、アメリカでよく売れた。おそらくアメリカ人は、タイトルを見て勘違いしたのだろう〔「hooker」は娼婦を意味する〕。

＊4　Stuart McCook and John Vandermeer, "The Big Rust and the Red Queen: Long-Term Perspectives on Coffee Rust Research," *Phytopathology* 105, no. 9 (September 2015): 1164–73.

＊5　ゴムノキの生物学的特徴とプランテーションは、アジアでも採集者の生活を規定した。アマゾン地方では、多忙な採集者は毎日疲れ切るまで働いて八五本の木からゴムを採取できたのに対し、アジアのプランテーションでは三五〇本から採取することができた。木が密集して植えられていたために巡回が楽だったからだ。いずれにせよ、毎日馴染みのゴムノキを巡回していた（現在でも同様である）。

＊6　ということは、一九二一年には、アジアはアマゾン地方のピーク時の生産量の一〇倍にのぼるラテックスを生産していた勘定になる。一〇倍である。

＊7　Julian Street, *Abroad at Home: American Ramblings, Observations, and Adventures of Julian Street* (New York: Century Company, 1914).

＊8　Braz Tavares da Hora Júnior, et al., "Erasing the Past: A New Identity for the Damoclean Pathogen Causing South American Leaf Blight of Rubber," *PLoS One* 9, no. 8 (August 2014): e104750. この研究では、著者は菌類の名前を変えているが、遺伝的な研究がほとんどなされていないために、その種が他のどの種に関係するのかが定かになっていなかったと記している。さらに悪いことに、他のどの種がその種と同一なのかさえはっきりとしていなかった。菌類の生活史の謎が完全に解決され、この菌類が、バナナを蝕む病気、シガトカ病を引き起こす病原体を始めとする、他の危険な植物病原体の近縁種であることがわかったのは、この最近の論文によってである。

＊9　この時点で、何人かの科学者はゴムプランテーションに対する葉枯病の脅威について警告していたが、明らかにフォードも彼の同僚も彼らの論文を読んでいなかった。W. N. C. Belgrave, "Notes on the South American Leaf Disease of Rubber," *Journal of the Board of Agriculture of British Guiana* 15 (1922): 132–38. J. R. Weir, "The South American Leaf Blight and Disease Resistant Rubber," *Quarterly Journal of the Rubber Research Institute of Malaya* 1 (1929): 91–97. だから、オープンアクセスジャーナルに論文を発表する必要があるのだ。

＊10　一九四〇年代のドル換算で、およそ二〇〇〇万ドルの損失であった。

＊11　アドルフ・ヒトラーの夢でもあった。ヒトラーは一九三五年、ニュールンベルクで開催された第七回ナチス党大会で、ナチスの手で合成ゴムの製造方法が考案されたと宣言しさえした。幸いなことに、それは嘘であった。

＊12　アメリカは、自分たちの手でゴムを生産する方法の必要性を見越していただけでなく、ヨーロッパのゴムに対する依存度も理解していた。それゆえ第二次大戦中、ドイツとイタリアのゴム製造工場は、もっとも重要な爆撃の標的の一つとして扱われていた。

＊13　ゴムノキは、一一種しか知られていない。ということは、シュルテスは、個人の探検で、世界で知られているゴムノキのうち、一種を除くすべてを集められたことになる。次の文献を参照されたい。Reinhard Lieberei, "South American Leaf Blight of the Rubber Tree (*Hevea* spp.): New Steps in Plant Domestication using Physiological Features and Molecular Markers," *Annals of Botany* 100, no. 6 (December 2007), 1125–42, at http://www.ncbi.nlm.nih.gov/pmc/articles/PMC2759241/pdf/mcm133.pdf.

＊14　ウェイド・デイヴィスの『一つの川』を参照されたい。

＊15　デイヴィス『一つの川』537。

＊16　Daniel C. Ilut, et al., "Genomic Diversity and Phylogenetic Relationships in the Genus *Parthenium* (Asteraceae)," *Industrial Crops and Products* 76 (2015): 920–29.

第12章　野生はなぜ必要なのか

＊1　Oghenekome Onokpise and Clifford Louime, "The Potential of the South American Leaf Blight as a Biological Agent," *Sustainability* 4, no. 11 (November 2012): 3151–57, http://www.mdpi.com/2071-1050/4/11/3151.

＊2　Kheng Hoy Chee, "Management of South American Leaf Blight," *The Planter* 56 (1980), 314–25.

＊3　計画を立ててから結果を得るまでに一〇年以上の期間が必要だが、ゴムノキが生息可能で葉枯病菌が生息できない場所にゴムを植えるという方法も考えられる。このアプローチは基本的に、地理ではなく気候を考慮して（極端な気候のもとに）ゴムノキを移すことを意味する。次の文献を参照されたい。Franck Rivano, et al., "Suitable Rubber Growing in Ecuador: An Approach to South American Leaf Blight," *Industrial Crops and Products* 66 (April 2015): 262–70. これは有望であるように思われ、グアテマラ、エクアドル、ブラジルの一部などの葉枯病菌には極端すぎる気候のもとで、小規模であれば成功しそうに思える。しかし一五年以内にゴムを救うためには、今からそれを実施しなければならない。加えて、そこに多数のゴムノキを植えれば、葉枯病菌が現地の気候に適応する可能性は高まるだろう。

＊4　Hans ter Steege, et al., "Estimating the Global Conservation Status of More Than 15,000 Amazonian Tree Species," *Science Advances* 1, no. 10 (November 2015): e1500936.

＊5　高い病害抵抗性を持つ品種が作り出されたとしても、アジアで現在植えられている木ほどラテックスを産出しなければ、葉枯病が到来しない限り、アジアではいかなる規模でも栽培されないだろう。到来した場合、病害抵抗性を持つ品種への大規模な植え替えは、（木が成長するのに）時間がかかる。また、生産量を従来どおり維持するためには、それまでより広い土地が必要とされる。理論的には、ブラジルや、アメリカ大陸の他の地域で実験的に栽培されてきた木は、次は大量に栽培することができるかもしれない。あるいは、フォードランディアのようなプランテーションが新たに造成されるかもしれない。しか

し造成されたとしても、それらのプランテーションは、アジアのプランテーションに比べて生産性（したがって収益）が低いはずである。加えて農民は、可能性としてではなく、確実にやって来るものとして葉枯病に対処しようとするだろう。さらに言えば、（依然として理想とはほど遠い状況にあるが）葉枯病の研究が進むにつれ、葉枯病菌は非常に多様で、かつ急速に進化しつつあることが明らかになってきた。つまり、病害抵抗性を持つゴムノキに対処する種々の能力を備えた多数の葉枯病菌が存在しているのである。これらの葉枯病菌のなかに、病害抵抗性を持つゴムノキを破壊する能力を備えたものがいたとしても不思議ではない。

＊6　Gary Paul Nabhan, *Where Our Food Comes From: Retracing Nikolay Vavilov's Quest to End Famine* (Washington, DC: Island Press, 2008).

＊7　Francesco Emanuelli, et al., "Genetic Diversity and Population Structure Assessed by SSR and SNP Markers in a Large Germplasm Collection of Grape," *BMC Plant Biology* 13 (2013): 39, at http://bmcplantbiol.biomedcentral.com/articles/10.1186/1471-2229-13-39. 作物の伝統品種とその近縁野生種のおりに触れての交雑に依存することの問題は、作物の伝統品種の栽培が非常に困難な場所、つまり生息する害虫や病原体の多様性がきわめて高い野生の土地で、それがもっとも起こりやすい点にある。その結果、そのような農場は、生産物の市場価値から想定されるよりはるかに大きな意義を持つ。たとえば、メキシコで栽培されているトウモロコシの伝統品種は、単に地元の文化や自然保護の文脈においてのみならず、地球上のあらゆる地域で栽培されているトウモロコシにとっても利益になり得る。というのもメキシコは、野生種テオシントの遺伝子とトウモロコシの伝統品種がおりに触れてかけ合わされ、新品種が生まれる数少ない地域の一つだからである。政府の補助金によってであろうが、消費を通してであろうが、作物の伝統品種の栽培を資金援助することは、誰もの利益になる。

＊8　スカッシュハチは、少なくとも原産地やコンキスタドールが持ち帰る前に移された地域では、カボチャのおもな花粉媒介者の一つである。次の文献を参照されたい。Margarita M. López-Uribe, et al., "Crop Domestication Facilitated Rapid Geographical Expansion of a Specialist Pollinator, the Squash Bee *Peponapis pruinosa*," *Proceedings of the Royal Society B: Biological Sciences* 283, no. 1833 (June 2016). アメリカ大陸からアジアやアフリカに移されたカボチャの受粉については、あまりよく知られていない。またカボチャの近縁種ユウガオの、新たに導入された場所での受粉は、ほとんど研究されていない。その意味では、（カボチャの遠縁種である）キュウリが、進化の過程で依存してきた花粉媒介者から遠く離れたアメリカ大陸でいかに受粉しているのかに関しても、ほとんど研究されていない。私たちは一般に、作物を場所から場所へと移動させてから、これらのすばらしい共生が継続されるか、その役割を生態的に代替する生物が出現することを期待する。実際に期待どおりになることもある。自然はときに、私たちの間違いを許してくれるのだ。だが、長年格闘したあとで、何か重要なものが取り残されていることに気づくこともある。

＊9　近縁野生種から得られた病害抵抗性でさえ永続はしない。害虫や病原体はつねに進化しているからだ。たとえば、コメの野生種から栽培化されたコメに組み込まれた病害抵抗性を克服する能力を持つ、イネグラッシースタントウイルスの株が発見されている。

＊10　Brian V. Ford-Lloyd, et al., "Crop Wild Relatives—Undervalued, Underutilized and Under Threat?," *BioScience* 61, no. 7 (2011): 559–65.

*11　Nigel Maxted, et al., "Toward the Systematic Conservation of Global Crop Wild Relative Diversity," *Crop Science* 52, no. 2 (2012): 774–85.

*12　Hallie Eakin, "Institutional Change, Climate Risk, and Rural Vulnerability: Cases from Central Mexico," *World Development* 33, no. 11 (November 2005): 1923–38.

*13　Tsutomu Ishimaru, et al., "A Genetic Resource for Early-Morning Flowering Trait of Wild Rice *Oryza officinalis* to Mitigate High Temperature-Induced Spikelet Sterility at Anthesis," Annals of Botany 106 no. 3 (2010): 515–20. Hannes Dempewolf, et al., "Adapting Agriculture to Climate Change: A Global Initiative to Collect, Conserve, and Use Crop Wild Relatives," *Agroecology and Sustainable Food Systems* 38, no. 4 (2014): 369–77.

*14　Neil Brummitt and Steven Bachman, Plants *Under Pressure: A Global Assessment—The First Report of the IUCN Sampled Red List Index for Plants* (London: Royal Botanic Gardens, Kew, 2010). アメリカの特定の文脈における近縁野生種については次の文献を参照されたい。Colin K. Khoury, et al., "An Inventory of Crop Wild Relatives of the United States," *Crop Science* 53, no. 4 (2013): 1496–1508.

*15　Cade Metz, "The Superplant That May Finally Topple the Rubber Monopoly," *Wired*, July 13, 2015, at http://www.wired.com/2015/07/superplant-may-finally-topple-rubber-monopoly/.

*16　同上。

*17　アステカ族はグアユールを用いてゴムを作っていた。グアユール（guayule）という言葉は、ナワトル語でゴムを意味する「ulli」に由来する。この木は、アステカ族がゴムの生産に使っていた二つの植物のうちの一つである。アステカ族がスポーツに使っていたゴム製のボールは、グアユールを原料に作られたものかもしれない。アメリカは二〇世紀初期から、アリゾナ州でグアユールを収穫していたが、タイヤに使うためにメキシコから輸入するようになった。グアユールは、ゴムの供給のほとんどがアジア産で占められていたことで生じた懸念を緩和するために使われていた。一九一〇年には、世界のゴムのおよそ一〇パーセントが、グアユールに由来するものであった。しかし問題があった。グアユールの野生の個体群は、急速に消滅しつつあったのだ。一九一一年には、一八九〇年時点でメキシコとアメリカに存在していた個体群のうち、おそらくは二〇パーセントしか残っていなかった。（フォードがブラジルにプランテーションを建設する以前の）二〇世紀初期に、ロックフェラー財団を含む投資家は、ゴムの生産のためにグアユールを栽培しようと試みた。彼らは、一九一〇年に着手されたグアユールの栽培化の試みに基づくこのプロジェクトに、三〇〇〇万ドルの資金を投下した。この試みは進展したが、ゆっくりとであった。第二次世界大戦中には、数万エーカーの土地でグアユールが栽培されていた。グアユールは成長したが、成長の速度は遅かった。生産が軌道に乗り始めた頃に戦争は終わり、合成ゴムが発明されたために、他のゴムの供給源を確保する必要性は失われた。

*18　Charles Darwin, *On the Origin of Species by Means of Natural Selection: Or the Preservation of Favoured Races in the Struggle for Life*, 4th ed. (London: John Murray, 1866)［『種の起源』渡辺政隆訳、光文社、2009年］。

*19　たとえば、野生種 *Oryza rufipogon* は、栽培化されたコメ *O. sativa* の七倍の生物を支援する。Yolanda H. Chen, Rieta Gols, and Betty Benrey, "Crop Domestication and Its Impact on Naturally Selected Trophic Interactions," *Annual Review of Entomology* 60 (January

2015): 35–58.

*20 この一般化にはいくつかの例外がある。戦争は、例外、矛盾、ただし書き、複雑さに満ちている。その一つは、場合によっては、互いに争い合う種族、氏族、地域のあいだの無人地帯が、人間がいないことで、自然が無条件に保護される場所になることである。たとえば、ルイスとクラークが無数のバイソンを目にした地域は、そのような無人地帯だったらしい。互いに争い合う種族は、どちらもその地域に入ろうとはしなかったのである。次の文献を参照されたい。Paul S. Martin and Christine R. Szuter, "War Zones and Game Sinks in Lewis and Clark's West," *Conservation Biology* 13, no. 1 (February 1999): 36–45. いくつかの作物の近縁野生種にも同じことが言えるのだろう。

第13章 赤の女王と果てしないレース

*1 それによって学んだ教訓は、「あの瓶には何が入っているのですか?」などと尋ねてはならないことだ。

*2 Kristen Mack, "Leigh Van Valen, 1935.2010: Evolutionary Biologist Coined 'Red Queen' Theory of Extinction," *Chicago Tribune*, October 24, 2010, at http://articles.chicagotribune.com/2010-10-24/features/ct-met-obit-van-valen-20101024_1_extinction-journals-modern-biology. 一般的には、「気まぐれ（quirky）」という言葉は、もっとましで愉快だが、やや不快な言い回しの婉曲語法だと言える。

*3 比較はマット・リドレーの『赤の女王――性とヒトの進化』による。その伝で行けば、どうやらヴァン・ヴェーレンのあごひげは、レオナルド・ダ・ヴィンチのあごひげと同じ長さだったようだ。

*4 関心と勇気がある読者は次の文献を参照されたい。"Mating Behavior in the Dinosauria": https://dl.dropboxusercontent.com/u/18310184/songs/dino-wedding.pdf.

*5 マック『リー・ヴァン・ヴェーレン（*Leigh Van Valen*）』。

*6 彼は高校二年のときに「もっとも学問的な生徒」に選ばれた。

*7 彼自身は陳腐になることがめったになかった。たとえば、二〇種の化石哺乳類に、J・R・R・トールキンの小説に登場するキャラクターの名前をつけている。次の記事を参照されたい。Douglas Martin, "Leigh van Valen, Evolution Revolutionary, Dies at 76," *New York Times*, October 30, 2010, at http://www.nytimes.com/2010/10/31/us/31valen.html.

*8 Leigh Van Valen, "A New Evolutionary Law," *Evolutionary Theory* 1 (1973): 1–30. 『Evolutionary Theory』誌は数年間おりに触れて刊行され、編集委員には何人かの著名な進化生物学者が名を連ねていた。

*9 John F. Tooker and Steven D. Frank, "Genotypically Diverse Cultivar Mixtures for Insect Pest Management and Increased Crop Yields," *Journal of Applied Ecology* 49, no. 5 (October 2012): 974–85. 畑や隣接する畑の作物の多様性は、病害抵抗性の程度に関係なく、作物の損失を低下させることを示す証拠がある。ただし、その恩恵の度合いは一定ではないらしい。次の論文を参照されたい。Deborah K. Letourneau, et al., "Does Plant Diversity Benefit Agroecosystems? A Synthetic Review," *Ecological Applications* 21, no. 1 (January 2011): 9–21. 伝統的な農家の作物の栽培方法は、文化や地域によって大きく異なる。そのような相違に関しては、種子そのもの以上に研究が不足している。そのため、世界各地の伝統的な農耕システムによって蓄積された知識は、とりわけ将来のことを考えれば非常に有用であるにもかかわらず、急速に失

われつつある。

＊10 Jelle Bruinsma, ed., *World Agriculture: Towards 2015/2020: An FAO Perspective* (Rome, Italy: Food and Agriculture Organization of the United Nations, 2003).

＊11 結果は、一般的な側面ばかりでなく詳細に関しても予測できる（自然は、必ずしも予測に従うわけではないとしても）。たとえば理論的には、作物が熱帯地方で栽培されていると、それを蝕む害虫や病原体の進化は早まることが予測される。それには二つの理由がある。温暖な地域に比べ、熱帯の生物ははるかに多様である。したがって、畑に襲来して作物を食べようとする昆虫、真菌、卵菌の種数は、非常に多い。種の生存競争においては、勝とうとする種の数が多ければ多いほど、また勝負が頻繁に行なわれれば行なわれるほど、進化の速度は速まる。また熱帯では、世代交代の期間が短い。生物学のストーリーの経過は、年ではなく世代によって測られるがゆえに、害虫や病原体が一年間に作り出せる世代の数が多いほど、時間はすばやく経過する。とはいえ、この説明にはただし書きがつく。一世代の生存期間が短ければ、個体が殺される可能性は減る（よって自然選択が作用しにくくなる）。一世代の生存期間が長ければ、個体群のすべての個体が死ぬ可能性がある（個体がまったく残らないのでは、自然選択は作用し得ない）。それを考慮すると、一世代の生存期間が短くも長くもない生物が、もっとも迅速に進化すると考えられる。そのことは、耐性の進化に関する実例によっても示される。次の文献を参照されたい。Rosenheim, Jay A., and Bruce E. Tabashnik. "Influence of generation time on the rate of response to selection." *American Naturalist* (1991): 527–541.

＊12 Andrew J. Forgash, "History, Evolution, and Consequences of Insecticide Resistance," *Pesticide Biochemistry and Physiology* 22, no. 2 (October 1984): 178–86.

＊13 大学や公共機関の育種プログラムは、緑の革命の成功の裏で骨抜きにされてきた。

＊14 Youyong Zhu, et al., "Genetic Diversity and Disease Control in Rice," Nature 406 (August 17, 2000): 718–22.

＊15 私たちは研究室で、家屋内に生息する昆虫に寄生する微生物を対象に、それらが紙くずをエネルギーに変える能力を持つかどうかを研究している。

＊16 Bart Lambert and Marnix Peferoen, "Insecticidal Promise of *Bacillus thuringiensis*," *BioScience* 42, no. 2 (February 1992): 112–22.

＊17 Richard J. Milner, "*History of Bacillus thuringiensis*," *Agriculture, Ecosystems & Environment* 49, no. 1 (May 1994): 9–13.

＊18 他方では、その聡明な科学者を主人公とするコメディを書くこともできると指摘しておこう。生命の謎を探究するすばらしき心が、常識をわきまえていないことはざらにある。

＊19 Tina Kyndt, et al., "The Genome of Cultivated Sweet Potato Contains *Agrobacterium* T-DNAs with Expressed Genes: An Example of a Naturally Transgenic Food Crop," *Proceedings of the National Academy of Sciences of the United States of America* 112, no. 18 (May 5, 2015): 5844–49.

＊20 遺伝子操作は連続的なものであって、はっきりとタイプを区切れるものではない。人間による作物の遺伝子操作にはさまざまな形態がある。一方の極には、糖分の少ない茎より多い茎を選択することで、糖分を含有する茎の生成に関与する遺伝子を持つ作物を作り出したアメリカ原住民がいる。他方の極には、人の母乳を生産する植物を遺伝子工学によって作り出そうとする試みがある。新たな毒素を生成するよう植物を遺伝子操作す

る試みは、それらの中間のいずれかの位置を占める。

第14章　ファウラーの箱舟

＊1　John Seabrook, “Sowing for Apocalypse: The Quest for a Global Seed Bank,” *New Yorker*, August 27, 2007.

＊2　ラッペは当時すでに、生態学的に持続可能な生活様式として菜食主義を擁護するベストセラー『小さな惑星の緑の食卓――現代人のライフ・スタイルをかえる新食物読本』の著者として広く知られていた。

＊3　その点を声高に訴えたのはハーランが最初ではなかった。ドイツの植物学者エルウィン・バウアーは、すでに一九一四年にこの変化に気づいていた。次の文献を参照されたい。“Die Bedeutung der primitiven Kulturrassen und der wilden Verwandten unserer Kulturpflanzen für die Pflanzenzüchtung”, *Jahrbuch der Deutschen Landwirtschafts Gesellschaft* 29 (1914): 104–10.

＊4　Jack R. Harlan, “Genetics of Disaster,” *Journal of Environmental Quality* 1, no. 3 (July.September 1972): 212–15.

＊5　ジャック・ハーランは、彼以前に類似の見解を主張した人々の功績を認めるのにやぶさかではなかった。とはいえ、彼がもっとも評価していた人物は、ヴァヴィロフの友人でもあった彼の父親だったこともあり、どちらのハーランを指しているのかがあいまいであったとしても、この仮説をハーランのラチェットと呼ぶことに問題はないだろう。

＊6　Alfred W. Crosby Jr., *The Columbian Exchange: Biological and Cultural Consequences of 1492* (Westport, CT: Praeger Publishers, 2003).

＊7　Cary Fowler and Pat Mooney, *Shattering: Food, Politics, and the Loss of Genetic Diversity* (Tucson: University of Arizona Press, 1990).

＊8　Seabrook, “Sowing for Apocalypse.”.

＊9　これは耐性をもたらす遺伝子が劣性であることを前提とする。優性の場合、避難栽培は耐性の進化を遅らせることができはするが、永遠にではない。

＊10　Ｂｔ作物が栽培されるようになった最初の一〇億エーカーにおいて、何が有効で何が有効でなかったかについては次の文献を参照されたい。Bruce E. Tabashnik, Thierry Brévault, and Yves Carrière, “Insect Resistance to Bt Crops: Lessons from the First Billion Acres,” *Nature Biotechnology* 31, no. 6 (June 2013): 510–21.

＊11　Kong-Ming Wu, et al., “Suppression of Cotton Bollworm in Multiple Crops in China in Areas with Bt Toxin–Containing Cotton,” *Science* 321, no. 5896 (September 19, 2008): 1676–78. Janet E. Carpenter, “Peer-Reviewed Surveys Indicate Positive Impact of Commercialized GM Crops,” *Nature Biotechnology* 28 (2010): 319–21. William D. Hutchison, et al., “Areawide Suppression of European Corn Borer with Bt Maize Reaps Savings to Non-Bt Maize Growers,” *Science* 330, no. 6001 (October 8, 2010): 222–25. Michael D. Edgerton, et al., “Transgenic Insect Resistance Traits Increase Corn Yield and Yield Stability,” *Nature Biotechnology* 30 (2012): 493–96. Jonas Kathage and Matin Qaim, “Economic Impacts and Impact Dynamics of Bt (*Bacillus thuringiensis*) Cotton in India,” *Proceedings of the National Academy of Sciences of the United States of America* 109, no. 29 (July 17, 2012): 11652–56.

＊12　Yanhui Lu, et al., “Widespread Adoption of Bt Cotton and Insecticide Decrease Promotes Biocontrol Services,” *Nature* 487 (July 19, 2012): 362–65.

＊13　Bruce E. Tabashnik and Yves Carrière, “Successes and Failures of Transgenic Bt Crops: Global Patterns of Field-Evolved Resistance,” in *Bt Resistance: Characterization and Strategies for GM Crops Producing*

Bacillus Thuringiensis Toxins, ed. Mario Soberon, Yulin Gao, and Alejandra Bravo (Boston: Centre for Agriculture and Biosciences International, 2015): 1-4.

*14　一つはこの理由によって、耐性を持つ害虫が出現したときには、遺伝子組み換え作物を市場から引くよう企業に要請する政策を支持する者もいる。しかしこのアプローチは、すべての国、あるいは少なくとも一つの地域（とりわけ害虫が容易に国境を越えられる地域）のすべての国が、それに従った場合にもっともうまく機能する。

*15　世界各地から種子のコピーを集めるにつれ、ファウラーはヴァヴィロフの種子の必要性を認識するようになっていった。ジョン・シーブルックが『ニューヨーカー』誌に寄稿した記事によれば、ファウラーがヴァヴィロフのコレクションにあたったとき、それがいかなる状態にあるのかがわからなかった。種子は残っていると言う者もいれば、ヴァヴィロフが集めた種子の多くは、腐ってすでに死んでいるはずだと言う者もいた。シーブルックとファウラーは種子の状態を確認するために、かつてのヴァヴィロフの研究室にいて彼の遺産を管理しているニコライ・ズベンコに会った。彼らは、レニングラード包囲戦の最中にヴァヴィロフの種子を守った人々が餓死したまさにその建物で、ズベンコと「ペイストリー、果物、冷肉、チーズ」を食べ、ウオッカを飲んだ。その日、ファウラーは、健康状態が芳しくなかったが、ＶＩＲの新たな貯蔵庫を見学した。そこでは、すべてが光り輝いていたが、まだ機能は果たしていなかった。したがってこの報告によれば、種子はまだ残っている。

*16　ノルディック遺伝子バンクの本部は、スウェーデンのオルナープにある。

*17　寄付金はグローバル作物多様性トラストを介して提供された。この資金は、開発途上国の種子バンクの種子のコピーを作成してスヴァールバルに送る作業を支援するためにも用いられた。

*18　アメリカやヨーロッパでは、遺伝子組み換え作物は、伝統作物に比べて健康的でないと見られている。二〇一五年にピュー研究所が行なった調査では、アメリカ人の五七パーセントが、遺伝子操作された食物を食べることには危険がともなうと考えている。しかし、遺伝子組み換え作物の消費によって健康問題が引き起こされることを示す証拠は、現時点では得られていない。米国科学アカデミー、米国医師会、アメリカ科学振興協会、世界保健機関の結論では、現在市場に出回っている、遺伝子組み換え作物を原料に生産された食品は、食べても安全である。もちろんここで言及している遺伝子組み換え作物とは、異性化糖の原料になるものを含め、おもにトウモロコシを意味する。異性化糖が健康に悪いという事実に反論する人はいないが、それが持つ有害な効果は、遺伝子組み換えとはほとんど何の関係もない。新たな食品には目を光らせるべきではあるが、伝統的な手段による育種に対し、遺伝子組み換え作物を作り出すプロセスが、新たな危険をもたらすと決めつけることはできない。

*19　たとえばＢｔ遺伝子を挿入された作物には、有益な昆虫や、珍種の昆虫に悪影響を及ぼす可能性がある。とりわけオオカバマダラ［大型のチョウ］は、憂慮されている。初期の実験では、オオカバマダラへのＢｔ作物の（花粉による）悪影響が報告された。しかしその後行なわれた一連の実験では、Ｂｔ毒素は、作物畑で見出される濃度でも、それより高い濃度でも、オオカバマダラには影響を及ぼさないことが示されている。また他の研究では、有益な昆虫の多くが、殺虫剤を散布された緑の革命の作物より、Ｂｔ作物のもとでのほうが繁栄しやすいことが示

されている。というのも、殺虫剤はＢｔ作物が標的としている害虫のみならず、有益な昆虫も殺すからである。ただし除草剤に対する耐性を持つべく操作された作物については、話が異なるようだ。そのような作物を栽培する農民は、大量に除草剤を散布する。するとその一部は、隣接する植生や川に漏れ出て、植物を殺し、水路や帯水層を汚染する。このように、遺伝子組み換え作物の種類によって結果は変わり得る。次の文献を参照されたい。Emily Waltz, "GM Crops: Battlefield," *Nature* 461 (September 3, 2009): 27–32. Mike Mendelsohn, et al., "Are Bt Crops Safe?," *Nature Biotechnology* 21, no. 9 (September 2003): 1003.9, doi:10.1038/nbt0903-1003. Richard L. Hellmich, et al., "Monarch Larvae Sensitivity to *Bacillus thuringiensis*–Purified Proteins and Pollen," *Proceedings of the National Academy of Sciences of the United States of America* 98, no. 21 (October 9, 2001): 11925–30.

*20　新技術の導入に関して言えば、未知の問題の危険性に対する憂慮は妥当なものである。心臓移植も、安全性や効果が疑われていた初期の頃は憂慮されていた。原子力も同様である。技術の進歩に警鐘を鳴らすことは、歴史的に正当化されてきた。メアリー・シェリーのフランケンシュタインの物語が、現在でもその意義を失っていないのには理由がある。遺伝子組み換え作物は、操作した遺伝子が他の生物にも広がるのではないかという点をめぐって懸念されている。たとえば、人体への未知の影響が憂慮されている。未知の結果に対する懸念は、いかなる作物にも、また（皮肉にも最初にＢｔが用いられ現在でも用いられている）有機栽培作物に対して使われるものも含め、いかなる殺虫剤にも当てはまる。

*21　Jonathan Knight, "Crop Improvement: A Dying Breed," *Nature* 421 (February 6, 2003): 568–70.

*22　Kenneth J. Frey, *National Plant Breeding Study—I: Human and Financial Resources Devoted to Plant Breeding Research and Development in the United States in 1994* (Ames, IA: Iowa State University, Iowa Agriculture and Home Economics Experiment Station, 1996).

*23　Virginia Gewin, "New Film Traces Cary Fowler's Quest to Build the Doomsday Seed Vault," *Science*, May 15, 2015, at http://www.sciencemag.org/news/2015/05/new-film-traces-cary-fowler-s-quest-build-doomsday-seed-vault.

*24　Knight, "Crop Improvement.".

*25　David Greene, "Researchers Fight to Save Fruits of Their Labor," *Morning Edition*, August 30, 2010, at http://www.npr.org/templates/story/story.php?storyId=129499099.

*26　同上。

*27　同上。

*28　Tom Parfitt, "Pavlovsk's Hopes Hang on a Tweet," *Science* 329 (August 20, 2010): 899.

*29　http://www.vir.nw.ru/news/14.05.2012_en.html.

*30　たとえば次の記事を参照されたい。DivSeek: http://www.divseek.org/mission-and-goals/.

第15章　穀物、銃、砂漠化

*1　ヴァヴィロフのコレクションに見つかるものもある。ヴァヴィロフ自身の手で集められたものもあるかもしれない。また、ＵＳＤＡのナショナル・スモール・グレインズ・コレクション、シリアのＩＣＡＲＤＡコレクション、ノルウェーのドゥームズデイ貯蔵庫に含まれているものもある。

*2　Tom Clarke, "Seed Bank Raises Hope of Iraqi Crop Comeback," *Nature* 424 (July 17, 2003): 242.

＊3　Glen R. Gibson, James B. Campbell, and Randolph H. Wynne, "Three Decades of War and Food Insecurity in Iraq," *Photogrammetric Engineering and Remote Sensing* 78, no. 8 (August 2012): 885–95.

＊4　当時連合国暫定当局局長を務めていたポール・ブレマーによって発布された。

＊5　この変化は、ビールのために生じたのではないかとする説もある。何人かの著者によれば、農耕が始まる前ですら、ビールは、発芽した穀物（とりわけオオムギ）を腐るまで放置しておくことで造られていた。それによってできた懸濁液が消費されていたのである。すぐに、食用分が十分に残らなくなるほど、ビールを造るために穀物が大量に集められるようになる。アメリカ大陸でトウモロコシが、またアジアでコメが栽培化された頃にも、同様にしてアルコールが造られた可能性がある。穀物が最初に収集された定住地については、次の文献を参照されたい。Riehl, Simone, Mohsen Zeidi, and Nicholas J. Conard. "Emergence of agriculture in the foothills of the Zagros Mountains of Iran." *Science* 341.6141 (2013): 65–67. それに続くアクティブな農業への移行における気候の役割については、次の文献を参照されたい。Borrell, Ferran, Aripekka Junno, and Joan Antón Barceló. "Synchronous environmental and cultural change in the emergence of agricultural economies 10,000 years ago in the Levant." *PloS one* 10.8 (2015): e0134810.

＊6　多くの場合、新たな特徴は農民によって受動的に選好された。つまりそれらの特徴が農民によって積極的に選択されたというより、播種、収穫、保管の過程に有利な特徴を持つ種子が選ばれていったのである。たとえば、グレッグ・アンダーソンによれば、非脱粒と呼ばれる、植物にとって有害な性質は、突然変異によって特定の穀物に出現したと論じられてきた。脱粒する種子（一種の小さな果実、穎果）は、風に飛ばされるか、哺乳類に運ばれるかして拡散しやすい。それに対し、突然変異によって生じたまれな脱粒しない種子は、集められ、保管され、翌年新たに植えられる可能性が高かった。もちろん農民は、特定の遺伝子を探していたわけではない。植物本体から落下することのない種子を集めた結果、脱粒しない種子を結ぶのに関与する遺伝子が選好されたのである。

＊7　「*durum*」は「硬い」を意味する。デュラムコムギは比較的硬く砕きにくい。

＊8　デュラムコムギは、ヒトツブコムギと呼ばれるイネ科の植物と、別のイネ科の植物（どの植物かははっきりしていない）の雑種らしい。この交配によって、双方の祖先に比べて二倍の染色体数を持つようになった。それからデュラムコムギは、ゴートグラスと呼ばれる別のイネ科の植物とかけ合わされ、さらに二セット多くの染色体を持つコムギの品種が生み出された。そしてこのコムギの品種から、パンコムギが生まれた。今日栽培されているコムギのほとんどは、パンコムギである。

＊9　この地域では、人や土地の名前が残っている。人類の文明の歴史は、非常に新しい。帝国の最初の統治者はアッカドのサルゴンであった。帝国が誕生する前には、独立した都市（ウルク、ウル、ウンマ、キシュ）が存在していた。彼はこれらの都市を統合し、かのバビロニアを生んだ。

＊10　最近の研究によれば、初期の農業ははなはだしく非効率であったため、平均寿命が低下した。農業のおかげで単位面積あたりの土地から得られるカロリーの総量が増加したとしても、栄養価は減少し、さらには（少なくとも初期の頃は）その分配に関して社会的格差が広がったのである。また病原体が浸透した。当時の遺跡で見つかった骨には、栄養不良の痕跡が見られ

る。また、人類史上初めてとなる歯性膿瘍の痕跡が多々見つかっている。

*11 Ahmed Amri, et al., "Chromosomal Location of the Hessian Fly Resistance Gene *H20* in 'Jori' Durum Wheat," *Journal of Heredity* 81, no. 1 (1990): 71. Ahmed Amri, et al., "Complementary Action of Genes for Hessian Fly Resistance in the Wheat Cultivar 'Seneca,'" *Journal of Heredity* 81, no. 3 (1990): 224–27. Ahmed Amri, et al., "Resistance to Hessian Fly from North African Durum Wheat Germplasm," *Crop Science* 30, no. 2 (1990): 378–81.

*12 ＩＣＡＲＤＡは、それぞれが特殊な任務を帯びた類似の一五のセンターのうちの一つである。各センターは種子の救済、ならびに農民と協力し合いながら地域の農法を保存することに活動の焦点を置く。フィリピンの国際稲研究所のようにもっぱらコメを対象にしているセンターもあれば、すでに紹介したペルーの国際ジャガイモセンター（１９８頁参照）のようにジャガイモを対象にするセンターもある。ＩＣＡＲＤＡとＣＩＭＭＹＴはコムギに焦点を絞っている。ただし、ＣＩＭＭＹＴが緑の革命によって作り出された、大量の水と化学肥料の投与が必要なコムギの品種を扱っているのとは対照的に、ＩＣＡＲＤＡは、水や化学物質をそれほど与えなくても順調に育つ品種を扱っている。

*13 シリアでは、この品種の導入によって、サン害虫の駆除のために殺虫剤を散布しなければならない農地を半減することができ、それだけでも多大な効果があった。

*14 Akia Kitoh, et al., "First Super-High-Resolution Model Projection That the Ancient 'Fertile Crescent' Will Disappear in This Century," *Hydrological Research Letters* 2 (2008): 1–4, doi:10.3178/HRL.2.1.

*15 気候変動によってもたらされる困難のような単純な悲劇に屈するほど人類は愚かではないと、私たちは考えたがる。たとえば考古学者のジョセフ・テインターは、「いかなるものであれ、大規模な社会がたった一つの大災害に屈したことがあるとは思えない」と述べている（この見解は、間違いであることがのちに判明している）。次の文献を参照されたい。Joseph A. Tainter, *The Collapse of Complex Societies* (Cambridge, UK: Cambridge University Press, 1990).

*16 Alexia Smith, "Akkadian and Post-Akkadian Plant Use at Tell Leilan," in *Seven Generations Since the Fall of Akkad*, ed. Harvey Weiss (Wiesbaden: Harrassowitz Verlag, 2012): 225–40.

*17 Harvey Weiss, et al., "The Genesis and Collapse of Third Millennium North Mesopotamian Civilization," *Science* 261, no. 5124 (August 20, 1993): 995–1004.

*18 Pinhas Alpert and Jehuda Neumann, "An Ancient 'Correlation' Between Streamflow and Distant Rainfall in the Near East," *Journal of Near Eastern Studies* 48, no. 4 (October 1989): 313–14.

*19 Hugh Garnet McKenzie, "Skeletal Evidence for Health and Disease at Bronze Age Tell Leilan, Syria" (master's thesis, University of Alberta, 1999).

*20 Elizabeth Kolbert, "The Curse of Akkad," in *Field Notes from a Catastrophe: Man, Nature, and Climate Change* (New York: Bloomsbury USA, 2006)［『地球温暖化の現場から』仙名紀訳、オープンナレッジ、2007年］。Harvey Weiss, "Late Third Millennium Abrupt Climate Change and Social Collapse in West Asia and Egypt," in *Third Millennium BC Climate Change and Old World Collapse*, ed. H. Nüzhet Dalfes, George Kukla, and Harvey Weiss (Berlin, Heidelberg, and New York: Springer International Publishing, 1997), 711–23.

*21 Editorial, "Seeds in Threatened Soil," *Nature* 435 (June 2, 2005):

537–38, doi:10.1038/435537b.

＊22　イラクも同様な干ばつに見舞われたが、地下水の枯渇の問題はなかった。加えて、イラクで消費されている食物の多くは、公的援助を受けてアメリカやヨーロッパから輸入されていた（現在でもその状況が続いている）。栽培するより、買ったほうが安価だったのである。シリアにおける干ばつとその結果に関する本章の記述は、つぎの文献に多くを負っている。Colin P. Kelley, et al., “Climate Change in the Fertile Crescent and Implications of the Recent Syrian Drought,” *Proceedings of the National Academy of Sciences* 112, no. 11 (March 17, 2015): 3241–46.

＊23　この信託資金は、ＣＧＩＡＲと国際連合食糧農業機関（ＦＡＯ）によって設立された。

＊24　United States Department of Agriculture, Foreign Agricultural Service, Commodity Intelligence Report, “Syria: Wheat Production in 2008/09 Declines Owing to Season-Long Drought,” at http://www.pecad.fas .usda.gov/highlights/2008/05/Syria_may2008.htm.

＊25　率直に言えば、中東の多くの地域がそのような事態に陥っている。ＣＷＡＮＡ（中央アジア、西アジア、北アフリカ）と呼ばれる、一〇億の人口を抱える広範な地域で、二〇一一年以前に食糧の自給ができていたのはカザフスタン、トルコ、シリアのみであった。また現在では、カザフスタンとトルコのみとなっている。この地域では、食物の生産と消費はコムギがカギになる。それが主体であるからばかりでなく（消費カロリーの三七パーセントを占める）、この地域の人口の増加にともない、生産高も増加している作物はコムギのみだからである。

＊26　Anthony Sattin, “Syria Burning: ISIS and the Death of the Arab Spring Review.How a Small-Scale Revolt Descended into Hell,” *The Guardian*, August 9, 2015, at http://www.theguardian.com/books/2015/aug/09/syria-burning-isis-death-arab-spring-review-revolt-hell.

＊27　遺伝的資源の特徴や増殖に関する研究と品種の成長に関する研究は、レバノン、エチオピア、インド、モロッコに設立された研究施設に移された。そこでは、シリアなどの地域において、戦後最適な作物が農民に分配されるべく各作物品種の生産高の測定が行なわれている。

＊28　Hazem Badr, “Syria’s ICARDA Falls to Rebels, but Research Goes On,” *SciDevNet*, May 22, 2014, at http://www.scidev.net/global/r-d/news/syria-s-icarda-falls-to-rebels-but-research-goes-on.html.

＊29　Virginia Gewin, “Crop Seed Banks Are Preserving the Future of Agriculture. But Who’s Preserving Them?,” *Policy Innovations*, November 19, 2015, at http://www.policyinnovations.org/ideas/commentary/data/00400.

＊30　この見解は、二〇一五年九月二六日にＩＣＡＲＤＡのプレスリリースで表明されている。https://www.icarda.org/update/press-release-icarda-safeguards-world-heritage-genetic-resources-during-conflict-syria#sthash.LoKw8vkc.dpbs.

＊31　Jason Ur, “Urban Adaptations to Climate Change in Northern Mesopotamia,” in *Climate and Ancient Societies*, ed. Susanne Kerner, Rachael Dann, and Pernille Bangsgaard (Copenhagen: Museum Tusculanum Press, 2015): 69. ウアはこの論文で、農業に対するアプローチの変化を二つのみごとな方法で再現している。彼はまず、作物畑で発見された陶器の破片の密度と、陶器の破片が見つかった畑の数をもとに農業の集約化の程度を推測した。ここでは、数種類の廃棄物のうち、陶器の破片だけが現代まで残されたものとし、肥料を用いた農業アプローチの痕跡として解釈されている。加えて、「くぼんだ道（hollow way）」と彼が呼ぶものを調査することで農業の拡大（耕地の比率）を推測した。

「くぼんだ道」は、足の往来によって大地に掘られたもので、とりわけそれが激しかった場所に残っている。ウアは足の往来の激化を、その周囲の土地が作物で満たされ他の経路をとることが困難になった証拠として解釈している。別の（おそらくより信憑性の薄い）解釈として次の文献があげられる。Weiss, Harvey. "Quantifying collapse: The late third millennium Khabur Plains." *Seven generations since the fall of Akkad*: Wiesbaden, Harrassowitz Verlag (2012): 1–24.

*32 健康状態の悪化を別にすると、テル・レイランの崩壊に先立つと考えられる唯一の変化は、農業におけるものではなく、大規模な宗教関連の建物に対する投資に関するものである。状況が悪化するにつれ、人々は神に助けを求めるようになった。どうやら、それでは気候変動への対処として不十分であったようだ。

*33 一九八八年の春、ウガンダのとある農民は、畑のコムギに異常を見出した。このコムギには、茎に沿って斑点、突起、破裂したような跡があったのだ。よく調べてみると、それらは粉を吹いているように見えた。長年コムギを栽培してきた農夫ならよく知っているように、その種の粉は、さび病菌と呼ばれる菌類の胞子であった。茎に見られたということは、それは黒さび病であった。

農民のあいだでは、黒さび病はよく知られている。だが、それはすでに根絶されたはずであった。黒さび病が見つかった畑に栽培されているコムギは、さび病に対する病害抵抗性を持っていた。わざわざ、さび病に対処するために栽培されていたのだ。そのコムギは、もっとも味のすぐれた品種でもなければ、もっとも成長が速い品種でもなかった。しかしその茎の短いコムギは、世界のどこでも問題なく栽培できるコムギであった。この農民が栽培しているコムギが、黒さび病にかかっているはずはなかった。

しかし自然は、不可能を可能に変えることができる。不可能を可能にすることは、自然選択が古来行なってきたことだ。自然選択は、ミニゾウやコモドオオトカゲを生んできた。身体より長いくちばしを持つハチドリ、魚の舌を食べてそこに居座るワラジムシ、家から家へと飛び回ってゴキブリの身体に卵を産みつけるハチを生んだ。自然選択は無限の創造力を持つ、花や葉に潜む無道徳なシュールリアリストである。このアーティストは、黒さび病に対する病害抵抗性を持つコムギにとりつくことのできる黒さび病菌を生んだのだ。

第16章 洪水に備える

*1 天然痘ウイルスの保存に関するストーリーを読み直してみると、かつて読んだときより不吉で予兆的であるように感じられた。天然痘を引き起すウイルスは、実のところアメリカ疾病予防管理センターと、ロシアのコルツォヴォにある、ウイルス学とバイオテクノロジーに関する州立研究センターの二箇所で保存されている。私が知らなかったのは、この状況に至るまでに起こった悲劇的なできごとについてである。

天然痘による最後の死は、この病気が撲滅されたあとで起こっている。医学写真家のジャネット・パーカーはバーミンガム大学医学部の暗室で写真を現像していた。そのとき、暗室の下の階にあった研究室のスタッフは、天然痘の研究を行なっていた。この研究室で使われていた天然痘ウイルスが通気孔を通って暗室に入り込み、彼女は感染したのである。この事件のために、微生物学科の科長ヘンリー・ベッドソンは自殺し、天然痘の研究は中止された。しかしアメリカとロシアに残されていたサンプルは保存された。それから何年も経ってから、他の天然痘のサンプル、すなわち私が訪問した植物病原体コレクションのサンプルにも似たサンプルが見つかり始める。ニューメキシコ州サンタフェでは、天然痘のかさぶたのサンプルが、南北戦争の頃の医療をテーマとする本にはさまれた状態で発見された。そのあと、天然痘ウイルスが入った何本かの小瓶が、アメリカ国立衛生研究所の研究室で見つかっている。まだ見つかっていない天然痘の小瓶が存在するのだろうか？　存在することはほぼ間違いない。

＊2　Nelson G. Hairston, Frederick E. Smith, and Lawrence Slobodkin, “Community Structure, Population Control, and Competition,” *American Naturalist* 94, no. 879 (November.December 1960): 421–25. Lawrence B. Slobodkin, Frederick E. Smith, and Nelson G. Hairston, “Regulation in Terrestrial Ecosystems, and the Implied Balance of Nature,” *American Naturalist* 101, no. 918 (March.April 1967): 109–24.

＊3　この菌類は、生きた植物ではなく死んだ植物を食べる木材腐朽菌である可能性が高い。とはいえその成長は、この部屋の内部、私の周囲には、目立ちはしないが代謝活動をまだ続けている生命が存在していることに気づかせてくれる。

＊4　Elsa Youngsteadt, et al., “Do Cities Simulate Climate Change? A Comparison of Herbivore Response to Urban and Global Warming,” *Global Change Biology* 21, no. 1 (January 2015): 97–105.

＊5　病原体や昆虫のコレクションであることを考慮すれば、彼は巨大なホワイトホースフライ（ウシアブ）に乗ってやって来るのかもしれない。

＊6　United Nations Department of Economic and Social Affairs, Population Division, “World Population Prospects, the 2015 Revision,” at https://esa.un.org/unpd/wpp/.

＊7　Simon R. Leather, “Taxonomic Chauvinism Threatens the Future of Entomology,” *Biologist* 56, no. 1 (February 2009): 10.

＊8　問題がいつどこで発生したかを知ることは、些細なことであるように思えるかもしれない。しかし、それについてよりよく知れば知るほど、それだけ問題を容易に緩和することができるだろう。たとえば抗生物質をとりあげると、抗生物質に対する耐性を持つ細菌性の病原体がどこで発生し、いつ出現するのかを知ることは大きな課題である。また殺虫剤の場合でも、それに対する耐性を備えた害虫がどこに存在するのかを知ることは同様に重要である。これらのケースにおいて、どこで問題が生じているのかを知ることは、問題に対応する能力の一部をなすが、長期的にはさまざまなレベルで利点がある。またそれには、問題が発生する可能性の高い場所を考慮しつつ予防策を立てる能力や、問題が生じそうな国や企業に対処する政策を実施する能力が含まれる。次の文献を参照されたい。Peter S. Jorgensen, et al., “Use Antimicrobials Wisely,” *Nature* 537, no. 7619 (September 7, 2016), at http://www .nature.com/news/use-antimicrobials-wisely-1.20534.

＊9　たとえばメソポタミア地方で、作物の灌漑方法やネズミの駆除方法に関する助言が記された、紀元前一八〇〇年頃の粘土板が考古学者の手で発見されている。次の文献を参照されたい。Majda Bne Saad, “An Analysis of the Needs and Problems of Iraqi Farm Women: Implications for Agricultural Extension Services” (doctoral thesis, University College, Dublin, 1990).

＊10　Gwyn E. Jones and Chris Garforth, “The History, Development, and Future of Agricultural Extension,” in *Improving Agricultural Extension: A Reference Manual*, ed. Burton E. Swanson, Robert P. Bentz, and Andrew J. Sofranko (Rome, Italy: Food and Agriculture

Organization of the United Nations, 1997).

＊11　Erich-Christian Oerke, "Crop Losses to Pests," *The Journal of Agricultural Science* 144, no. 1 (February 2006): 31–43.

＊12　David Hughes, "PlantVillage: Using Smartphones and Smart Crowds for Food Security," TEDx talk (May 2015), at https://www.youtube.com/watch?v=CFWU6NoFbeA.

＊13　科学者の一人は、スコットランド作物研究所のリンゼイ・マクメナミーだが、ヒューズは彼を、「富める者から奪い、貧しき者に与える植物病理学のロビンフッドだ」と評している。リンゼイは富裕な国の雑誌社や図書館から情報を引き出し、ヒューズとサラテと協力し合いながら万民のために公開している。

＊14　とはいえ、彼らも多少は他人の評価を気にしているようだ。二人は依然として生物学の基礎研究を続けており、ヒューズはほとんど知られていないアリや菌類の研究に、またサラテは進化生物学の美しい理論の構築にいくらか時間を費やしている。

＊15　Tom Ward, "Plant Village Is Reclaiming Control of Our Crops," *Huff-Post Tech*, August 18, 2013, at http://www.huffingtonpost.co.uk/tomward/plant-village-is-reclaiming-control-of-our-crops_b_3776047.html.

＊16　Nik Papageorgiou, "Smartphones to Battle Crop Disease," École Poly-technique Fédérale de Lausanne News (November 24, 2015), at http://actu.epfl.ch/news/smartphones-to-battle-crop-disease/.

＊17　Sharada Prasanna Mohanty, et al., "Using Deep Learning for Image-Based Plant Disease Detection," Frontiers in *Plant Science* (September 22, 2016), doi: 10.3389/fpls.2016.01419.

エピローグ――私たちは何をなすべきか

＊1　ジュリアは、（ノースカロライナ自然史博物館の）ジュリー・アーバンと私が指導しているポスドク生である。

＊2　「私の研究室の」などといった表現は見かけほど単純ではない。マルガリタは、スティーブ・フランクとデイヴィッド・ターピーと私のもとで研究を行なっているポスドク生である。しかし、デイヴィッドの研究室で研究していることが多い。

＊3　スカッシュハチはとてもすばらしい。この昆虫は社会的ではなく、一匹で行動する。母ハチは地面にトンネルを掘り、そこに花粉の小さなかたまりを蓄える。そしてその上に卵を産み、卵から次世代のハチが誕生する。花粉はカボチャの花から集めなければならない。花粉を収集しているあいだに、スカッシュハチは授粉する。これは、カボチャの花が咲き、ハチが活動する朝と夕方に起こる。オスのスカッシュハチは、朝方（場合によっては夕方）カボチャの花の周囲に潜み、蜜を吸いながら、交尾のためにメスのスカッシュハチが現われるのを待つ。疲れたオスは日中、閉じたカボチャの花のなかで寝ている。だから閉じたカボチャの花を握ると、蜜を吸って少しばかり満足して寝ている、小さくて太ったオスのスカッシュハチが内部にいるのがわかることがある。ミツバチもカボチャの花に授粉するが、スカッシュハチより効率が悪い。というのも、ミツバチはカボチャの花を好まず、また、ミツバチにとって都合の悪い時間に授粉しなければならないからである。マルガリタは、スカッシュハチの個体群間の遺伝的相違を研究し、数千年前にアメリカ原住民がカボチャをメキシコから北方の地域に移植した際に、スカッシュハチも北米に移ってきたことを示した。つまり、北米のほとんどの地域の裏庭で見かけられるこのハチは、カボチャとともに到来したのである。次の文献を参照されたい。
López-Uribe, Margarita M., et al. "Crop domestication facilitated rapid geographical expansion of a specialist pollinator, the squash bee

Peponapis pruinosa" Proc. R. Soc. B. Vol. 283. No. 1833. The Royal Society, 2016.

*4 自然はときに不快なことをしでかす。この甲虫は、摂食の際にできた傷の内部に糞をすることで病原体を伝播する。甲虫の糞と、それに紛れたErwiniaは、傷を通って植物内部の奥深くへと入り込み、木質部に感染する。次の論文を参照されたい。Rojas, Erika Saalau, et al. "Bacterial wilt of cucurbits: resurrecting a classic pathosystem." *Plant Disease* 99.5 (2015): 564–574.

*5 ユウガオはアフリカで栽培化され、人々が水を入れる容器として好んで使ったこともあって世界中に広がった（コロンブスがアメリカ大陸に到達した頃には、すでにそこに存在していた)。

*6 Morimoto, Yasuyuki, Mary Gikungu, and Patrick Maundu. "Pollinators of the bottle gourd (*Lagenaria siceraria*) observed in Kenya." *International Journal of Tropical Insect Science* 24.01 (2004): 79–86.

謝辞

大勢の人々に啓発され、内容について語り合ったり、実際に草稿を読んでもらったりすることで本書を完成させることができた。ここでは、私がとりわけ多くを負っている方々の名前のみを取りあげるが、本書の完成に貢献してくれた人は数百人にのぼる。いつもの私は筆が進むほうだが、本書で取り上げられているさまざまな人々の業績（作物栽培、研究、作物を救う必死の努力）と、それらのストーリーを教えてくれた人々の双方に対して感謝の意をどう伝えればよいのかを考える段になって、つまってしまった。感謝の念を数行で表現することなどとてもできない。だがやってみよう。

相対主義と長い錯綜した会話の重要性を教えてくれた歴史家のチャド・ラディントンとマシュー・ブッカーに感謝する。マシューはあらゆる文献を読み、チャドはとりわけジャガイモとワインのストーリーに関して多くを教えてくれた。ワインに関する記述は最終的にすべて割愛したが、いずれにせよその章に関して、マルコ・ペカラビッチとイヴァン・ペジッチとともにチャドに感謝したい。植物病理学者のジーン・リスタイノとマーク・クベタには、植物病原体と植物病理学の歴史に関する考察を提供してくれたことに対してお礼の言葉を述べたい。本書のほぼ全体に目を通していただいたデイヴィッド・ヒューーズ、ハリー・エバンス、ジェーソン・デルボーン、テリー・マクグリン、コリン・クーリーにも感謝の言葉を述べたい。マルセル・サラテは有益なコメントと展望を提供してくれた。カルフォルニア州のブドウ園にいるハンス・ヘレンは、電話を通じて情報を提供してくれたり、内容の訂正をしてくれたりした。二人に感謝したい。ペーター・ノイエンシュヴァンダーからは、キャッサバの歴史の詳細を教えてもらった。また彼は、生物学的コントロールの複雑なストーリーに対する批判的な視点を提供してくれた。ダニエル・マティル＝フェレーロは、キャッサバを取り上げた章を読み、キャッサバコナカイガラムシに関する初期のストーリーを再構成するために、数十年前に自分が書いたノートにあたってくれた。ピーター・ヨルゲンソンとスコット・キャロルには、耐性の進化に関するワーキンググループを召集するのを手伝っていただいた。このワーキンググループにおける、とりわけ耐性や遺伝子組み換え作物をめぐる議論は、本書の執筆に大いに役立った。ワーキンググループの召集を可能にしたアメリカ国立科学財団にも感謝する。ワーキンググループで会ったイブ・カリエール、ならびにブルース・タバシュニク、デイヴィッド・モタ＝サンチェス、ゲイブ・ツェルニックには、遺伝子組み換え作物や耐性の進化を考えるにあたって大いにお世話になった。ダン・ベバーは、グローバルな作物の害虫や病原体に関する最良のデータでさえ、アクセスが困難であると同時に不完全であることを教えてくれた。

カカオのストーリーは複雑である。それに関しては、デイヴィッド・ヒューズとハリー・エバンスの詳細なコメントに加え、ジョナサン・メイジャー、ジャック・デラビー、ウィルバート・フィリップス、マルセラス・カルダス、ルート・フォンセカのコメントが非常に有益であった。スチュワート・マクックは、コーヒーとカカオのストーリーをめぐって、専門家の視点を提供してくれた。想像すら困難なことを否定しがたいこととして提示するビジュアル資料の作成を通じて、それを明示することを可能にしてくれたニール・マッコイにも感謝する。トム・ギルバートとマイク・マーティンは、吸血コウモリや巨大イカの研究に使える時間を割いて、ジャガイモ疫病の研究にまつわるストーリーを語ってくれた

（またトムからは、カカオの研究を提案して助成金が下りなかった話を聞いた）。ウィルマー・ペレスとデイヴィッド・エリス、およびＣＩＰの彼らの同僚は、ＣＩＰの歴史と、まだよく研究されていないジャガイモの品種の驚くべき多様性について教えてくれた。ゲルト・ケマは、第1章で取り上げたバナナのストーリーを理解するのに役立つ情報を提供してくれた。

クリス・マーティンとマイク・ギャビンとは、一緒に大学院に通った。二人とも、グレッグ・アンダーソンの学生である。私たち三人は、作物の栽培化と自然史に関するグレッグの研究に啓発された。クリスは、とりわけジャガイモの栽培化のストーリーを考察する際に手助けしてくれた。伝統的な知識についてこれまで長く研究してきたマイクは、ゴムノキを取り上げた章を読み、さらには本書全体の執筆にもさまざまな貢献をしてくれた。グレッグは本書のほぼすべてを読み、読んだ章のすべてに対して有益な修正を加えてくれた。ノーラ・ハーン（マイクともクリスともグレッグとも知己ではなかったが、知っていれば彼らと気が合ったことだろう）には、メソアメリカの農業と植民地化の歴史の詳細に関して貴重な助言をもらった。ジョー・マッカーターとナイジェル・マクステッドは、作物の近縁野生種に関して重要な洞察を提供してくれた。

リー・ヒッキー、ジョー＝アン・マッコイ、キャリー・ファウラー、イゴール・ロスクトフは、私が書いたヴァヴィロフのストーリーを読み、それについてコメントしてくれた。また私は、ヴァヴィロフのストーリーに関してゲイリー・ナバーンの業績に大いに啓発された。彼とは、今後もいろいろと話がしたい。ＣＩＭＭＹＴのトーマス・ランプキンは、友人のノーマン・ボーローグのストーリーについて重要な洞察を提供してくれた。カズキ・ツジとタッド・フカミからは、日本におけるコムギのストーリーに関して情報をいただいた。

私は、私の研究グループの同僚たちと毎日、作物の自然史や、農業に対する野生の自然の価値に関して意見を述べ合っている。スティーブ・フランクとは、たいがいビールを飲みに行く道すがらではあるが、わが家の近所を一緒に歩くことがある。そのようなおりには、彼は私が見逃していたコナカイガラムシやカイガラムシを見つけて、それらの昆虫の多さや、それらがもたらす影響についてもっとよく考えてみるよう私を導いてくれる。マルガリタ・ロペス゠ウリベは、スカッシュハチのストーリーや、より一般的なカボチャの自然史について考えるきっかけを与えてくれた。

フレッド・グールドには、特別な感謝の言葉を捧げたい。本書は彼のアイデアで満ちている。しかしそれ以上に重要なことに、彼は確固たる信念をもって、ノースカロライナ州立大学に遺伝子工学と社会研究グループを立ち上げ、その活動に貢献している。このグループには、ジェイソン・デルボーンやザック・ブラウン、さらにはジェニファー・カズマが加わるようになった。彼らは皆、本書の執筆を手伝ってくれた。またこのグループで、マシュー・ブッカーとも出会うことができた。本書の執筆に関して、そして一般的な支援に関して彼に感謝する。さらには遺伝子工学を先導する科学者と長時間にわたって議論を重ねることができた。それにはモンサント社（現在はバイエル社）やデュポン社の科学者も含まれる。それらの議論では、農業の未来に対して希望を感じたこともあれば、感じなかったこともあった。

ハーヴェイ・ワイス、アーメド・アムリ、ピンハス・アルパート、コリン・ケリーは、メソポタミアに言及する章を読み、作物に対する影響を通じて気候がいかに文明に影響を及ぼしているかについて考えるための材料を提供してくれた。またジェイソン・ウアは、古代のストーリーには、ポジティブなものにしろ、ネガティブなものにしろ、さまざまな教訓が含まれていることを教えてくれた。

ハリス・サスリス＝ラゴウダキス、ロミナ・ガジス、ヴィンセント・ル・グエンからは、ゴムノキを取り上げた章に関して、またナディア・シング、トッド・シュレンケからは、赤の女王の章（彼らの業績について触れるつもりだったが、最終的に割愛したことをここで謝罪したい）に関してコメントをいただいた。キャリー・ファウラーからは、自身の生涯について、また農業の未来について有益なコメントをいただいた。ブライアン・デンティガー、マーク・クベタ、ミシェル・トラウトワイン、ブライアン・ビーグマン、ナイジェル・ストークは、本書に書いた種子コレクションに関するストーリーがいかに一般的なものであるかを教えてくれた。またナイジェルは、キャッサバコナカイガラムシのストーリーをいの一番で語ってくれた一人でもある。ウォーリー・サーマンは、経済学の視点からボーローグの業績について考える機会を与えてくれた。

本書を執筆するにあたり何らかの力になってくれた人々全員の名前をここにあげられない理由の一つは、本書のさまざまなストーリーをめぐって数十年の長きにわたり考察してきたからである。オランダのグループPROMABの才能あふれる科学者たちとともにボリビアのアマゾン地域で時を過ごしたときに、とりわけ考察は深まった（ありがとう、ルネ、マリエロ、ローレンス）。彼らには、熱帯の農園と森林で数百時間にわたって過ごす機会、そして森林再生、ブラジルナッツ、カカオなどについて話し合う機会を提供してくれたことに対してここに感謝の言葉を述べたい。本書もそのときの経験から恩恵を受けている。また本書は、ガーナのボアーベンとフィエマの農民や首長（とオードリー・ハフマン＝リーサー）の度量にも多くを負っている。彼らにもお礼の言葉を述べたい。さらには、生命、文明、ワインに関するイェルサ研究所は、古代の農業のストーリーについて調査し、考え、執筆する環境を用意してくれた。革命について考え執筆する場所と、それについて語り合うためのディナーを準備してくれたヌリア・ロウラ゠パスクアルとシャビにも感謝する。ノースカロライナ州立大学図書館、ならびに館内に、語り合い、考え、仕事を完成させるのに適したすばらしい場所を設けてくれたスーザン・ナッターとグレッグ・ラシュケにもお礼の言葉を述べたい。市民との連携を科学者の重要な役割の一つと見なす学部環境を作り出したわが学部長ハリー・ダニエルズに、すべてにわたってスーザン・マルシャルクに、そしてヨーロッパに私たちの研究を流布する支援をしてくれたことに対してピーター・キャルゴール、カルステン・ラベク、パニール・ヨルト、カルステン・ヴァドらのデンマークの研究者たちに感謝する。

私たちが毎日食べているパンのもとになる種子を生んだ伝統農家にも感謝したい。世界各地の伝統農家の努力によって、人類がこれまで作り出してきたもののうちでももっともすばらしいもの、つまり種子のコレクションが生み出されたのである。

ヴィクトリア・プライアーの助力のおかげで、本書の刊行が可能になった。ジョン・パセリは、編集者としての鋭い目をもって、草稿のどの部分を削除し、どの部分を残すかを判断し、ストーリーのもっとも重要な要素に集中するよう私を導いてくれた。私が逡巡していると、彼はためらわずに文章を切りつめた。またマイケル・ヌーンには、子どもが誕生したばかりだったにもかかわらず、本書の刊行全般に関してたいへんお世話になった。ファイルの片隅で見かけたイニシャルでしか知らない匿名の編集者たちにも感謝する。

最後に、いつものように家族にお礼の言葉を述べておこう。もっとも大きな感謝を捧げたいのは妻に対してである。どう言えば彼女の貢献に見合ったものになるのかさえもわからない。本書や他の私の著書のなかにこっけいでおもしろい表現が見つかったなら、それは彼女の発案によるものである。彼女は、私の著書にも人生にも明快さをもたらしてくれた。ありがとうモニカ。二年間、農民や種子コレクターや科学者に関するストーリーを聞き続けてくれたことにも感謝する（そのおかげで朝食時には暗黒時代の話はしないという取り決めまでした）。ヴァヴィロフはうちのディナーにやって来たことなどもちろんないが、まるで彼がうちにやって来たことがあるかのように感じる瞬間がある。子どもたちにもお礼を言おう。彼らは私に喜びと希望を与え、また、食糧生産を今後いかに維持していくのか、そして作物が依存する野生の自然をいかに保護していくべきかという問題を解決することの重要性を思い出させてくれる。

訳者あとがき

本書は *Never Out Of Season: How Having the Food We Want When We Want It Threatens Our Food Supply and Our Future*（Little, Brown and Company, 2017）の全訳である。著者のロブ・ダンはノースカロライナ州立大学教授で、進化生物学者である。既存の邦訳には、『アリの背中に乗った甲虫を探して――未知の生物に憑かれた科学者たち』（田中敦子訳、ウェッジ、二〇〇九年）、『わたしたちの体は寄生虫を欲している』（野中香方子訳、飛鳥新社、二〇一三年）、および拙訳による『心臓の科学史』（青土社、二〇一六年）がある。

大ざっぱに言うと本書では、（灌漑、機械化、および化学肥料、殺虫剤、殺菌剤、除草剤の大量投与などにより）資本を集中投下し、遺伝的に均質なたった一種類の作物を大農場で栽培する現代の作物栽培方式（工業型農業、モノカルチャーなどと呼ばれる）が、私たちが生きていくためにはなくてはならない作物をいかに危機的な状況に追い込んでいるかが、また、そのような状況に直面している私たちは、それにどう対処すればよいのかが論じられる。一六の章と「エピローグ」から構成され、具体的なストーリーを語ることで、これらの主題が浮き彫りにされる構成がとられており、内容の複雑さとは裏腹に非常に読みやすい。『心臓の科学史』を翻訳したときにも感じたことだが、著者のロブ・ダンは研究者であって決して専門のライターではないにもかかわらず語り口がきわめて巧みで、彼の著書を読むと、読者を引きつけるコツを十全に知ったうえで書かれているということがよくわかる。

次に各章の内容を簡単に紹介しておこう。本書の前半にあたる第1章から第11章までは、各主要作物を対象に、それらがどのような危機に陥った、あるいは陥っているのかがストーリーを語ることで具体的に解説される。取り上げられている作物は、第1章がバナナ、第2、3章がジャガイモ、第4、5章がキャッサバ、第6、7章がカカオ（チョコレート）、第10章がコムギ、第11章が天然ゴムである。第8、9章では、農業の発展のために世界各地で作物の種子を収集し一大種子コレクションを築き上げたロシアの植物学者ニコライ・ヴァヴィロフの業績と、ドイツ軍に包囲されたレニングラードでヴァヴィロフの種子コレクションを死守した人々のストーリーが語られる。個人的には、第8、9章は構成上むしろ後半にまわしたほうがよかったのではないかという印象を持っているが、特に大きな問題ではない。

後半にあたる第12章以後（および第8、9章）は、作物やそれと相互作用する生物の保管、保護、研究の必要性が論じられる。したがって前半よりも理論的な側面が色濃く見られるようになるが、第12、13章を除けば、ストーリーが中心になる点に変わりはなく、難度はさほど上がらない。第12章では、作物やその近縁野生種のみならず、花粉媒介者などの共生生物、さらには害虫や病原体などの作物に害を及ぼす生物を含めて野生の自然を救わなければならない理由が論じられる。第13章は、害虫や病原体と作物が互いに一歩先んじようとして行なう進化的な競争を、（ルイス・キャロルの『鏡の国のアリス』に登場する）赤の女王のレースにたとえる。第14章では、万一に備えて世界各地の種子を永久保存することを目的とするスヴァールバル世界種子貯蔵庫を設立した立役者の一人キャリー・ファウラーの苦闘が語られる。第15章は、内戦が勃発してからもシリアで貴重な種子コレクションを守り続けてきた人々に関するエピソードを取り上げる。第16章とエピローグでは、著者自身の経験を織り交ぜながら、作物を救うにあたり私たち一人ひとりに何ができるかが提示される。本書の内容全般に関して一点重要な指摘をしておくと、著者は進化生物学者であり、本書全体に進化生物学によって得られた知見が反映されている。そのおかげで本書は、単なる時事的なドキュメンタリーにとどまらず、ポピュラーサイエンス書のファンにとっても読み応えのある一冊に仕上がっている。

ところで、各章の紹介で列挙した主要作物の名称を見てお気づきになっただろうか？　そう、日本ではもっとも重要な作物であるコメがそこには欠けている。そもそもアジアが主産地であるコメは、欧米の大農場や、列強国がかつて植民地支配していた地域の大規模プランテーションにおいてではなく、おもに零細農家の手で栽培されている。したがって、コメは本書が警鐘を鳴らす作物の危機の対象にはならないのではないかと考えたくなるかもしれない。だがコメも例外ではない。これに関しては、日本ではなくインドネシアの事例ではあるが、進化発生生物学（エボデボ）の第一人者ショーン・B・キャロルの最新の著書『セレンゲティ・ルール――生命はいかに調節されるか』（拙訳、紀伊國屋書店、二〇一七年）で取り上げられているのでここに紹介しておこう。インドネシアの稲田を壊滅させたのはトビイロウンカと呼ばれる害虫であり、その様子は次の記述でよくわかるはずだ。

しかし一九七〇年代中頃になると、フィリピン、インドネシア、スリランカなどの熱帯アジア諸国の鮮やかな緑の稲田は、オレンジがかった黄色、さらには茶色へと変化する。一九七六年には、大災害がインドネシアを襲う。一〇〇万エーカー〔およそ四〇〇〇平方キロメートル〕を超える耕作地が損害を被ったのだ。一年を通じて家族を養うのに必要な食料や、年間収入のほとんどを農産物に頼る地域では、状況は最悪であった。

凶作の原因は、トビイロウンカと呼ばれる小さな昆虫であった。大きさは数ミリメートルにすぎないが、稲にとまったメスのおのおのが数百個の卵を産む。そして卵から孵った腹ペコの幼虫は、育ちつつある稲から栄養分をかすめとる。水分を吸われた稲は、典型的な「ヨコバイ焼け」〔トビイロウンカはヨコバイ亜目〕を引き起こし、乾燥して黄色くなり、やがて枯死する。温暖で湿気の多い熱帯地方では急速に世代交代するために、稲穂が実るまでには三世代のトビイロウンカが交代する。最初は稲一本あたり一匹以下だった個体数は、やがて五〇〇〜一〇〇〇匹へと爆発的に増加し、稲田を襲う。

当然ながら、その光景を目にした農民は、空から地上から大量の殺虫剤をまいて退治しようとしたが、トビイロウンカのアウトブレイクを抑えることはできなかった。かくして、年間三〇〇万人を養うに足る三五万トン以上の米が失われ、農民の多くはほぼすべてを失い、インドネシアは世界最大の米の輸入国にならざるを得なかった。

では、なぜトビイロウンカは大量の殺虫剤の投与に耐えられるようになったのか？　この問いに対して著者は、殺虫剤に対する抵抗力の獲得などいくつか理由をあげているが、それには本書にも関連する以下のような理由が含まれる。

（……）稲田に殺虫剤を散布することで、なぜウンカが爆発的に増加したのか？　実は、ウンカはクモなどのいくつかの昆虫を天敵にしている。たとえば、コモリグモはかなりの数のトビイロウンカとその幼虫を食べる。殺虫剤は、ウンカの数をコントロールしているこのクモ（やその他のウンカの天敵）を殺す。かくして殺虫剤を散布された稲田では、ウンカの捕食者の数が減り、殺虫剤に対する抵抗力を持つウンカが増えたのである。

本書の著者ロブ・ダンが進化生物学に基づく動的な視点から害虫や病原体の被害を考察しているのに対し、『セレンゲティ・ルール』は、生態系の調節という構造的な視点から考察しているという違いはあるが、基本的に生物の生態に無知な、あるいはそれを無視した人間の営為によって主要作物に多大な被害が出ているという点で、コメも何ら変わりはないということが、以上の記述によってわかるはずだ。日本はインドネシアと同じようになったりはしないと、はたして言い切れるのだろうか？

しかも作物の危機への対処の緊急性は、近年とみに高まっている。というのも、二一世紀になって以来、世界各地でテロが頻発するようになった今日の世界では、農業テロリズムによって、すなわち作物を破壊するために意図して害虫や病原体が持ち込まれるリスクが急激に高まりつつあるからだ。第6章「チョコレートテロ」では、たった五、六人の不満分子によって実行された驚くほど単純な破壊活動で、ブラジルのカカオ産業が完全に崩壊してしまった経緯が紹介されているが、殺虫剤や殺菌剤に対する耐性を備えた害虫や病原体にはなはだ弱いモノカルチャーが基本となる現代農業は、テロによっていとも簡単に壊滅する可能性があり、悪くするとチョコレートテロの例のように一国の主要産業が崩壊をきたす場合すらある。もちろん害虫や、害虫（あるいはネズミなどの小動物）が媒介する病原体は、すでに古代から戦争の手段として利用されていた（これについては、昆虫学者ジェフリー・A・ロックウッドの著書『Six-Legged Soldiers: Using Insects as Weapons of War』（Oxford University Press, 2009）に詳しい）。しかし現代農業のテロに対する脆弱性、ならびに農業テロによってひとたび被害が生じたときの損失の程度は、かつてよりはるかに高まっている。もっぱらアメリカの農業を対象とした記述ではあるが、前述のロックウッドの著書から、現代農業のテロに対する脆弱性について論じた箇所を、やや長くなるが引用しておこう。

現代世界における昆虫兵器の役割は、戦争の性質とともに急激に変わりつつある。航空機や戦車の支援を受けながらも情報を持たない軍隊同士が、領土の確保を目指してぶつかり合う従来の戦闘は、即席の武器を用いて文化的、政治的な勝利を目指す非正規勢力との戦闘にとって代わられつつある。その勝敗は、〔非正規勢力側が駆使する〕隠密行動、破壊工作（サボタージュ）、欺瞞によって拮抗する。そして昆虫こそまさに、「非対称的な」戦争を遂行するための理想的な手段になり得る。

これまで長いあいだ、軍事計画者は人間が攻撃の主要なターゲットであることを前提にしてきた。だが二一世紀の不正規戦争における敵との戦いでは、安全保障や防衛の計画者は、これまでとは異なるシナリオに直面しなければならない。テロリストの観点からすれば、アメリカの農業は、「貴重な（valuable）」「必須の（vital）」「脆弱な（vulnerable）」という三つのVを備えた格好の標的なのである。

（……）

官僚や政治家には、〔昆虫兵器の出現を〕懸念しなければならない理由が十分にある。偶然によってであろうが、無知のためであろうが、悪意によってであろうが、侵襲的な生物が持ち込まれれば、アメリカの経済と社会にばく大な損失がもたらされ、その健全性が失われる可能性が高いことは、歴史をひも解けば明らかなのだから。

一九〇六年から一九九一年にかけて、五五三種の外来生物がアメリカに持ち込まれたと見積もられている。ちなみに、その三分の二は昆虫である。これらの侵入者によってもたらされた損害額の正確な見積もりはなされていないが、入念な分析が行なわれた四三種の昆虫に関して言えば、それらによってこれまでに九三〇億ドルの損失がもたらされたことがわかっている。この額は、それ以外のすべての外来生物種による損害額の二〇倍以上だと考えられている。もちろん昆虫はたいがい、人間ではなく作物や家畜を攻撃する。しかし狡猾なバイオテロリストも、先見の明のあるリーダーも、欧米社会は、大勢の人々を殺さなくても、あるいはそもそもただの一人も殺さなくても、由々しきダメージを受ける可能性があることを知っている。(……)

アメリカの農業はバイオテロリストにとって格好の標的だ。アメリカの農場や牧場は無防備に等しい。農業は広大な地域に広がっているのだから、効果的な攻撃は不可能だと主張する分析家もいる。敵が核兵器や化学兵器を用いているのなら、その見方は正しいだろう。だが、放射性同位体や神経ガスに半減期があるとするなら、生物には倍増期(doubling time)がある。単純に言えば、生物は、自ら広がって繁殖するのだ。しかも非常に効率的に。

放射性同位体や神経ガスに半減期があるとすると、生物には倍増期があるというのはまさに言い得て妙だが、核兵器や化学兵器が自ら進化することはないのに対し（もちろん人間の手で進化？させることはできるが）、生物兵器は勝手に倍増しつつ進化する。だからこそ、チョコレートテロの事例が如実に示すように、最初は誰にも気づかれずに、わずかな人数でこの究極の兵器をばらまくことができるのである。

ここまで述べてきたように、本書はもちろん「作物がやばい！」という警鐘を鳴らす書でもあるが、それにどう対処すべきかについてもおもに後半部で考察されている。その方法の一つは作物の伝統品種、ならびに近縁野生種の種子や塊茎の収集（コレクション化）、永久保存で、それに尽力した人々の例として、ニコライ・ヴァヴィロフと彼のコレクションを死守した人々（第8、9章）、スヴァールバル世界種子貯蔵庫を設立したキャリー・ファウラー、混乱を極めるシリアで種子コレクションを守り続けているアーメド・アムリら国際乾燥地農業研究センター（ICARDA）のスタッフの苦闘が紹介されている。著者はさらに、作物のみならず作物が相互依存する生物（花粉媒介者、共生生物、さらには害虫や病原体でさえ）も、保護すべきだと主張する。もちろん避難栽培のような農法に加え、クリスパーなどの最新の遺伝子操作技術にも触れられているが、それらの技術によって病害抵抗性を備えた作物の育種が迅速に行なえるようになったとしても、伝統品種、近縁野生種、作物が相互依存する生物の保護、収集の必要性がなくなるわけではないと力説する。ちなみにクリスパーを始めとする遺伝子操作技術に関しては、本書でも簡単に説明されているが、より詳しく知りたい読者は、小林雅一著『ゲノム編集とは何か――「DNAのメス」クリスパーの衝撃』（講談社現代新書）がわかりやすいので参照されたい。

また読者にとってより重要な提言として、最終章とエピローグで、自分たちでも農業の発展に貢献できることが強調されている。もちろん訳者のように大都市のマンションで暮らす都市住民にはむずかしいのかもしれないが、庭つきの家に住んでいる人は、自分で作物を植え、その成長を観察しそれに付着した害虫などに関する情報をオンラインで報告することが可能である（最後には自分で食べることもできる）。本書では、その種のオンラインサイトの一つとして、プラントヴィレッジが紹介されている。このような科学に対する市民の貢献は市民科学、あるいは科学の民主化と呼ばれており、ここ一〇年ほどでオンラインサイトを中心に急速に発展しつつある。現在では作物の危機に対処するにあたっても、一般市民が、一人ひとりの貢献はわずかであっても総体的には多大な貢献を行なうことができるのである。なお、市民科学や科学の民主化に関してより詳しく知りたい読者は、拙訳、マイケル・ニールセン著『オープンサイエンス革命』（紀伊國屋書店、二〇一三年）を是非参照されたい。

このように、私たちが普段あるのがあたり前と考えている作物が、現在大きな危機にさらされていることを教えてくれる本書は、まさに今必読の書だと言える。なぜなら、コメやコムギが全滅したら世界が同じままでいられるわけはないからである。

最後に、今回新たに担当編集者になっていただいた篠原一平氏と加藤峻氏に感謝の言葉を述べる。

二〇一七年六月

高橋洋

ら行

わ行

た行

な行

は行

ま行

人名索引

NEVER OUT OF SEASON:
How Having the Food We Want When We Want It
Threatens Our Food Supply and Our Future
by Rob Dunn

世界からバナナがなくなるまえに

食糧危機に立ち向かう科学者たち

2017 年 8 月 15 日　第 1 刷発行
2025 年 5 月 15 日　第 6 刷発行

著者——ロブ・ダン
訳者——高橋 洋

発行人——清水一人
発行所——青土社

〒 101-0051　東京都千代田区神田神保町 1-29　市瀬ビル
［電話］03-3291-9831（編集）　03-3294-7829（営業）
［振替］00190-7-192955

印刷・製本——シナノ印刷

装幀——竹中尚史

ISBN978-4-7917-7005-2
Printed in Japan